★慕课版★

"十三五"高等学校数字媒体类专业系列教材

Photoshop 图形图像处理 翻转课堂

Photoshop TUXINGTUXIANG CHULI FANZHUAN KETANG

李天飞　邓丽玲　林程华 / 主　编
郭洪涛　陈建华　陈荣征 / 副主编

全国技工院校教育和职业培训教学研究成果一等奖
数字化资源已在MOOC上发布

中国铁道出版社有限公司
CHINA RAILWAY PUBLISHING HOUSE CO., LTD.

内 容 简 介

全书由图像编辑、色彩修饰、图像绘制、图像合成、文字特效制作、图像特效制作 6 个模块 15 个项目组成，每个项目均安排有 3 个任务。本书采用翻转课堂的教学模式，内容全面，条理清晰，以能力为本位，以技能培养为出发点进行项目化教学，每个项目由浅入深、从易到难、循序渐进，并且只要求掌握与任务有联系的几个知识点，学生在学习中可随时通过扫一扫二维码获取相关学习资源，提高学习效率。

本书适合作为高等学校数字媒体类专业、影视动画专业、网络多媒体类专业、电子商务专业、广告设计专业、室内设计、艺术设计等相关专业的教材，也可作为平面设计爱好者的自学用书。

图书在版编目（CIP）数据

Photoshop图形图像处理翻转课堂 / 李天飞，邓丽玲，林程华主编. —北京：中国铁道出版社，2017.6（2025.1 重印）

“十三五”高等学校数字媒体类专业规划教材

ISBN 978-7-113-23006-7

Ⅰ. ①P… Ⅱ. ①李… ②邓… ③林… Ⅲ. ①图像处理软件-高等学校-教材 Ⅳ. ①TP391.413

中国版本图书馆CIP数据核字（2017）第088570号

书　　名：Photoshop 图形图像处理翻转课堂

作　　者：李天飞　邓丽玲　林程华

策划编辑：韩从付　周海燕　　　编辑部电话：（010）51873090

责任编辑：周海燕　冯彩茹

封面设计：刘　颖

封面制作：白　雪

责任校对：张玉华

责任印制：赵星辰

出版发行：中国铁道出版社有限公司（100054，北京市西城区右安门西街 8 号）

网　　址：https://www.tdpress.com/51eds

印　　刷：河北宝昌佳彩印刷有限公司

版　　次：2017 年 6 月第 1 版　　2025 年 1 月第16次印刷

开　　本：787 mm×1 092 mm　1/16　印张：15.25　字数：368 千

书　　号：ISBN 978-7-113-23006-7

定　　价：49.00 元

前　言

《Photoshop 图形图像处理翻转课堂》是广州白云工商技师学院“以作品引领的广告设计专业一体化项目课程改革研究与实践”课题成果，本成果于 2012 年获得全国技工院校教育和职业培训教学研究成果一等奖，2014 年获得广东省技工院校教育和职业培训教学研究成果一等奖，2016 年本书配套的数字化资源获得广州市创新创业作品二等奖，同时获得中国职协优秀成果二等奖，2017 年获得广东省微课竞赛三等奖。《Photoshop 图形图像处理翻转课堂》的配套数字化资源于 2016 年开发完成并在 MOOC 上发布（可登录 http://www.icourse163.org/spoc/learn/GZBYGS-1001710010?tid=1001794016 进行学习）。

图形图像处理（Photoshop）是从事平面设计人员的专业必修课之一，在广告设计、电商美工方面应用广泛，能很好地培养色彩感觉和平面设计的能力。由于现行的教材知识性强，不能很好地体现技能的培养，所以广州白云工商技师学院特地开发了《Photoshop 图形图像处理翻转课堂》教材并配套相应的数字化资源和相关学习资源。

本书由李天飞、邓丽玲、林程华任主编，郭洪涛、陈建华、陈荣征任副主编。本书以能力为本位，以技能培养为出发点，进行项目化教学，每个项目由浅入深、从易到难、循序渐进，并且只要求掌握与任务有联系的几个知识点。另外，还设计了视频链接、技巧小结、同步练习和拓展训练等，学生在学习中可随时通过扫一扫二维码获取类似的学习资源，提高学习效率。

限于编者水平，加之时间仓促，书中难免存在疏漏及不足之处，恳请各位领导、专家、学者和广大读者批评指正。

李天飞

2017 年 3 月

目　录

NEON
Free
Style

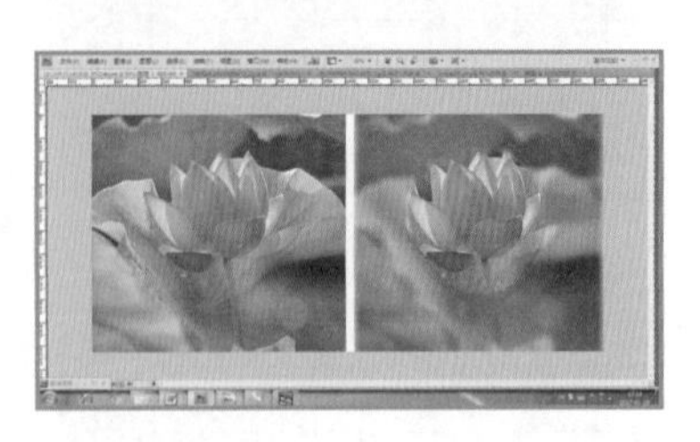

图 像 编 辑

图像编辑模块包括拼图制作、装饰画制作、照片修复三个项目，通过三个项目的学习，能熟练 Photoshop 的基本操作，并能运用 Photoshop 对图像进行基本编辑。

“拼图制作”：学习文件属性设置、保存文件、创建网格与辅助线、修改画布大小和图像大小、变换图像（缩放、旋转、翻转图像）、裁切移动图像的基本方法。

“装饰画制作”：学习基本图像编辑（剪切、复制、粘贴、清除、移动、旋转，等距复制）方法，扩展画布与修改画布颜色 / 文字属性设置的方法以及魔术棒、套索、圆形选框、方形选框的使用方法，色彩范围选取、扩大选区、反选、羽化、选区填充与描边的操作方法。

“照片修复”：学习修补工具、修复工具、图章工具、橡皮擦工具的使用方法;颜色替换工具、涂抹工具、加深与减淡工具、模糊与锐化工具的操作方法。

项目一　拼图制作

课前学习工作页

（1）新建一个画布大小为 800×600 像素、分辨率为 300dpi、背景为透明、颜色模式为 RGB 的文件，并尝试运用“自由变换”命令缩放、旋转、翻转图像，如图 1-1 所示。

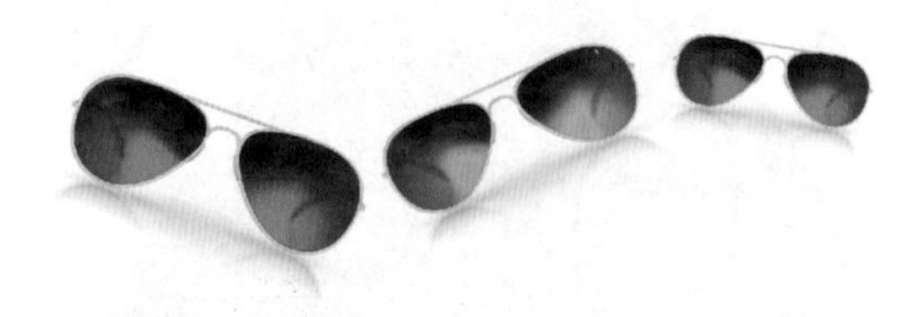

■图 1-1　“自由变换”命令的运用效果

（2）扫一扫二维码观看相关视频，并完成下面的题目：

① 在 Photoshop 中，打开文件的快捷键为（　　）。

A. Ctrl+M　　B. Ctrl+P　　C. Ctrl+N　　D. Ctrl+O

② 在 Photoshop 中，复制对象的快捷键为 Ctrl+C，粘贴对象的快捷键为（　　）。

A. Ctrl+M　　B. Ctrl+V　　C. Ctrl+A　　D. Ctrl+O

③ 移动参考线，选择移动工具，或按住（　　）键可启动移动工具。

A. Ctrl　　B. LAB　　C. Shift　　D. Enter

④ 按住（　　）键，然后拖动垂直标尺以创建水平参考线。

A. Shift　　B. Alt　　C. Ctrl　　D. Tab

⑤ 按住（　　）键并拖动水平或垂直标尺以创建与标尺刻度对齐的参考线。拖动参考线时，指针变为双箭头。

A. Alt　　B. Shift　　C. Ctrl　　D. Tab

课堂学习任务

运用提供的儿童童年照片素材制作拼图效果，如图 1-2 所示。

■图 1-2　儿童照片拼图效果

学习目标与重点和难点

学习目标	（1）能按要求创建、保存文件。 （2）能按要求设置并调整辅助线与网格。 （3）能根据制作要求裁切、变换图像。
学习重点和难点	（1）准确设置辅助线与修改删除辅助线（重点）。 （2）灵活运用缩放、旋转、翻转等自由变换命令制作拼图效果（难点）。

任务 1　文件设置

本任务主要学习创建文件、编辑文件、保存文件与调整辅助线方法，在学习的过程中可结合“做一做”的知识点进行思考，并运用提供的素材按要求边学边做，要求熟练掌握“文件设置”的操作。

◆**制作步骤**

（1）双击桌面上的Ps图标，打开 Photoshop 图形图像处理软件程序，如图 1-3 所示。

■图 1-3 Photoshop 软件界面

（2）单击“文件”→“新建”命令，新建文件（快捷键为 Ctrl+N），设置文件名称为“童年记忆”，宽度为 554 像素，高度为 758 像素（文件大小可根据素材照片大小和需要来设置），分辨率为 72 像素 / 英寸，颜色模式为 RGB，颜色位数为 8 位，背景内容设置为白色，完成后单击“确定”按钮，如图 1-4 所示，新建的空白文件效果如图 1-5 所示。

■图 1-4 新建文件具体参数

■图 1-5　新建的空白文件

（3）单击“文件”→“打开”命令，弹出“打开”对话框，选择“童年记忆”素材文件并打开，如图 1-6（a）所示，打开效果如图 1-6（b）所示。

（a）

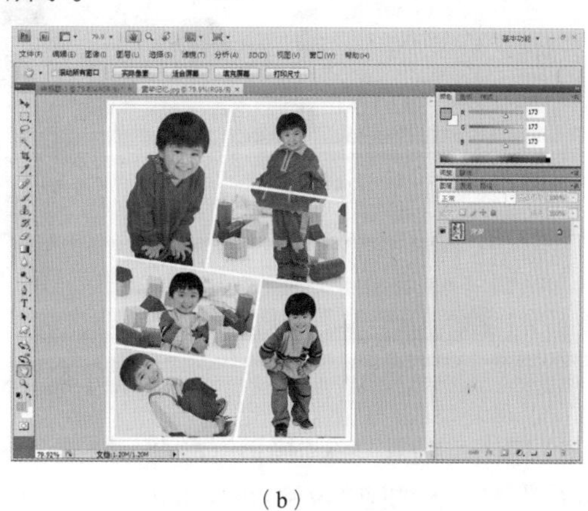

（b）

■图 1-6　打开文件

（4）单击“选择”→“全部”命令（快捷键为 Ctrl+A），如图 1-7 所示，选区如图 1-8 所示。

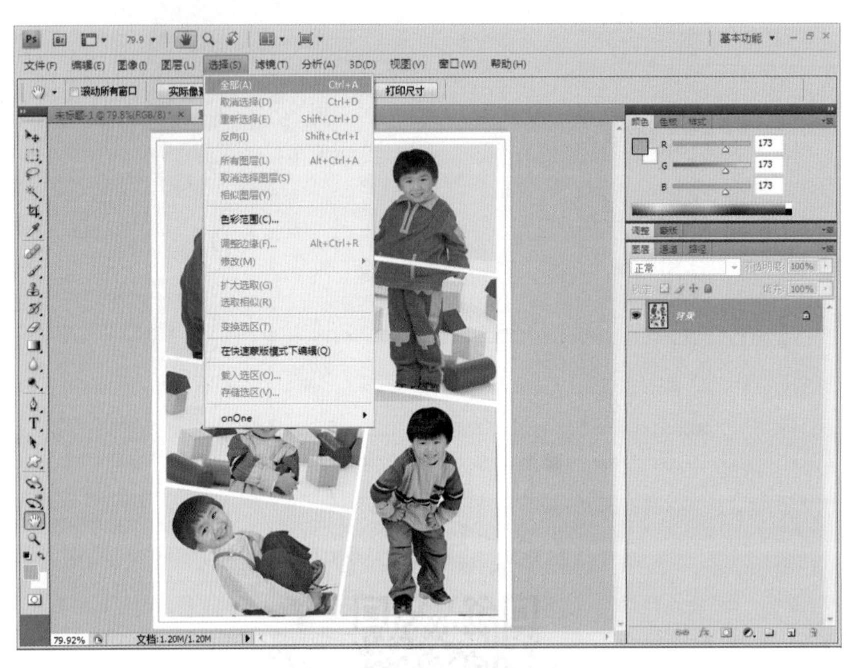

■图 1-7　单击“全部”命令

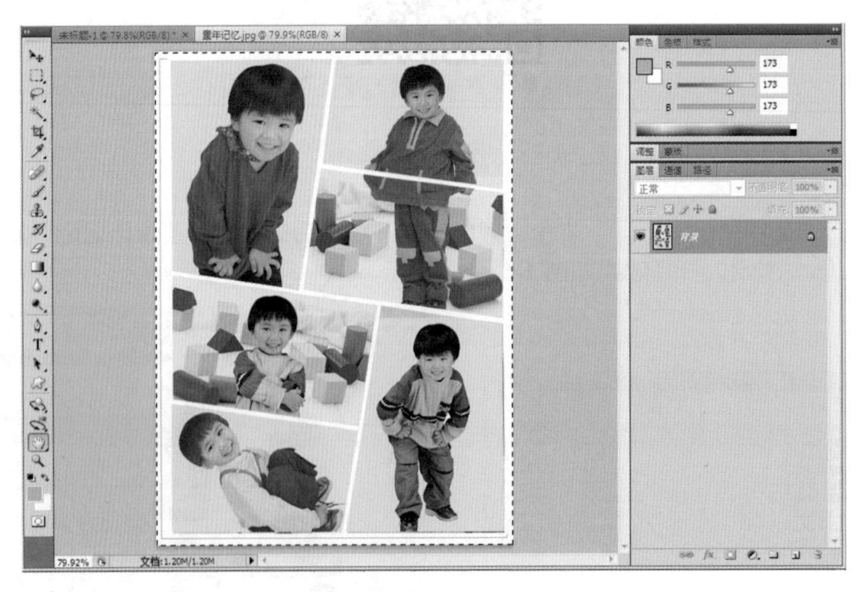

■图 1-8　全选后的效果

（5）单击“编辑”→“拷贝”命令（快捷键为 Ctrl+C），激活新建的空白文档并粘贴图像（快捷键为 Ctrl+V），如图 1-9 和图 1-10 所示。

■图 1-9　新建的空白文档

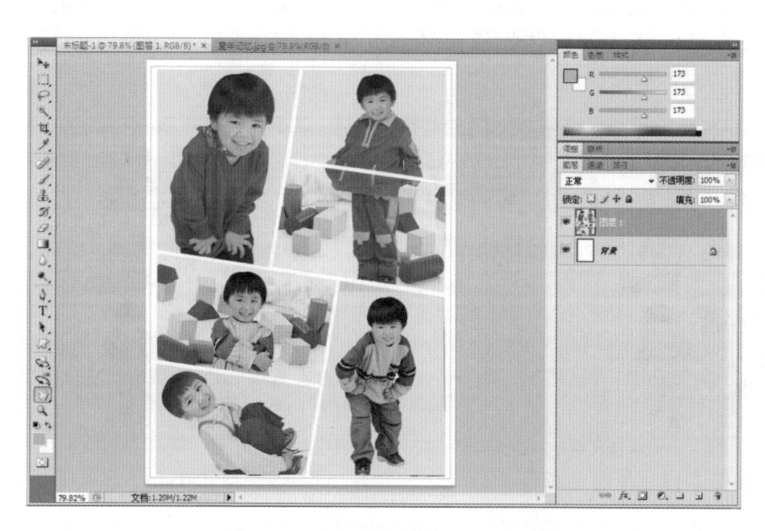

■图 1-10　图像粘贴后的效果

（6）单击“视图”→“标尺”命令（快捷键为 Ctrl+R，重复按此快捷键可显示 / 隐藏标尺），如图 1-11 所示，打开标尺，以进行辅助线的设置，如图 1-12 所示。

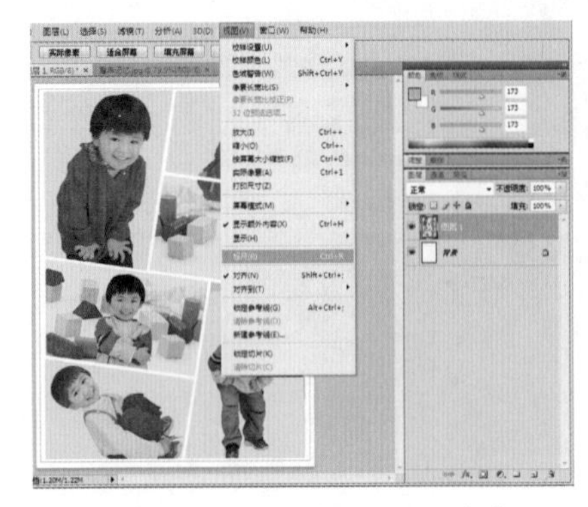

■图 1-11　单击“标尺”命令

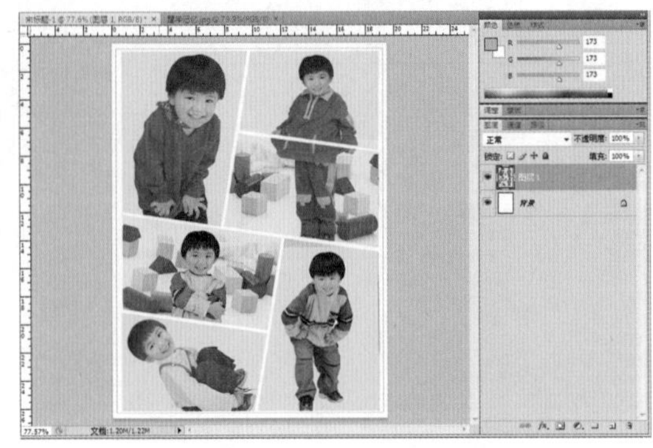

■图 1-12　打开标尺后的效果

（7）选择移动工具，分别将鼠标指针放在横、竖标尺上，按住左键，拖出拼图样张的横纵向参考线（参考线又名辅助线，如果要删除参考线，将要删除的参考线拖回到标尺上），如图 1-13 和图 1-14 所示。

■图 1-13　横向参考线

■图 1-14　纵向参考线

（8）在拼图照中的 6 张小图像的各个角拖出参考线进行定位，先设置纵向参考线，再设置横向参考线，如图 1-15 和图 1-16 所示（拖出参考线时，同时按住 Ctrl 键可以更准确地将参考线放在指定位置）。

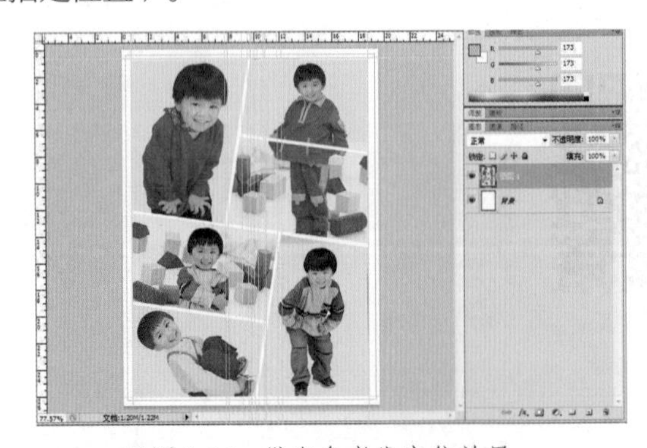

■图 1-15　纵向参考线定位效果

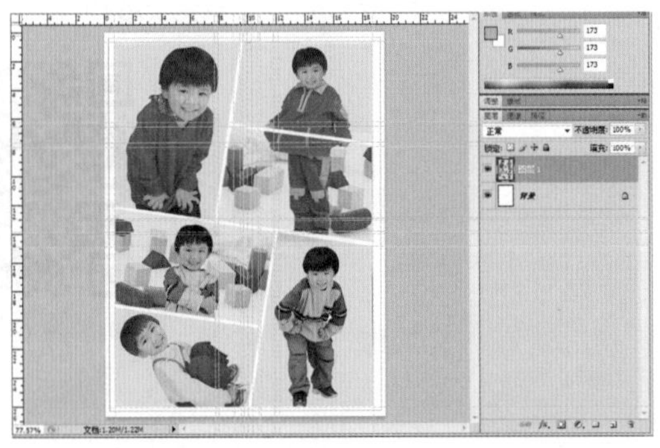

■图 1-16　横向参考线定位效果

（9）调整参考线的准确位置（可通过缩放工具放大区域，按住 Ctrl 键可微调参考线的位置，按空格键可切换到抓手工具进行配合画面移动的操作），双击抓手工具，将画面适配灰色的工作区，如图 1-17 和图 1-18 所示。

■图 1-17　缩放视图效果

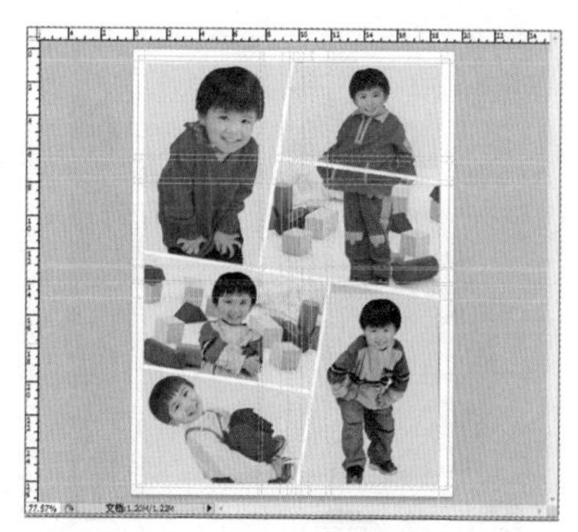

■图 1-18　视图适配画面效果

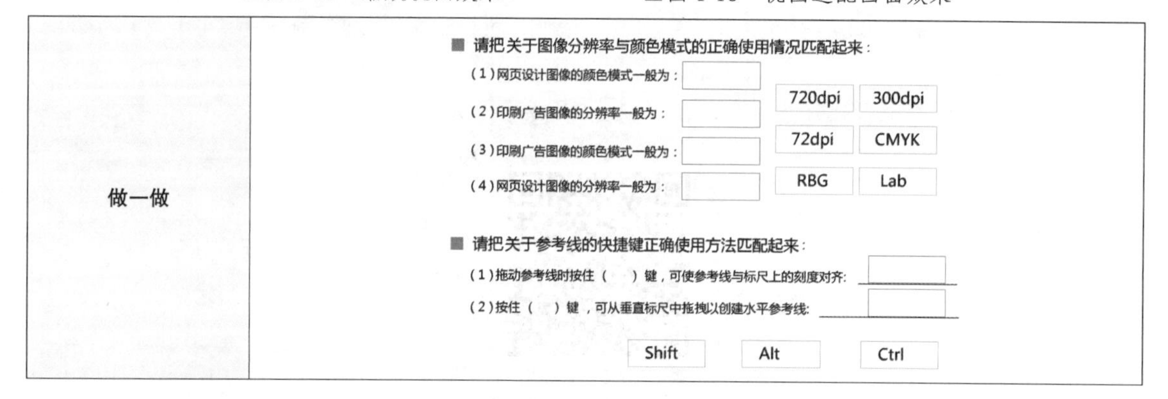

做一做

■ 请把关于图像分辨率与颜色模式的正确使用情况匹配起来：

（1）网页设计图像的颜色模式一般为：

（2）印刷广告图像的分辨率一般为：

（3）印刷广告图像的颜色模式一般为：

（4）网页设计图像的分辨率一般为：

720dpi　300dpi

72dpi　CMYK

RBG　Lab

■ 请把关于参考线的快捷键正确使用方法匹配起来：

（1）拖动参考线时按住（　）键，可使参考线与标尺上的刻度对齐：

（2）按住（　）键，可从垂直标尺中拖拽以创建水平参考线：

Shift　Alt　Ctrl

任务 2　图像变换

本任务主要学习如何进行选区的载入，自由变换与变换选区的区别以及变换中缩放、旋转、翻转等的操作。在学习的过程中可结合“做一做”的知识点进行思考，并运用提供的素材按要求边学边做，要求熟练掌握“图像变换”的操作。

◆制作步骤

（1）进行每张拼图照轮廓的选区绘制。使用多边形套索工具（结合缩放工具框选要绘制的轮廓区域）围绕第一张照片进行选区的建立，起点和终点闭合后自动生一个选区（可沿着参考线在每个角上的交点上单击），存储选区，名称为“1”，单击“确定”按钮，如图 1-19 和图 1-20 所示。

■图 1-19　绘制选区

■图 1-20　“存储选区”对话框

（2）用同样的方法把其余 5 个轮廓绘制并存储好。打开素材图像，通过“选择”→“全选”→“拷贝”（Ctrl+C）“粘贴”（Ctrl+V）命令，将其粘贴到“童年记忆”的图像窗口，如图 1-21 和图 1-22 所示。

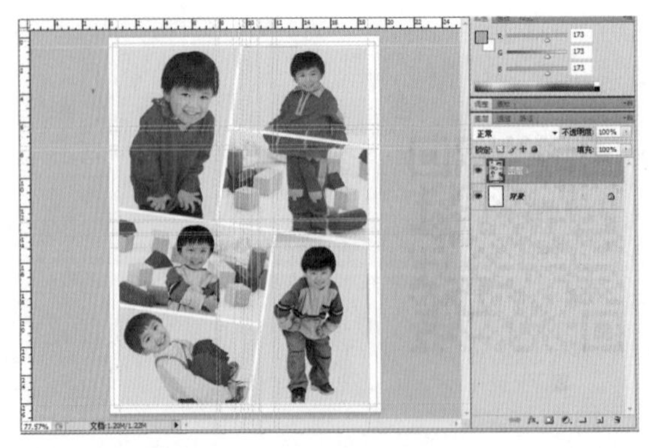

■图 1-21　分别存储 5 个轮廓选区

■图 1-22　粘贴图像

（3）单击“编辑”→“自由变换”（Ctrl+T）命令，在自由变换框上右击，在弹出的快捷菜单中选择“缩放”命令，按住 Shift+Alt 键，由中心向四周缩放，双击完成自由变换操作，如图 1-23 所示。单击“选择”→“载入选区”命令，在“通道”下拉列表中，选择通道“1”，单击“确定”按钮，如图 1-24 所示。

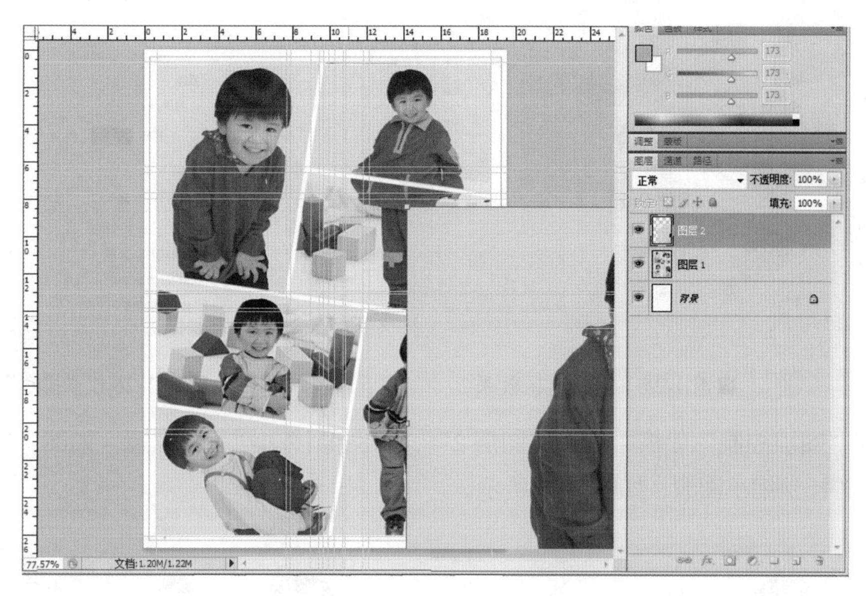

■图 1-23　自由变换图像

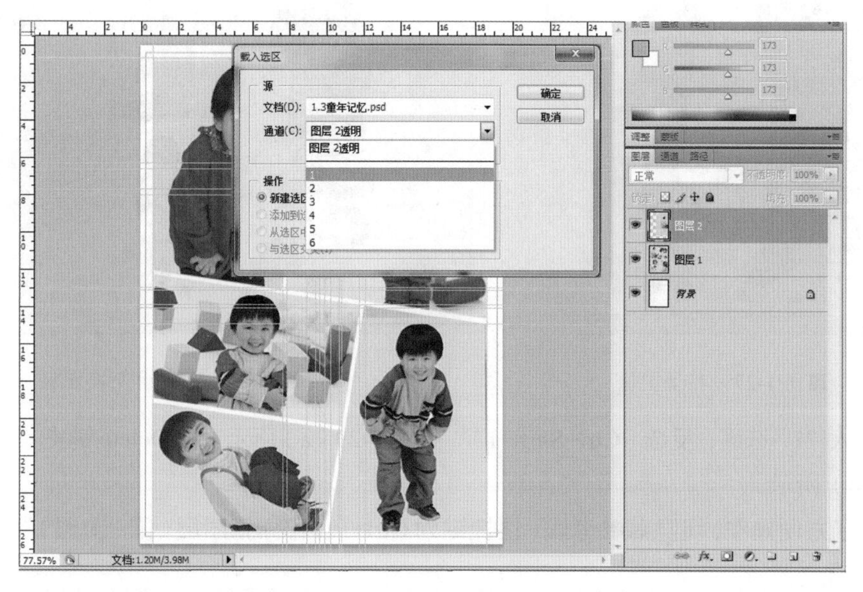

■图 1-24　“载入选区”对话框

（4）在“图层控制”面板中创建新图层，如图 1-25 所示。单击“编辑”→“描边”命令，在弹出对话框中，设置描边宽度为“1”像素，颜色为黑色，如图 1-26 所示。

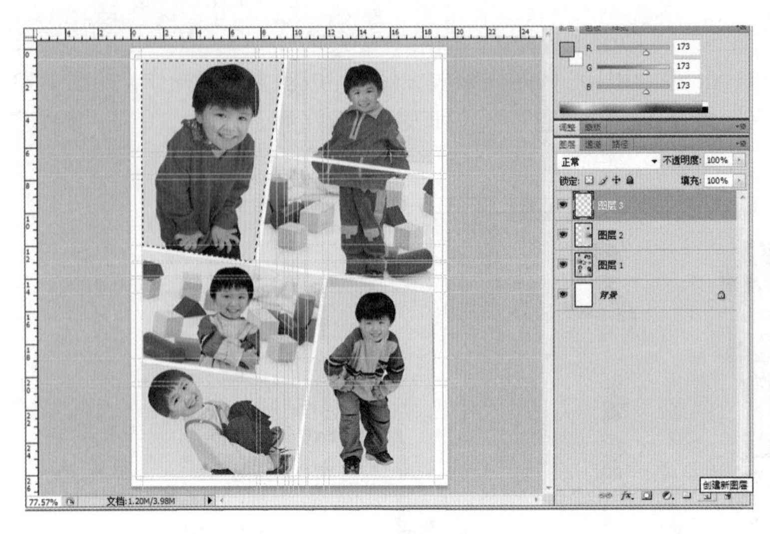

■图 1-25　载入选区效果

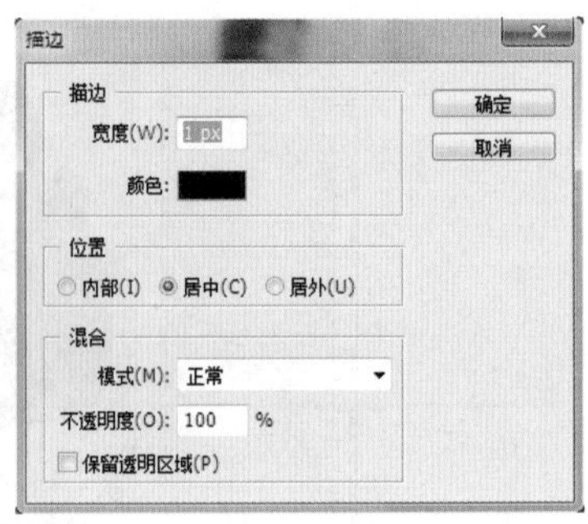

■图 1-26　“描边”对话框

（5）在“图层控制”面板中选择“图层 2”，将图像移动到适合位置，如图 1-27 所示。按住 Shift 键，等比例缩小图像，如图 1-28 所示。

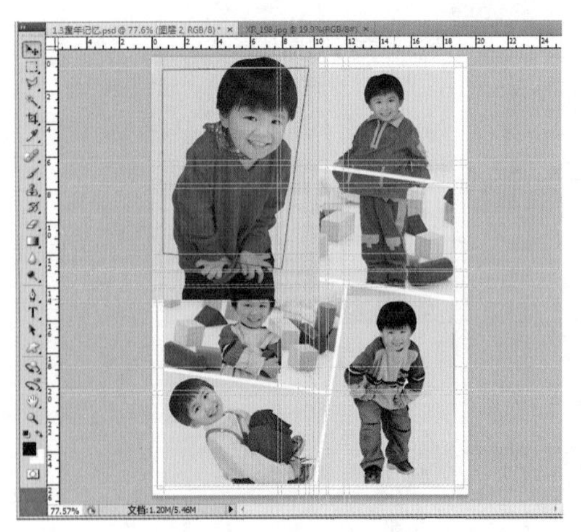

■图 1-27　移动图像

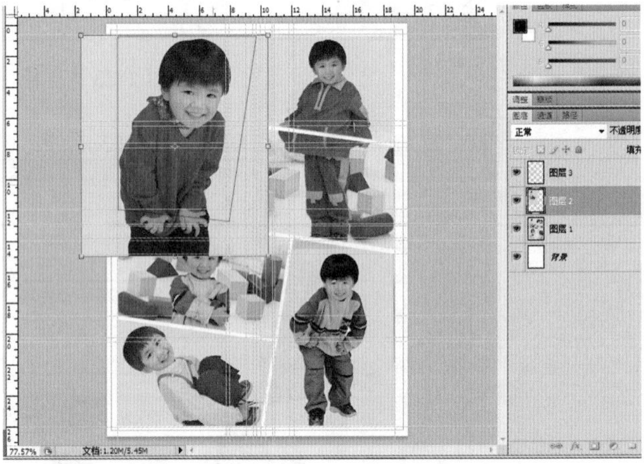

■图 1-28　自由变换图像

（6）载入“1”选区，反选（Ctrl+Shift+I），如图 1-29（a）所示。按 Delete 键把其余部分删除，如图 1-29（b）所示。

（7）为了方便操作，可隐藏参考线（快捷键为 Ctrl+H）和样张图层（即“图层 1”）。如图 1-30 和图 1-31 所示。

（8）重复第一张拼图图像的方法，进行其他 5 张图像的描边操作，描边都在“图层 3”中。完成后的照片拼图效果。如图 1-32 所示。

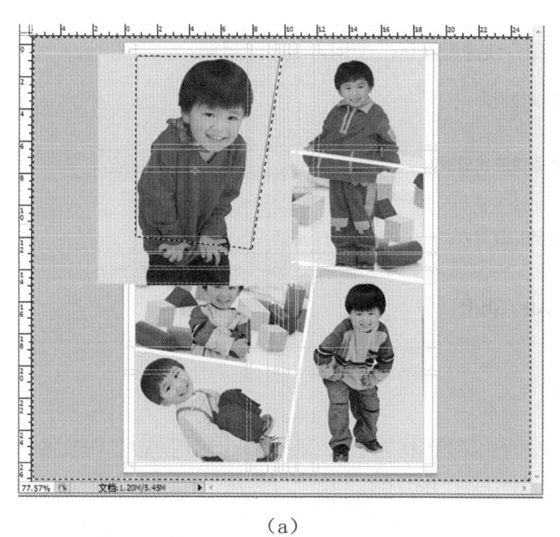

(a)

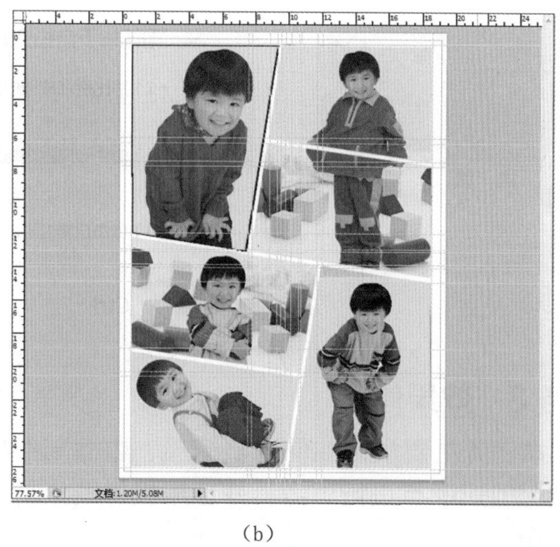

(b)

■图 1-29　删除其余部分后的效果

■图 1-30　隐藏参考线效果

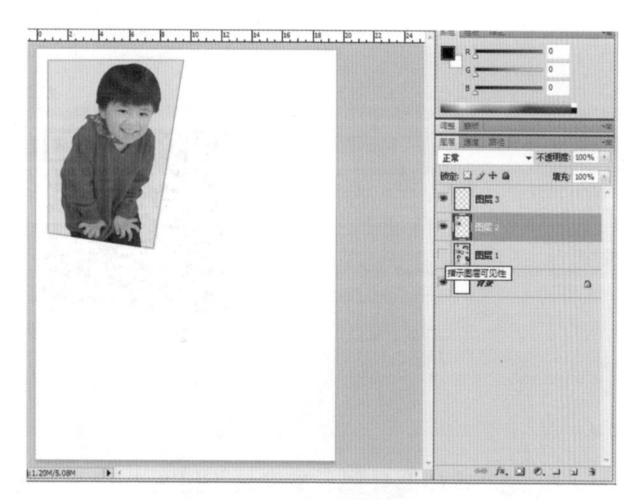

■图 1-31　隐藏样张图层后的效果

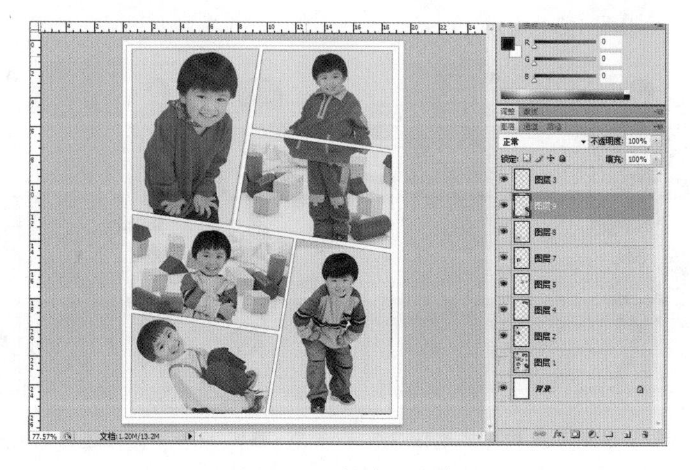

■图 1-32　描边后的效果

做一做	■ 请把关于自由变换命令快捷键正确的使用方法匹配起来： （1）等比例缩放图像的快捷键为：——→ □ （2）由中心向四周缩放图像的快捷键为：——→ □ （3）自由扭曲变形图像的快捷键为：——→ □ Ctrl　Alt+Shift　Alt　Shift

任务 3　效果修饰

本任务主要学习如何调整标尺、边框制作和保存文件的方法，在学习的过程中可结合“做一做”的知识点进行思考，并运用提供的素材按要求边学边做，要求能熟练掌握“效果修饰”的操作。

◆**制作步骤**

（1）按快捷键 Ctrl+H 显示参考线（见图 1-33），选择矩形选框工具，框选拼图四周轮廓，在选区中右击，在弹出菜单中选择“变换选区”命令，按住 Shift+Alt 组合键拖动角点，从中心向四周等比例扩大选区，如图 1-34 所示。

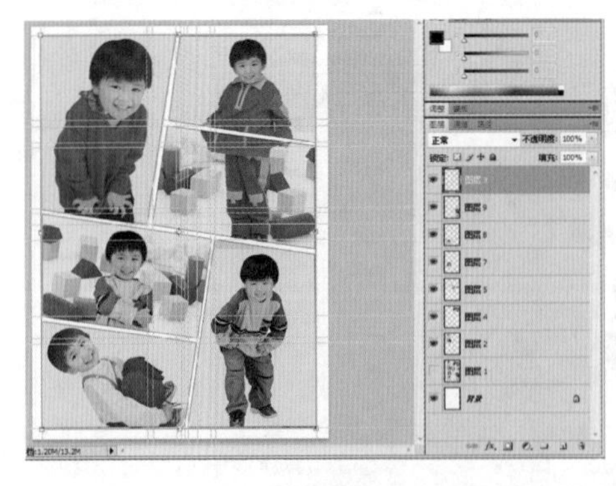

■图 1-33　显示参考线和变换选区

■图 1-34　扩大选区后的效果

（2）新建“图层 10”，给选区描边，描边宽度为 1 像素，颜色为黑色，如图 1-35 所示。

（3）取消选区，隐藏参考线和“图层 3”，即完成效果修饰的操作，如图 1-36 和图 1-37 所示。

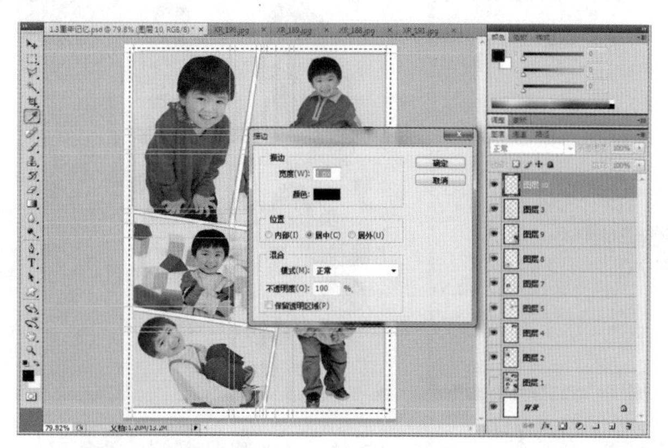

■图 1-35　“描边”对话框

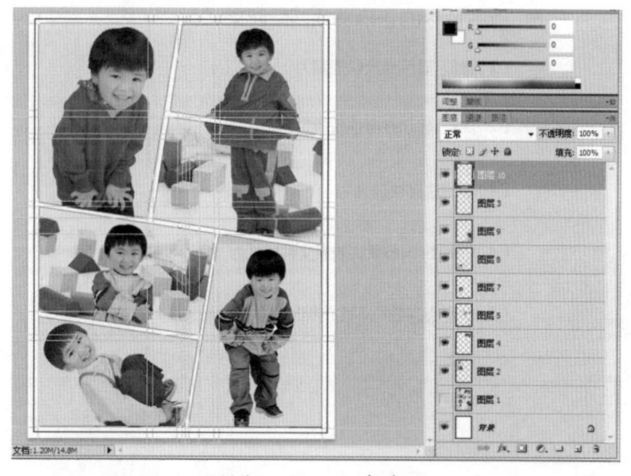

■图 1-36　取消选区

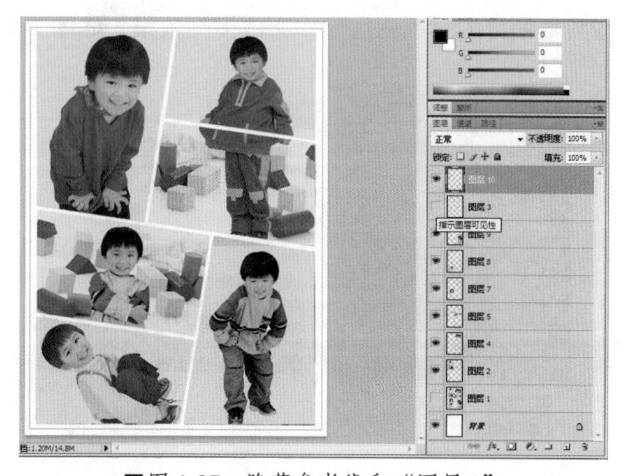

■图 1-37　隐藏参考线和“图层 3”

（4）选择“文件”→“存储为”命令，保存文件为 PSD 格式，即完成整个拼图项目的制作，如图 1-38 和图 1-39 所示。

■图 1-38 “存储为”对话框

■图 1-39 完成后的效果与图层

<table>
<tr>
<td>做一做</td>
<td>
■ 请将命令的正确选项匹配起来：
（1）隐藏/显示标尺快捷键为：→ □
（2）隐藏/显示参考线快捷键为：→ □
（3）取消选择快捷键为：→ □
（4）Photoshop默认的原文件格式为：→ □
（5）由中心向四周等比例缩放图像快捷键为：→ □

JPG
Psd
Ctrl+H
Ctrl+D
Alt+Shift
Ctrl+R
</td>
</tr>
</table>

拓展训练

要求运用相关素材按照本项目的学习方法制作完成拼图效果，如图 1-40 所示。

■图 1-40 拼图效果

课后测试

① 与低分辨率的图像相比，高分辨率的图像可以重现更多细节和更细微的颜色过渡，因为高分辨率图像中的像素密度更（　　）。

A. 模糊　　B. 低　　C. 高　　D. 锐化

② Photoshop 设置的颜色模式有位图、灰度、（　　）、CMYK 和 LAB 模式。

A. 最大值　　B. 索引　　C. RGB　　D. 自定

③ 在实际使用中，根椐用户使用的尺寸单位来制定。在不须要打印的情况下并没有区别。每单位的像素越多，打印的效果就越好，前提是打印机或印刷机能够支持较大的分辨率，300 像素 / 厘米的效果要（　　）300 像素 / 英寸。

A. 差于　　B. 同等于　　C. 好于　　D. 弱于

④ 参考线是根据自己所定的尺寸或位置，手动拉出来做参考的标准线；可设置参考线的（　　）和（　　）：实线和虚线。

A. 形状、样式　　B. 颜色、样式　　C. 高度、尺寸　　D. 角度、长度

⑤ 按住（　　）键，然后从垂直标尺中拖拽以创建水平参考线。

A. Shift　　B. Alt　　C. Ctrl　　D. Tab

⑥ 按住（　　）键并从水平或垂直标尺拖动以创建与标尺刻度对齐的参考线。拖动参考线时，指针变为双箭头。

A. Alt　　B. Shift　　C. Ctrl　　D. Tab

⑦ 移动参考线，选择移动工具，或按住（　　）键启动移动工具。

A. Ctrl　　B. Tab　　C. Shift　　D. Enter

⑧ 拖动参考线时按住（　　）键，可使参考线与标尺上的刻度对齐。如果网格可见，选择“视图”→“对齐到”→“网格”命令，则参考线将与网格对齐。

A. Ctrl　　B. Tab　　C. Shift　　D. Alt

⑨（　　）命令可用于在一个连续的操作中应用变换（旋转、缩放、斜切、扭曲和透视），也可以应用变形变换。

A. 动感模糊　　B. 自由变换　　C. 缩放　　D. 斜切

⑩ 如果要通过拖动进行缩放，请拖动手柄。拖动角手柄时按住（　　）键可按比例缩放。

A. Shift　　B. Alt　　C. Ctrl　　D. Tab

⑪ 要通过拖动进行旋转，请将指针移到定界框之外（指针变为弯曲的双向箭头），然后拖动。按（　　）键可将旋转限制为按 15° 增量进行。

A. Alt　　B. Shift　　C. Ctrl　　D. Tab

⑫ 自由变换图像时，按住（　　）组合键（Windows）可以由中心向四周等比例扩大或缩小图像。

A. Alt+Shift　　B. Shift+Tab　　C. Ctrl+Shift　　D. Tab+Shift

项目二　装饰画制作

课前学习工作页

（1）新建一个画布大小为800×600像素、分辨率为72dpi、背景为白色，颜色模式为RGB的文件，并熟练运用文字工具输入“装饰画制作——快乐童年”等文字，并设置文字属性：“装饰画制作”字体为微软雅黑加粗、颜色红色、大小24点，“——快乐童年”字体为黑体、颜色蓝色，大小24点，效果如图1-41所示。

装饰画制作
——快乐童年

■图 1-41　文字属性设置效果

（2）扫一扫二维码观看相关视频，并完成下面的题目：

扫一扫观看装饰画制作的视频

① 在 Photoshop 中，“反选”对象的快捷键为（　　）。

A. Ctrl+Shift+M　B. Ctrl+Shift+I　C. Ctrl+Shift+N　D. Ctrl+Shift+O

② 更改文字颜色，将采用当前的（　　）渲染所输入的文字；也可以在输入文字之前或之后更改文字颜色。在编辑现有文字图层时，可以更改图层中个别选中字符或所有文字的颜色。

A. 背景色　B. 前景色　C. 图层色　D. “颜色”面板

③ 自由变换图形，按住（　　）键，等比例缩小。

A. Shift　B. Alt　C. Ctrl　D. Delete

④ 调整画布大小的快捷键是（　　）。

A. Alt+Ctrl+C　B. Alt+Ctrl+I　C. Ctrl+Ctrl+I　D. Shift+Ctrl+I

⑤ 等比例缩小图像时，按住（　　）组合键可由中心向四周等比例缩小图像到适合的位置。

A. Ctrl+T　　B. Alt+Shift　　C. Ctrl+D　　D. Alt+T

课堂学习任务

运用提供的素材制作装饰画效果，如图 1-42 所示。

■图 1-42　装饰画完成效果

学习目标与重点和难点

学习目标	（1）能根据图像特点选取图像并进行移动复制等的图像编辑。 （2）能按要求设置画布大小。 （3）能根据制作要求输入文字和设置文字基本属性。
学习重点和难点	（1）结合图像特点采取适合的选取方法编辑图像（难点）。 （2）能根据画面要求设置文字属性（重点）。

任务 1　装饰画素材处理

本任务主要学习如何载入图层中图像的选区，选区变换（变换图形、等比例缩放、旋转、翻转）的操作方法；图形的选取方法，根据不同素材采用不同的选择技巧来选择图形的方法。在学习的过程中可结合“做一做”的知识点进行思考，并运用提供的素材按要求边学边做，要求能熟练掌握“装饰画素材处理”的操作。

◆**制作步骤**

（1）新建文件的宽度为 560、高度为 764 像素、分辨率为 72 像素 / 英寸，颜色模式为 RGB、背景为白色，如图 1-43 所示。

■图 1-43　“新建”对话框

（2）打开背景素材图像，将素材复制并粘贴到新建的文件窗口中，如图 1-44 所示（先单击“选择”→“全部”命令，再选择“编辑→拷贝”命令，在新建的文件窗口中单击“编辑”→“粘贴”命令，把图像粘贴过来。）。

■图 1-44　粘贴背景素材图像

（3）打开人物素材，照片中小女孩图层已经处理好，可直接载入选区，如图 1-45 所示。（单击“选择”→“载入选区”命令，在弹出的对话框中直接单击“确定”按钮。）。

■图 1-45　载入选区

（4）分别使用“拷贝”和“粘贴”命令（快捷键为 Ctrl+C），将图像粘贴到背景中，自由变换小女孩图像，移动到合适的位置，如图 1-46 所示。

（a）

（b）

■图 1-46　粘贴图像并进行调整

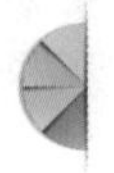

（5）打开动物素材图像，小猫图层已经处理好，可直接使用“载入选区”命令把小猫图像复制并粘贴到背景图像中，再使用“自由变换”命令等比例缩小小猫图像并移到合适的位置，如图 1-47 所示。

（a）　　　　　　　　　　（b）

■图 1-47　导入小猫图像并调整

（6）接下来制作装饰画中的小泡泡。打开小泡泡的素材图像，使用椭圆选区工具在最大的泡泡上面绘制出与泡泡一样大小的选区，并把该选区存储为“1”，为下面的操作做准备，如图 1-48 所示。

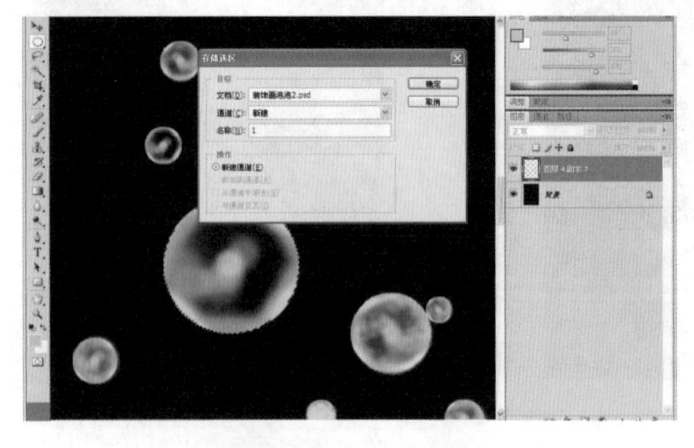

■图 1-48　制作选区

（7）泡泡素材图像提供了其中一个透明清晰的泡泡图层，直接复制即可。选择“图层”→“新建”→“通过拷贝的图层”命令，将一个泡泡图形复制出来，如图 1-49 和图 1-50 所示。

（8）单击“选择”→“载入选区”命令，载入存储的选区“1”，如图 1-51 所示。

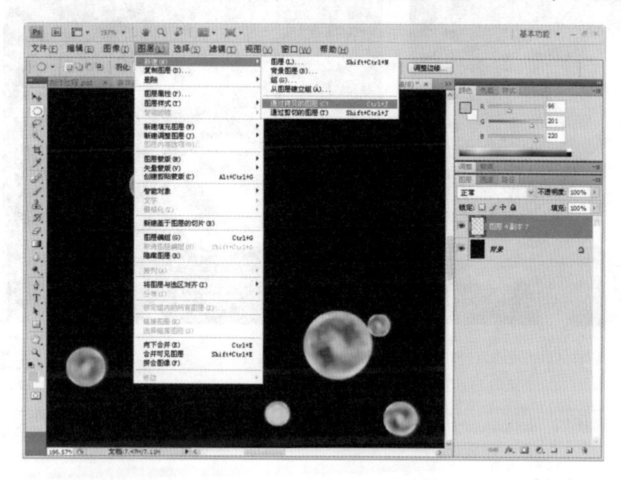

■图 1-49　单击“通过拷贝的图层”命令

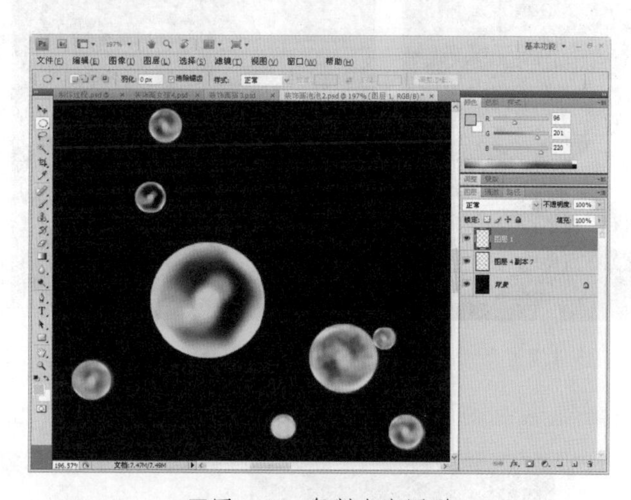

■图 1-50　复制泡泡图形

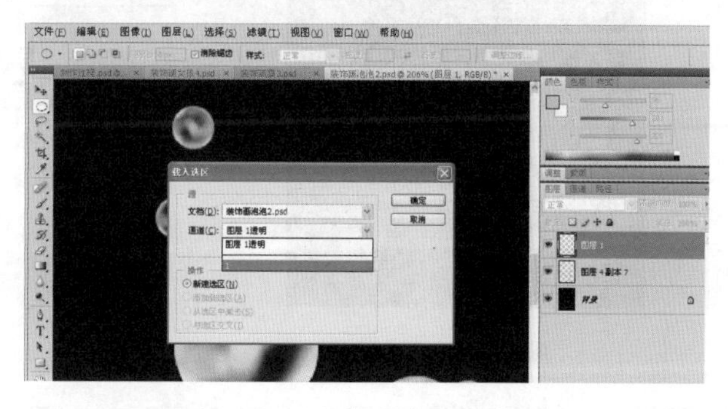

■图 1-51　“载入选区”对话框

（9）使用移动工具选择泡泡并按住 Alt 键移动，复制出一个泡泡图形，然后运用“自由变换”命令等比例缩小图形，如图 1-52 和图 1-53 所示。

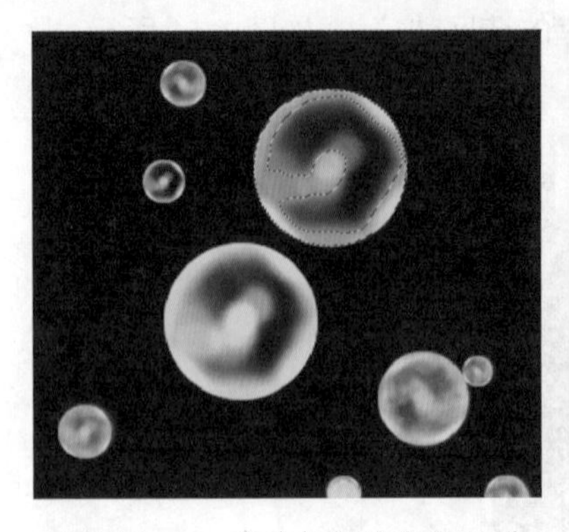

■图 1-52　移动复制的泡泡图形

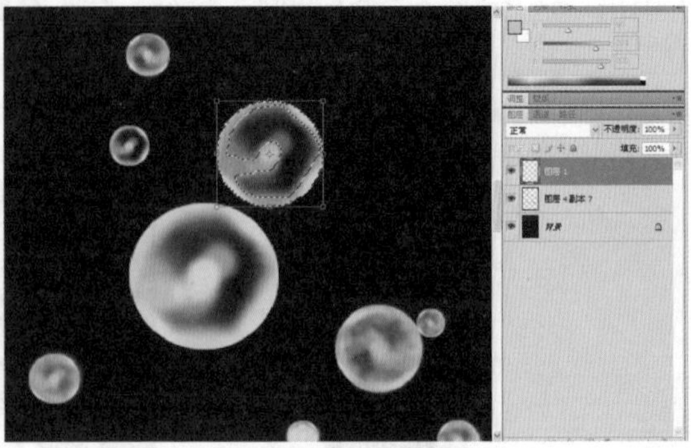

■图 1-53　等比例缩小泡泡图形

（10）将其移动到下面，适配小泡泡的大小。双击，完成变换操作。放置到其他的重叠位置。如图 1-54 和图 1-55 所示。

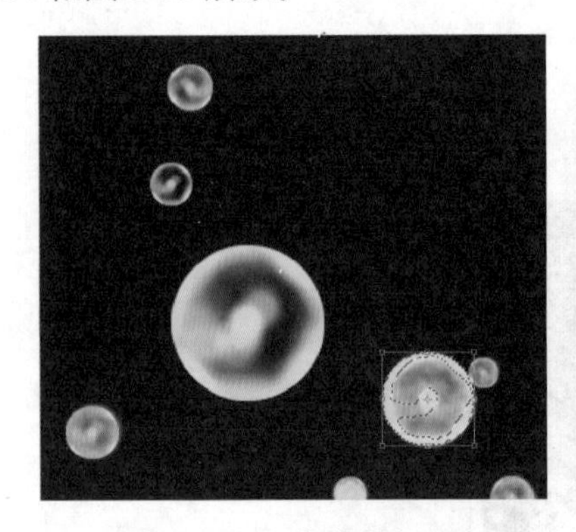

■图 1-54　移动泡泡图形

■图 1-55　重叠其他泡泡图形

（11）重复刚才的操作，复制剩下的小泡泡，并放置在样张重叠的位置，如图 1-56 所示。

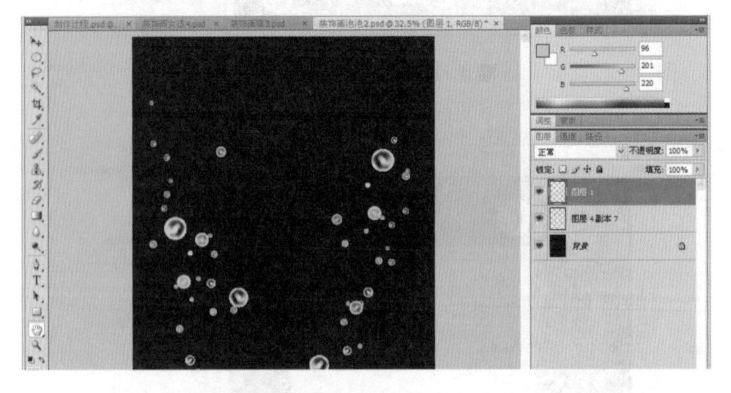

■图 1-56　复制并移动小泡泡

（12）载入泡泡图像选区，将其复制并粘贴到小女孩图像窗口中，如图 1-57 和图 1-58 所示。

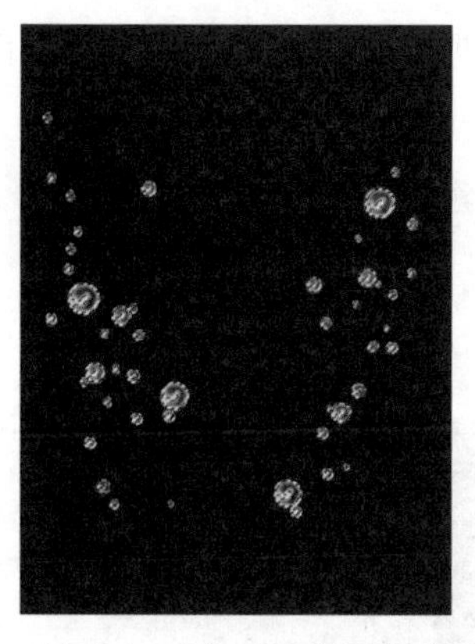

■图 1-57　载入泡泡图像选区

■图 1-58　粘贴后的效果

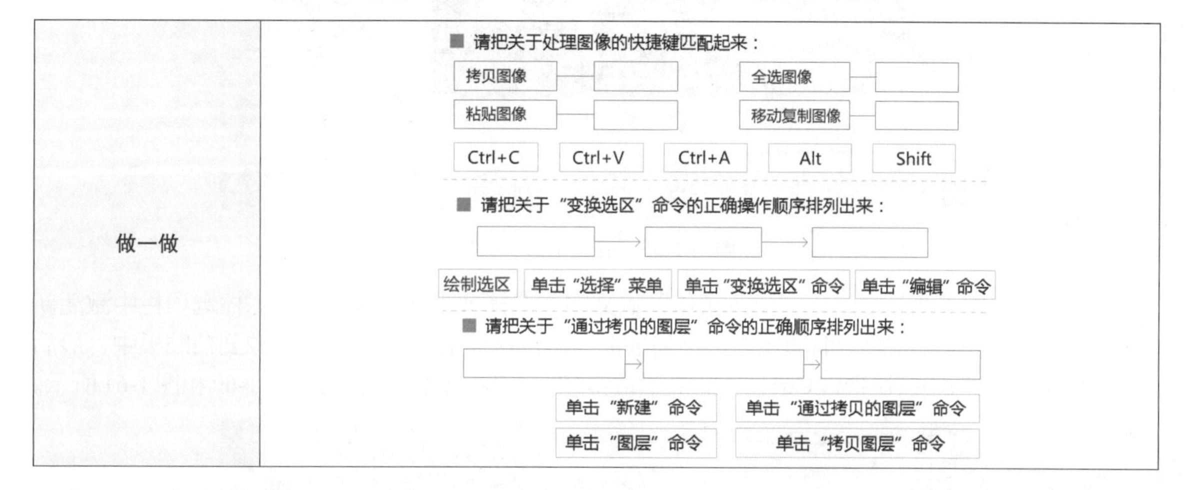

做一做	■ 请把关于处理图像的快捷键匹配起来： 拷贝图像——（　）　全选图像——（　） 粘贴图像——（　）　移动复制图像——（　） Ctrl+C　Ctrl+V　Ctrl+A　Alt　Shift ■ 请把关于“变换选区”命令的正确操作顺序排列出来： （　）→（　）→（　） 绘制选区　单击“选择”菜单　单击“变换选区”命令　单击“编辑”命令 ■ 请把关于“通过拷贝的图层”命令的正确顺序排列出来： （　）→（　）→（　） 单击“新建”命令　单击“通过拷贝的图层”命令 单击“图层”命令　单击“拷贝图层”命令

任务 2　文字处理

本任务主要学习字体安装，文字属性设置（字体、大小、字间距与行距、斜体加粗、文字颜色）的方法。在学习的过程中可结合“做一做”的知识点进行思考，并运用提供的素材按要求边学边做，要求熟练掌握“文字处理”的操作。

◆制作步骤

■ 任务 2

（1）打开快乐童年的 Logo 素材，如图 1-59 所示（双击抓手工具，使画面适配灰色的工作区以方便操作）。

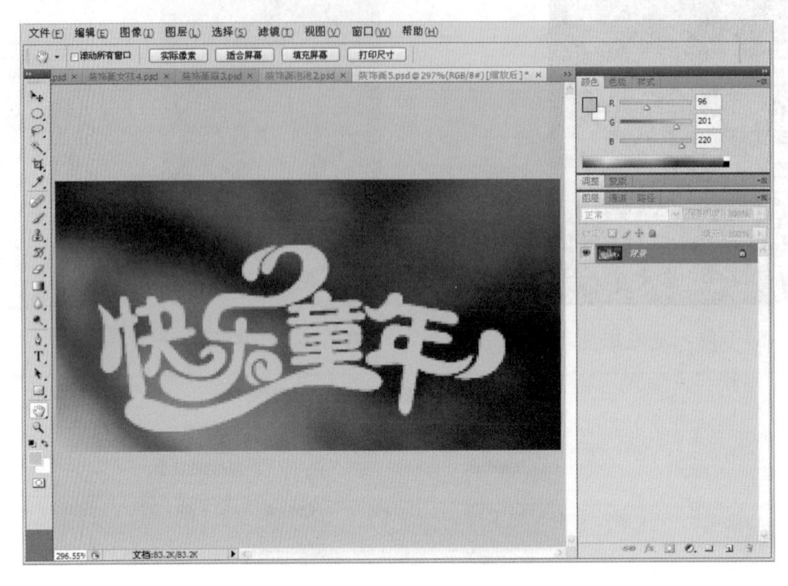

■图 1-59　打开 Logo 素材

（2）使用魔术棒工具选择“快乐童年”的文字（选择魔术棒工具，在魔术棒选项栏中激活新选区按钮，溶差设置为 32，取消连续选项勾选）。再按快捷键 Ctrl+C 复制图像到粘贴板中，最后在小女孩图像窗口中按快捷键Ctrl+V 把“快乐童年”的文字图像粘贴过来，如图 1-60 和图 1-61 所示。

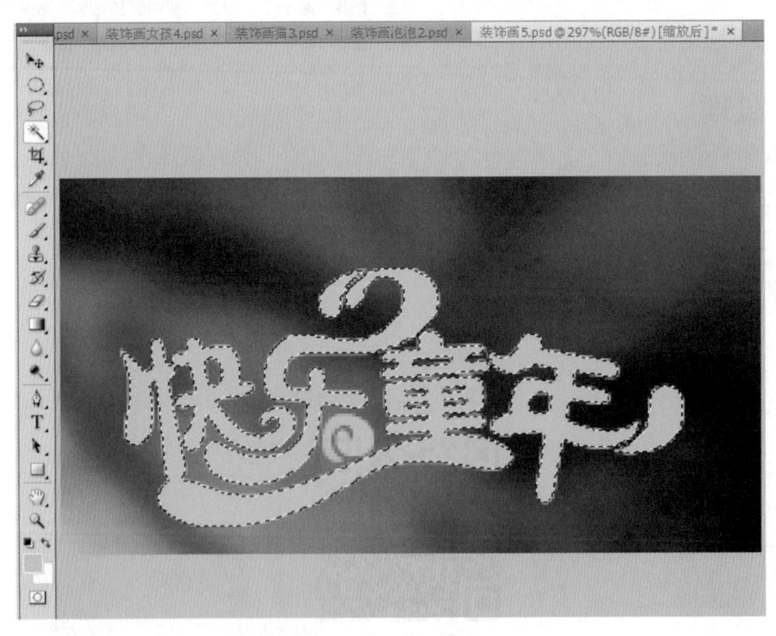

■图 1-60　选择文字

■图 1-61　文字图像粘贴后的效果

（3）选择文字工具，在“字符”面板中设置字体属性（字体为迷你简蝶语，字号大小为10，左右字间距为10，上下字间距为24，字体颜色湖蓝色），如图 1-62 所示。

■图 1-62　“字符”面板

（4）框选文字范围，输入所需文字。选择移动工具，结束文字操作并调整文字位置，如图 1-63 和图 1-64 所示。

■图 1-63　输入文字

■图 1-64　文字输入后的效果

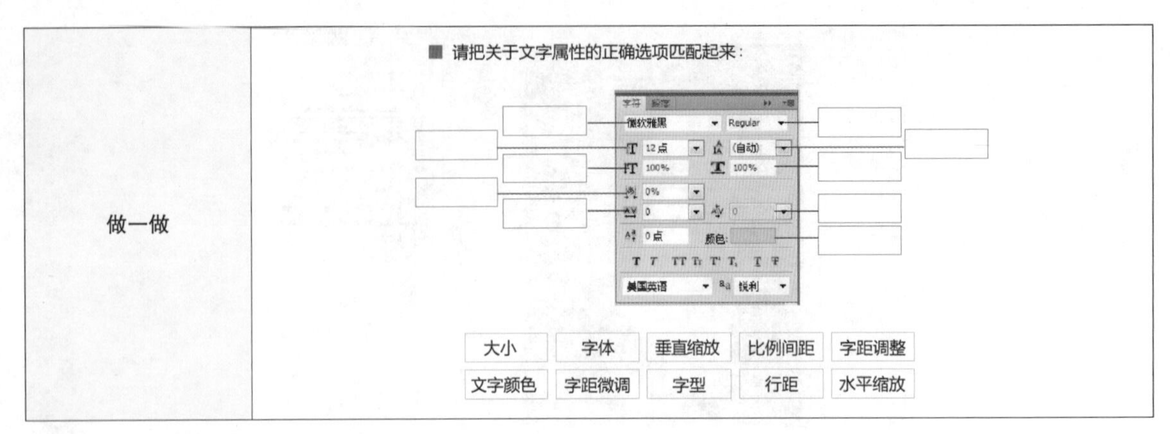

做一做	■ 请把关于文字属性的正确选项匹配起来： 大小　字体　垂直缩放　比例间距　字距调整 文字颜色　字距微调　字型　行距　水平缩放

任务 3　装饰画边框处理

本任务主要学习矩形选区的羽化并填充颜色的方法及扩展画布的参数设置（宽度、高度、单位、相对定位）。在学习的过程中可结合“做一做”的知识点进行思考，并运用提供的素材按要求边学边做，要求熟练掌握“装饰画边框处理”的操作。

◆制作步骤

（1）按快捷键 Ctrl+A 全选整个画面，使用“变换选区”命令由中心向内收缩选区，把选区羽化为 5 个像素，如图 1-65 和图 1-66 所示。

■图 1-65　单击“变换选区”命令

■图 1-66　选区羽化后的效果

（2）单击“选择”→“反向”（快捷键为 Ctrl+Shift+I）命令，新建“图层 6”，填充白色，如图 1-67 和图 1-68 所示。

■图 1-67　反选后的效果

■图 1-68　填充白色后的效果

（3）最后进行画布扩展，使其四周有 0.6 cm 白色的边框。单击“图像”→“画布大小”（快捷键为 Alt+Ctrl+C）命令，设置宽度为 20.36，高度为 27.55，单击“确定”按钮完成整个人物装饰画的制作，如图 1-69 和图 1-70 所示。

■图 1-69　“画布大小”对话框

■图 1-70　画布扩展后的效果

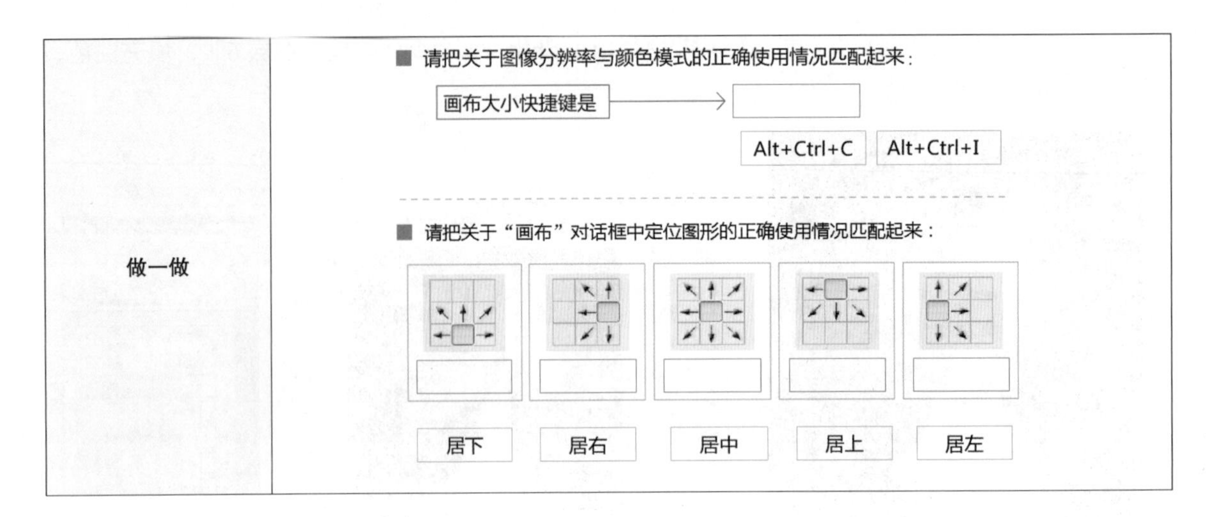

做一做	■ 请把关于图像分辨率与颜色模式的正确使用情况匹配起来： 画布大小快捷键是 → [ ] Alt+Ctrl+C　Alt+Ctrl+I ■ 请把关于“画布”对话框中定位图形的正确使用情况匹配起来： 居下　居右　居中　居上　居左

拓展训练

请使用 Photoshop 软件完成“风景装饰画”制作，如图 1-71 和图 1-72 所示。

■图 1-71　风景装饰画一

■图 1-72　风景装饰画二

课后测试

① 等比例缩小，按住（　　）组合键可由中心向四周等比例缩小图像到适合的位置。

A. Ctrl+T　　B. Alt+Shift

C. Ctrl+D　　D. Alt+T

② 自由变换图形时，按住（　　）键可等比例缩小图形。

A. Shift　　B. Alt　　C. Ctrl　　D. Delete

③ 使用移动工具的同时，按住（　　）键可在同一个图层中复制泡泡图形。

A. Shift　　B. Tab　　C. Alt　　D. Ctrl

④ 在 Photoshop 中可以通过 3 种方法创建文字：点上创建、段落中创建和（　　）。

A. 点上创建　　B. 段落中创建

C. 沿路径创建　　D. 斜切创建

⑤“字符”面板中A项对应的名称是（　　）。

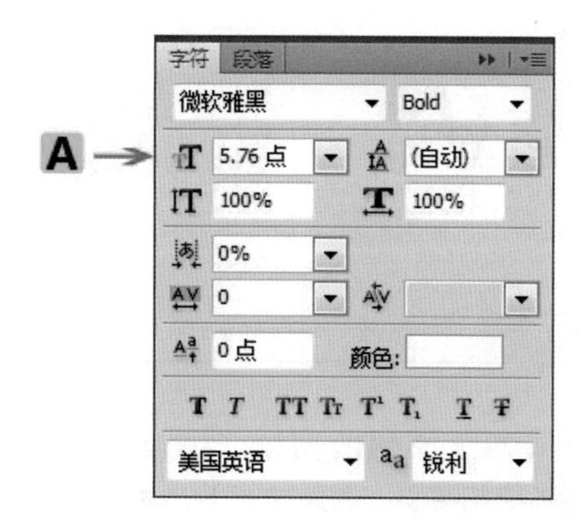

A. 字体系列　　B. 字体大小　　C. 垂直缩放　　D. 比例间距

⑥更改文字颜色，将采用当前的（　　）渲染所输入的文字；也可以在输入文字之前或之后更改文字颜色。在编辑现有文字图层时，可更改图层中个别选中字符或所有文字的颜色。

A. 背景色　　B. 前景色　　C. 图层色　　D. “颜色”面板

⑦在此案例中，画布大小的快捷键是（　　）。

A. Alt+Ctrl+C　　B. Alt+Ctrl+I　　C. Ctrl+Ctrl+I　　D. Shift+Ctrl+I

⑧要扩展图像显示边框，可以在“画布大小”对话框中定位设置，此图中是进行（　　）设置。

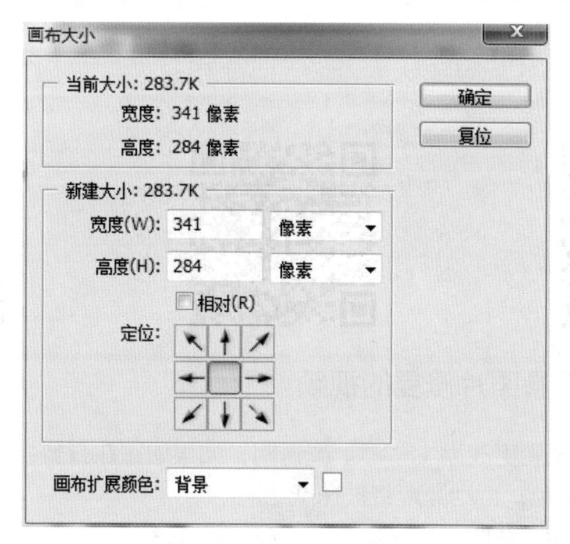

A. 居中　　B. 居上　　C. 居下　　D. 居左

⑨在Photoshop中，颜色信息通道的多少是由选择的（　　）决定的。

A. 路径　　B. 像素　　C. 色彩模式　　D. 图层

项目三　照片修复

课前学习工作页

（1）打开一张照片，把图像大小修改为 800×600 像素，分辨率为 300dpi，颜色模式为 CMYK，并尝试用图章工具复制荷花图像，效果如图 1-73 所示。

■图 1-73　用图章工具复制荷花图像效果

（2）扫一扫二维码观看相关视频，并完成下面的题目：

扫一扫观看照片修复的视频

① 橡皮擦工具可将像素更改为（　　）或透明，如果您正在背景中或已锁定透明度的图层中工作，像素将更改为背景色；否则像素将被抹成透明。

A. 背景色　　B. 透明　　C. 前景色　　D. 不透明

② 仿制图章工具是将图像的一部分绘制到同一图像的另一部分，仿制图章工具对于（　　）对象或移去图像中的缺陷很有用。

A. 复制　　B. 自由变换　　C. 移去　　D. 斜切

③ 使用仿制图章工具时，同样要按住（　　）键，并在图像上单击来设置取样点。

A. Alt　　B. Shift　　C. Ctrl　　D. Tab

④ 使用仿制图章工具，要从其中复制像素的区域上设置一个（　　），并能在另一个区域上

绘制。

A. 取样点　　B. 删除点　　C. 同一个　　D. 另一个

⑤ 修补工具可处理 8 位 / 通道或（　　）/ 通道的图像。

A. 16 位　　B. 26 位　　C. 36 位　　D. 6 位

⑥ 通过使用修补工具，可以修复选中的区域。修补工具会将样本像素的纹理、（　　）与源像素进行匹配。

A. 像素的纹理　　B. 各自通道　　C. RGB 数值　　D. 光照和阴影

课堂学习任务

运用提供的素材修复照片，效果如图 1-74 所示。

■图 1-74　完成效果

学习目标与重点和难点

学习目标	（1）能根据图像特点运用修补、修复、图章等工具进行图像修复。 （2）能根据图像需求运用颜色替换、加深、减淡等工具对图像进行图像修饰。
学习重点和难点	（1）能结合图像特点采取适合的修复工具对图像进行修饰（难点）。 （2）能根据画面要求运用颜色替换、加深、减淡等工具进行图像修饰（重点）。

任务 1　人物修饰

本任务主要学习如何使用修补工具来修补图像，如何设置修复工具，用修复工具修复衣服上的斑点。在学习的过程中可结合“做一做”的知识点进行思考，并运用提供的素材按要求边学边做，要求熟练掌握“人物修饰”的操作。

◆**制作步骤**

（1）打开一张人物数码照片（快捷键为 Ctrl+O），用缩放工具框选要去掉的黑痣区域进行放大，如图 1-75 所示。

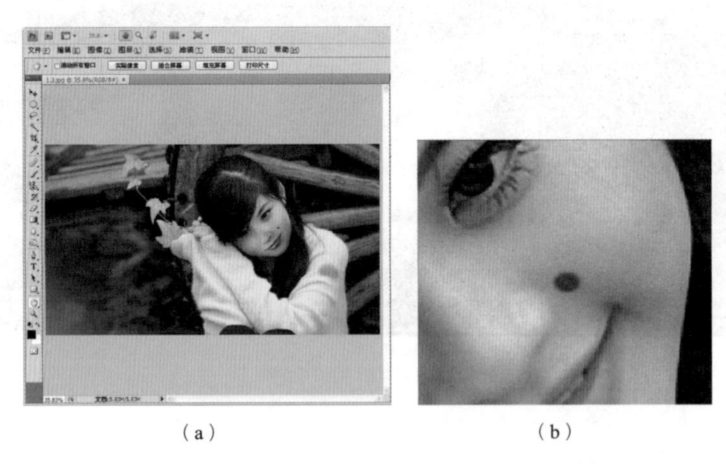

（a）　　　　（b）

■图 1-75　放大局部区域

（2）选择修补工具，圈选将要去掉的黑痣，注意大小合适为宜。拖动选区到适合的皮肤区域，松开鼠标，即可轻松去掉黑痣，如图 1-76 所示。

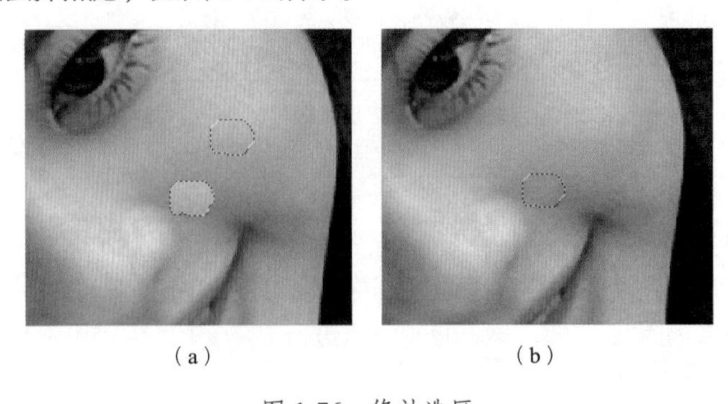

（a）　　　　（b）

图 1-76　修补选区

（3）取消选区（快捷键为 Ctrl+D），双击抓手工具，使图像窗口适配灰色工作区，如图 1-77 和图 1-78 所示。

（4）接下来去除女孩右边衣服上的斑点。放大斑点区域，选择修复画笔工具，按住 Alt 键，画笔笔触会变成十字光标图形，移动鼠标指针到要取样的衣服区域，单击一次鼠标左键，完成取样开始位置；将鼠标指针移动到要去除的斑点区域单击鼠标左键进行复制，依次重复操作，直到修补完成，如图 1-79 和图 1-80 所示。

■图 1-77　取消选区

■图 1-78　使图像适配灰色工作区

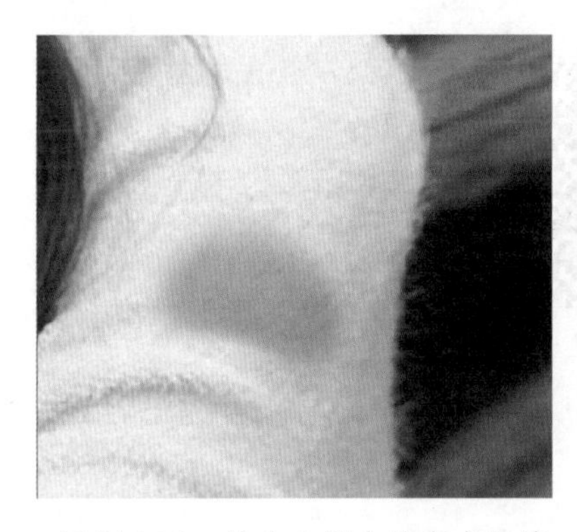

■图 1-79　放大衣服上的斑点区域

■图 1-80　修补后的效果

（5）双击抓手工具，使画面适配到灰色工作区，完成对人物的修复，如图 1-81 所示。

■图 1-81　最终效果

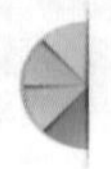

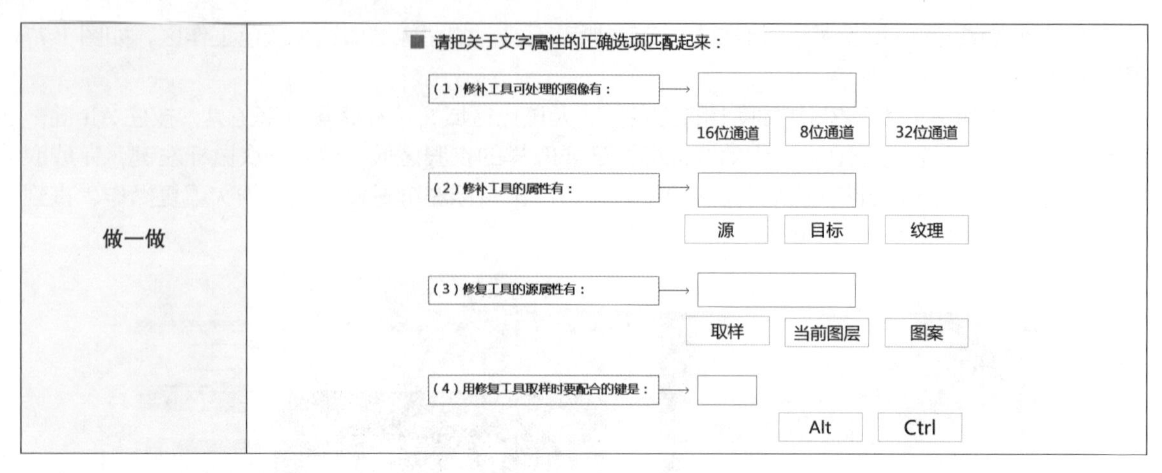

任务 2　照片背景处理

本任务主要学习缩放工具的快捷操作，仿制图章工具的设置和使用；如何设置颜色替换工具并修复红色曝光过度的数码照片。在学习的过程中可结合“做一做”的知识点进行思考，并运用提供的素材按要求边学边做，要求熟练掌握“照片背景处理”的操作。

◆制作步骤

（1）修补车轱辘上的小黑圆。选择仿制图章工具，按住 Alt 键的同时单击要仿制的区域，将鼠标指针移动到第一个黑色小圆中心，单击完成取样，如图 1-82 所示。

■图 1-82　仿制图章取样

（2）按住空格键，鼠标指针变成抓手工具，将画面向下移动，方便下面的操作。然后将鼠标指针移动到要补上该图形的位置，调节笔触大小到适合效果，单击完成仿制的修复，如图 1-83 和图 1-84 所示。

■图 1-83　将画面向下移动

■图 1-84　仿制的修复完成效果

（3）接下来处理照片左下角的红色曝光。选择颜色替换工具，按住 Alt 键的同时单击，选择要替换的颜色“深绿色”。在红色曝光的区域单击，将红色曝光区域完全覆盖，如图 1-85 和图 1-86 所示。

■图 1-85　选择颜色替换工具

■图 1-86　颜色替换完成效果

做一做	■ 请把正确的选项匹配起来： （1）仿制图章工具是将图像的一部分绘制到同一图像的另一部分，仿制图章工具对于＿＿对象或＿＿图像中的缺陷很有用。 复制　移去　自由变换 （2）要使用仿制图章工具，要从其中复制像素的区域上设置一个＿＿，并能在＿＿区域上绘制。 取样点　删除点　另一个 （3）使用仿制图章工具时，要按住＿＿键，并在图像上单击来设置取样点。 Alt　Shift　Ctrl （4）颜色替换工具不适用于＿＿、索引或多通道颜色模式的图像。 RGB　位图

任务 3　景深调整

本任务主要学习如何使用加深、减淡工具；如何使用模糊工具和橡皮擦工具。在学习的过程中可结合“做一做”的知识点进行思考，并运用提供的素材按要求边学边做，要求能熟练掌握“景深调整”的操作。

◆**制作步骤**

（1）加深图像左下角的色调，使照片的景深层次更丰富。使用加深工具，在要加深的地方单击，加深左下角绿色的色调，如图 1-87 和图 1-88 所示。

■图 1-87　选择加深工具

■图 1-88　色调加深后的效果

（2）为了使画面主体更突出，将照片四周减淡色调。选择减淡工具，在工具选项栏中设置（范围：阴影，曝光度：50），单击将其减淡色调。使用模糊工具对绿叶进行模糊处理，体现画面的层次感，如图 1-89 和图 1-90 所示。

■图 1-89　减淡色调效果

■图 1-90　绿叶模糊效果

（3）打开绿叶素材，载入绿叶选区（按住 Alt 键，单击叶子层窗口，将选区载入），如图 1-91 和图 1-92 所示。

■图 1-91　打开绿叶素材　　■图 1-92　载入选区

（4）将绿叶复制再粘贴到图像中，移动叶子到合适的位置，与照片现有的绿叶形成呼应，使画面更生动，如图 1-93 和图 1-94 所示。

■图 1-93　复制绿叶

■图 1-94　移动绿叶

（5）使用“自由变换”命令水平翻转叶子图像，并旋转到合适的位置，如图 1-95 和图 1-96 所示。

■图 1-95　自由变换图像

■图 1-96　旋转变换图像

（6）将大的叶子擦除掉。选择橡皮擦工具，并设置橡皮擦工具的参数（主直径 60，硬度 100，不透明度 100），在绿叶上进行擦除，如图 1-97 和图 1-98 所示。

（7）双击抓手工具，使画面全部显示，完成整个照片的修复处理，如图 1-99 所示。

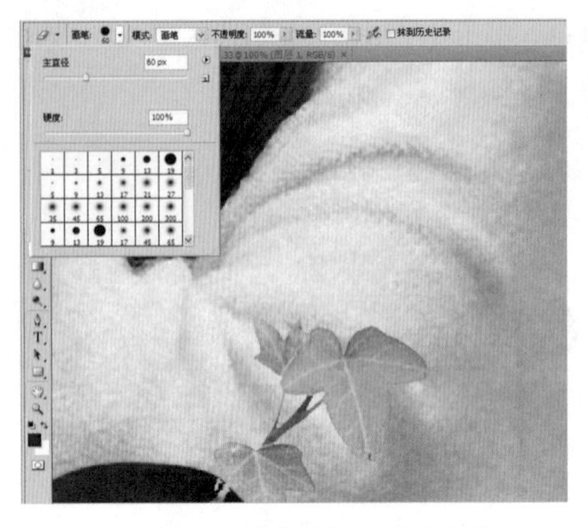

■图 1-97　设置橡皮擦工具的参数

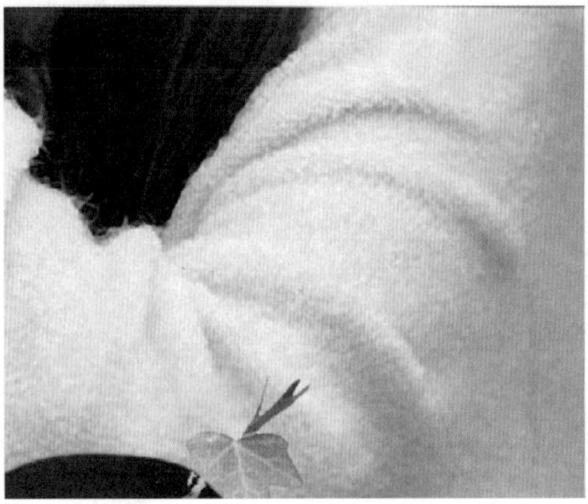

■图 1-98　擦除后的效果

■图 1-99　全部显示画面

做一做	■ 请把正确的选项匹配起来： （1）橡皮擦工具可将像素更改为 ______ 或 ______ 。 背景色　透明　前景色 （2）调整笔触大小的快捷键是 ______ 。 + 和 -　[和]　(和) （3）加深图像色调要使用 ______ ，减淡图像色调要使用 ______ 。 加深工具　减淡工具　模糊工具

拓展训练

请使用 Photoshop 软件完成“人物照片的修复”，如图 1-100 所示。

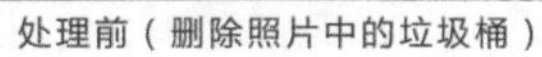

处理前（删除照片中的垃圾桶）

处理后的效果

■图 1-100　处理前后效果对比

课后测试

① 修补工具可处理 8 位 / 通道或（　　）/ 通道的图像。

A. 16 位　　B. 26 位　　C. 36 位　　D. 6 位

② 使用修补工具可修复选中的区域。修补工具会将样本像素的纹理、（　　）与源像素进行匹配。

A. 像素的纹理　　B. 各自通道　　C. RGB 数值　　D. 光照和阴影

③ 修复女孩衣服，修复画笔工具取样样本包括“当前和下方图层”“当前图层”“（　　）”3 个取样样本。

A. 当前和下方图层　　B. 当前图层

C. 所有图层　　D. 背景层

④ 要去除任务中女孩衣服上的斑点，选择修复画笔工具，按住（　　）键，画笔笔触会变成十字光标图形，移动鼠标指针到要取样的衣服区域，单击，完成取样。

A. Alt　　B. Shift　　C. 十字光标

D. 左键　　E. 右键

⑤ 仿制图章工具是将图像的一部分绘制到同一图像的另一部分，仿制图章工具对于（　　）对象或移去图像中的缺陷很有用。

A. 复制　　B. 自由变换　　C. 移去　　D. 斜切

⑥ 要使用仿制图章工具，要从其中拷贝像素的区域上设置一个（　　），并能在另一个区域上绘制。

A. 取样点　　B. 删除点　　C. 同一个　　D. 另一个

⑦ 使用仿制图章工具时，同样要按住（　　）键，并在图像上单击鼠标左键，来设置取样点。

A. Alt　　B. Shift　　C. Ctrl　　D. Tab

⑧ 在本案例中处理照片左下角红色曝光，将其复原，要选择（　　）来完成操作。

A. 颜色替换工具　　B. 修补工具　　C. 图案图章工具　　D. 修复画笔工具

⑨ 颜色替换工具不适用于（　　）、“索引”或“多通道”颜色模式的图像。

A. RGB　　B. CMYK　　C. 位图

D. 索引　　E. 多通道

⑩ 橡皮擦工具可将像素更改为（　　）或透明，如果您正在背景中或已锁定透明度的图层中工作，像素将更改为（背景色）；否则像素将被抹成透明。

A. 背景色　　B. 透明　　C. 前景色　　D. 不透明

⑪ 结合键盘上的快捷键（　　）可随时调节橡皮擦的大小，擦除不需要的绿叶区域，能提高处理图像的效率。

A. –　　B. +　　C. [和]　　D. O

⑫ 在案例中，进行效果修饰时，先加深图像左下角的色调，使照片的景深层次更丰富时就要使用（　　）；加深左下角绿色的色调，将图像四周减淡色调则要使用减淡工具。

A. 模糊工具　　B. 加深工具　　C. 减淡工具　　D. 橡皮擦工具

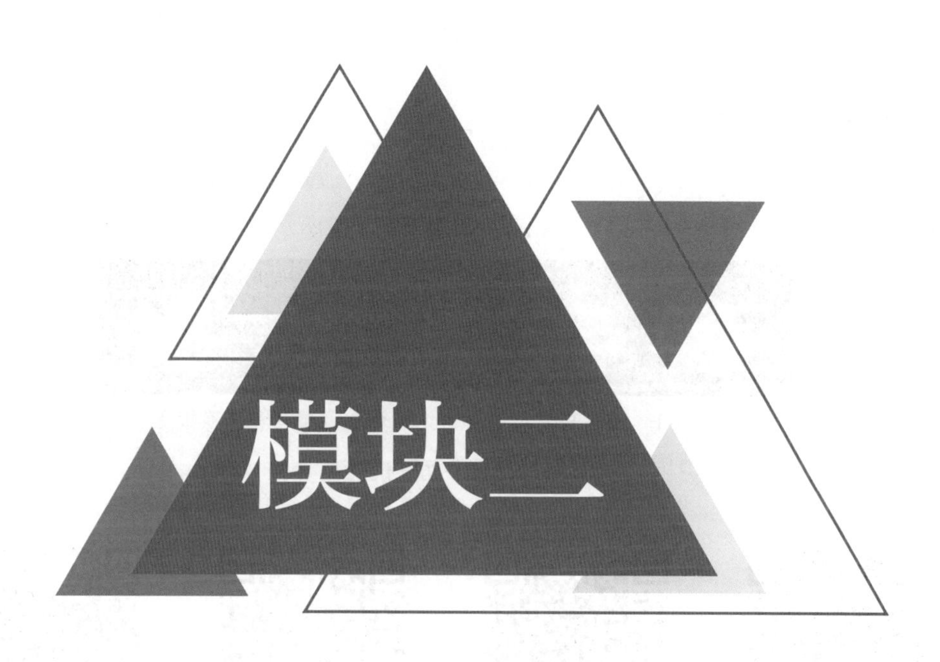

色 彩 修 饰

色彩修饰模块包括黑白照片着色、照片颜色替换两个项目，通过学习，熟悉 Photoshop 的基本操作，并能运用 Photoshop 进行图像的色彩修饰。

"黑白照片着色"：学习根据图像效果使用色相饱和度、曲线等色彩色调调整命令进行黑白照片着色的方法。

"照片颜色替换"：学习运用色阶、可选颜色、替换颜色、通道混合器以及照片滤镜进行图像颜色替换的方法。

项目四　黑白照片着色

课前学习工作页

（1）打开一张图像，把大小修改为 1024×768 像素，分辨率为 200dpi，颜色模式为 RGB，尝试用色相饱和度、曲线等命令调整荷花图像，效果如图 2-1 所示。

■图 2-1　用色相饱和度、曲线等命令调整荷花图像效果

（2）扫一扫二维码观看相关视频，并完成下面的题目：

①“色相 / 饱和度”命令的快捷键是（　　）。

A. Ctrl+U　　B. Ctrl+M　　C. Ctrl+H　　D. Ctrl+A

②“曲线”命令的快捷键是（　　）。

A. Ctrl+U　　B. Ctrl+M　　C. Ctrl+H　　D. Ctrl+A

③在 Photoshop 软件中，填充前景的快捷键是（　　），填充背景的快捷键是 Ctrl+Delete。

A. Alt+Delete　　B. Ctrl+Delete　　C. Shift+Delete　　D. Tab+Delete

④按住（　　）键，单击某图层的缩览图，可载入该图层图像的选区。

A. Shift　　B. Alt　　C. Ctrl　　D. Tab

⑤“羽化”命令的快捷键为（　　）。

A. Alt+Ctrl+O　　B. Alt+Ctrl+F　　C. Ctrl　　D. Shift

⑥在 Photoshop 中，对彩色图像的个别通道执行“色阶”和“曲线”命令以修改图像中的色彩平衡时，“（　　）”命令对在通道内的像素值分布可进行最精确的控制。

A. 色相　　B. 曲线　　C. 替换颜色　　D. 饱和度

课堂学习任务

给下面的黑白照片着色，效果如图 2-2 所示。

（a）着色前

（b）着色后

■图 2-2　着色效果对比

学习目标与重点和难点

学习目标	（1）能进行文件颜色模式的设置。 （2）能根据图像效果使用“色相 / 饱和度”“曲线”等色彩色调命令进行黑白照片的着色。
学习重点和难点	（1）色相 / 饱和度中色相、纯度、明度的设置（重点）。 （2）“曲线”命令调整色调的参数设置（难点）。

任务 1　人物头部上色

本任务主要学习如何使用“色相 / 饱和度”“曲线调整”命令以及磁性套索工具、油漆桶工具的使用方法。在学习的过程中可结合“做一做”的知识点进行思考，并运用提供的素材按要求边学边做，要求熟练掌握“人物头部上色”的操作。

◆ **制作步骤**

（1）打开（快捷键为Ctrl+O）黑白女孩图像，双击抓手工具，使图像最大化显示。双击该图层，修改图层名称为“黑白女孩”，如图 2-3 和图 2-4 所示。

（2）单击“图像”→“模式”→“RGB 颜色”命令，设置图像为 GRB 模式（图像彩色模式），如图 2-5 所示。

■图 2-3　“新建图层”对话框

■图 2-4　修改后的图层名称

■图 2-5　单击“RGB 颜色”命令

（3）选择颜色替换工具，设置前景色为 R188、G154、B145，如图 2-6 和图 2-7 所示。

■图 2-6　选择颜色替换工具

■图 2-7　设置前景色

（4）选择颜色替换工具，设置画笔属性（直径：40，硬度：0%，间距：25%，容差：60%）。将鼠标指针移至面部进行涂抹，注意五官不能涂颜色（涂抹时可使用快捷键进行相关操作，[、] 键可调节笔触大小，Ctrl++ 可放大视图、Ctrl+- 可缩小视图、Ctrl+0 可显示全部视图），如图 2-8 和图 2-9 所示。

■图 2-8　设置画笔属性

■图 2-9　面部涂抹后的效果

（5）在“图层”面板中单击“创建新的填充或调整图层”按钮，在弹出的列表中单击“色相 / 饱和度”命令，在“颜色”面板中设置数值为 9、－4、0，如图 2-10 和图 2-11 所示。

（6）在“图层”面板中单击“创建新的填充或调整图层”按钮，在弹出的列表中单击“曲线”命令，在“颜色”面板中设置好参数，如图 2-12 和图 2-13 所示。

■图 2-10　单击“色相 / 饱和度”命令

■图 2-11　色相 / 饱和度参数设置

■图 2-12　单击“曲线”命令

■图 2-13　曲线参数设置

（7）单击“图层”面板中的“新建图层”按钮，新建图层名称为“上嘴唇”。单击“前景色”按钮，在“拾色器”对话框中设置颜色值为 R136、G90、B101，如图 2-14 和图 2-15 所示。

■图 2-14　新建“上嘴唇”图层

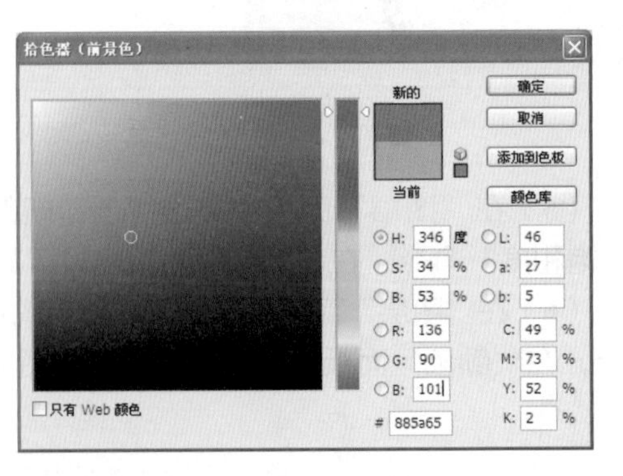

■图 2-15　“拾色器”对话框

（8）使用磁性套索工具在图像上勾勒出上嘴唇的形状并转为选区，如图 2-16 和图 2-17 所示。

（9）选择油漆桶工具（快捷键为 Alt+Delete），给上嘴唇填充颜色，如图 2-18 所示。

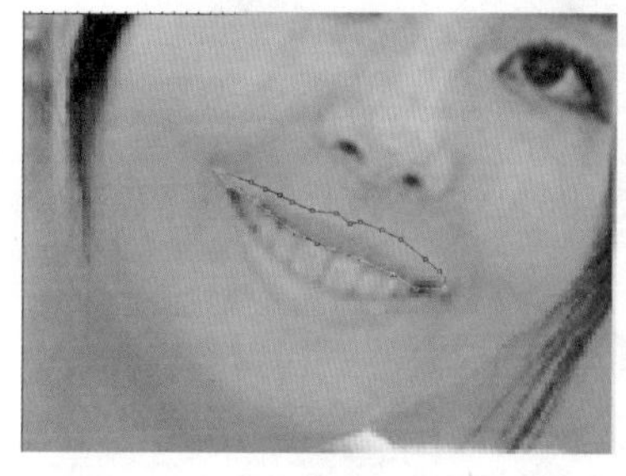
■图 2-16　勾勒上嘴唇的形状

■图 2-17　转为选区

■图 2-18　填充颜色

（10）在“图层”面板中单击图层混合模式下拉按钮，选择“颜色”模式，如图 2-19 和图 2-20 所示。

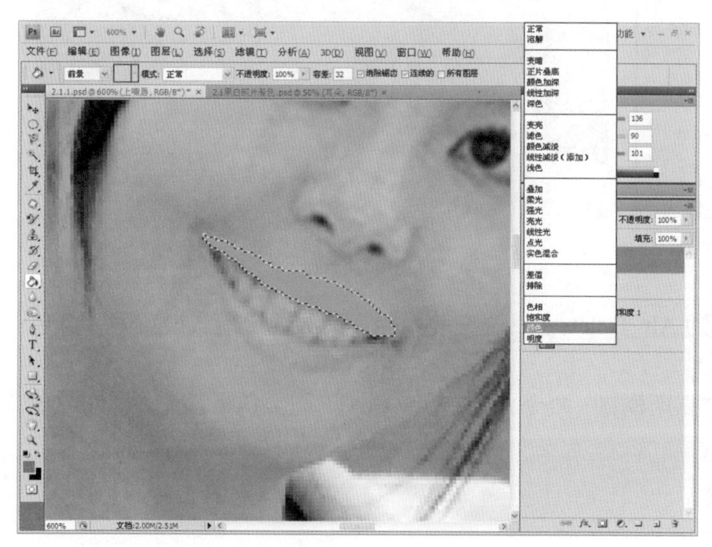
■图 2-19　选择“颜色”模式

■图 2-20　颜色混合模式效果

（11）单击“滤镜”→“模糊”→“高斯模糊”命令，在弹出的对话框中设置半径为 2 像素，单击“确定”按钮，如图 2-21 和图 2-22 所示。

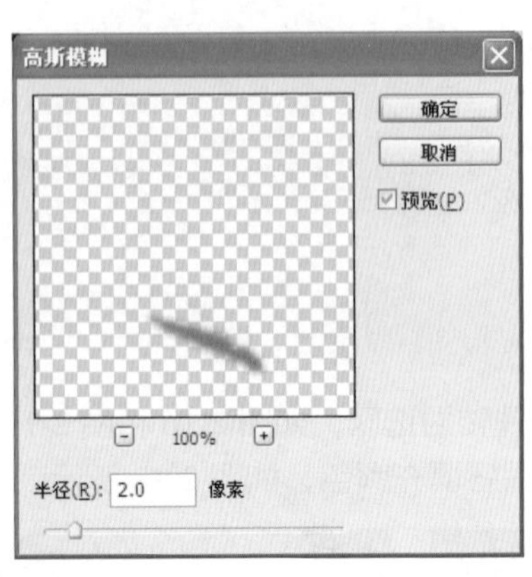

■图 2-21　“高斯模糊”对话框

■图 2-22　高斯模糊后的效果

（12）新建图层，并命名为“下嘴唇”，将前景色设置为 R159、G106、B124。选择磁性套索工具，描绘下嘴唇的形状，如图 2-23 和图 2-24 所示。

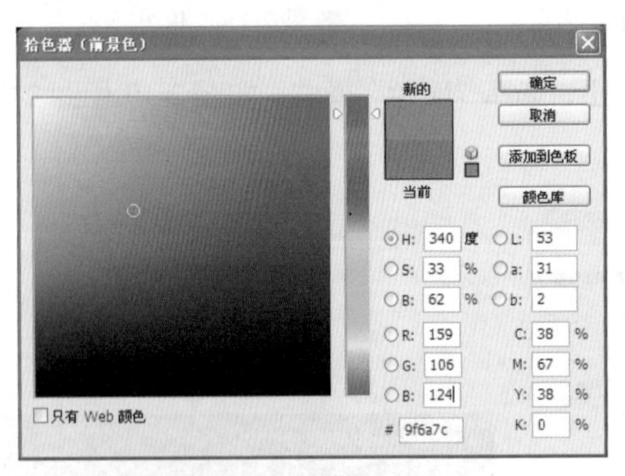

■图 2-23　设置前景色颜色

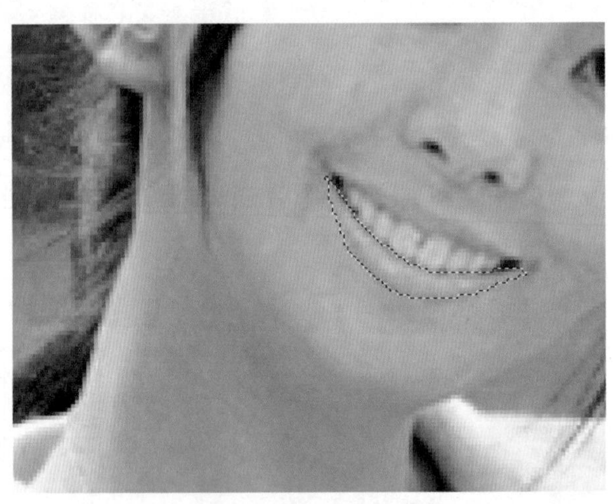

■图 2-24　选择下嘴唇

（13）选择油漆桶工具（快捷键为 Alt+Delete），填充前景色，图层混合模式设置为“颜色”模式，如图 2-25 和图 2-26 所示：

（14）单击“滤镜”→“模糊”→“高斯模糊”命令，按快捷键 Ctrl+F 重复执行该命令，如图 2-27 和图 2-28 所示。

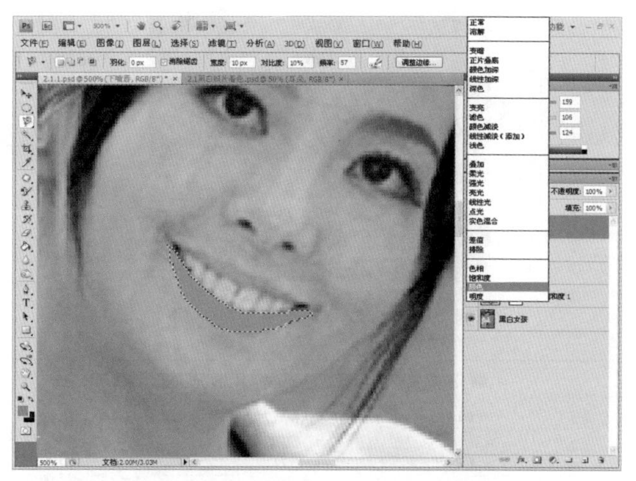

■图 2-25　选择“颜色”混合模式

■图 2-26　颜色混合模式效果

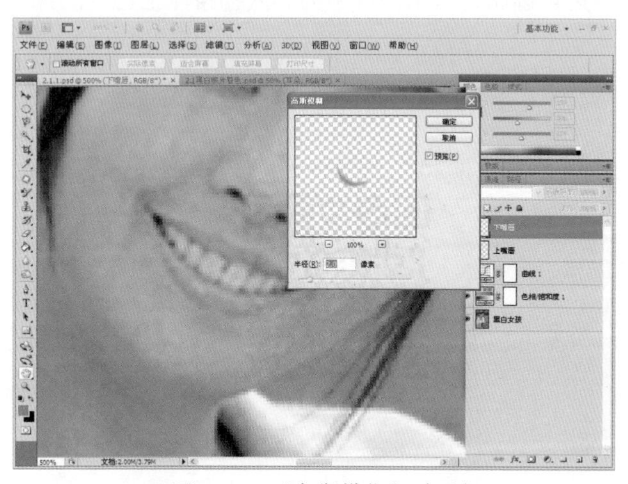

■图 2-27　“高斯模糊”对话框

■图 2-28　高斯模糊后的效果

做一做	■ 请把关于颜色模式的正确使用情况匹配起来： （1）Photoshop图像的默认模式为： （2）印刷图像的颜色模式一般为： CMYK　RBG　Lab ■ 请把快捷键的正确使用情况匹配起来： （1）“色相/饱和度”命令的快捷键为： （2）用曲线调整图像颜色的快捷键为： （3）调节笔触大小的快捷键为： （4）工作区放大、缩小的快捷键为： （5）适配灰色工作区的快捷键为： Ctrl++　Ctrl+ –　Ctrl+ 0　[　]　Ctrl+M　Ctrl+U

任务 2　人物身体上色

本任务主要学习如何使用“色相 / 饱和度”命令对衣服进行着色；如何使用替换颜色工具对人物手进行着色；如何用“色相 / 饱和度”命令对文件夹进行着色；使用画笔工具并结合颜色替换工具和“曲线”命令对背景进行着色。在学习的过程中可结合“做一做”的知识点进行思考，并运用提供的素材按要求边学边做，要求熟练掌握“人物身体上色”的操作。

◆**制作步骤**

（1）新建图层，并命名为“衣服”，使用磁性套索工具绘制衣服的轮廓，如图 2-29 所示。
（2）使用“色相 / 饱和度”命令衣服色调调整为黄色，如图 2-30 和图 2-31 所示。

■图 2-29 使用磁性套索工具绘制衣服的轮廓

■图 2-30 单击“色相 / 饱和度”命令

■图 2-31 调整衣服为黄色

（3）按住 Ctrl 键的同时单击缩略图旁边的蒙版窗口，载入衣服选区。使用“曲线”命令调整衣服的色相关系，如图 2-32 和图 2-33 所示。

■图 2-32 单击“曲线”命令

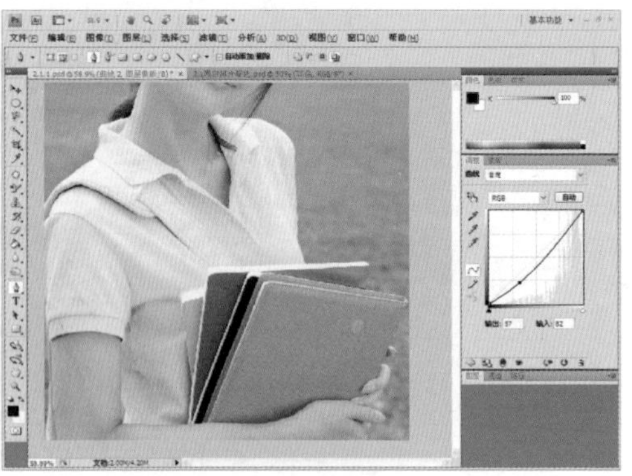

■图 2-33 调整衣服的色相

（4）设置前景色为 R175、G142、B133，使用颜色替换工具对手替换颜色，如图 2-34 和图 2-35 所示。

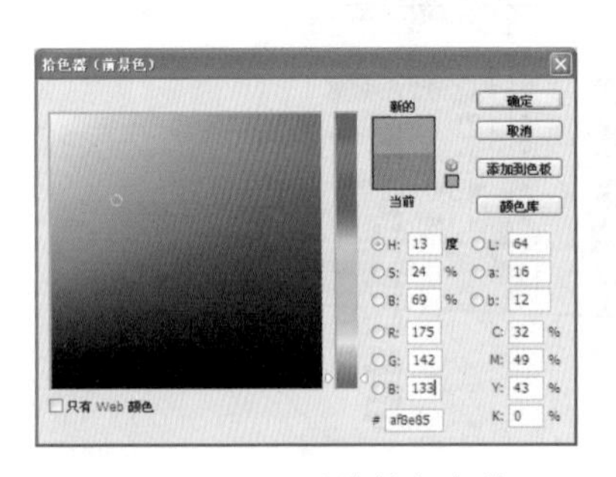

■图 2-34 设置前景色参数

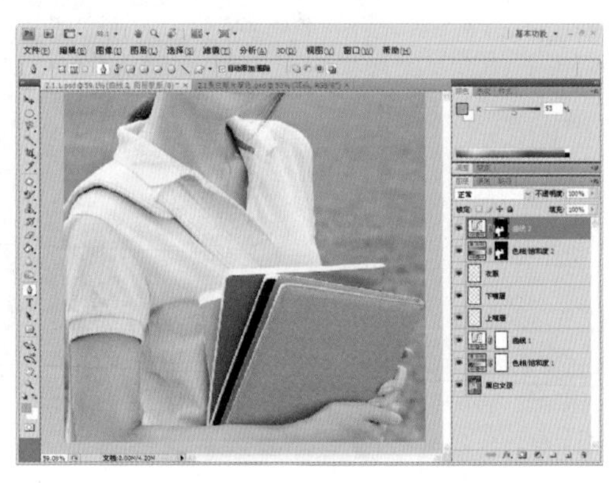

■图 2-35 替换手的颜色

（5）使用磁性套索工具描绘前面文件夹的边缘，用“色相 / 饱和度”命令调整前面文件夹的色调为黄色，如图 2-36 和图 2-37 所示。

■图 2-36 设置色相 / 饱和度参数

■图 2-37 文件夹颜色调整后的效果

（6）使用同样的方法调整其余文件夹的颜色，如图 2-38 所示。

■图 2-38　调整其余文件夹的颜色

（7）进行背景颜色的填充。设置前景色为 R143、G154、B58，选择“黑白女孩”图层，并复制一个副本，如图 2-39 和图 2-40 所示。

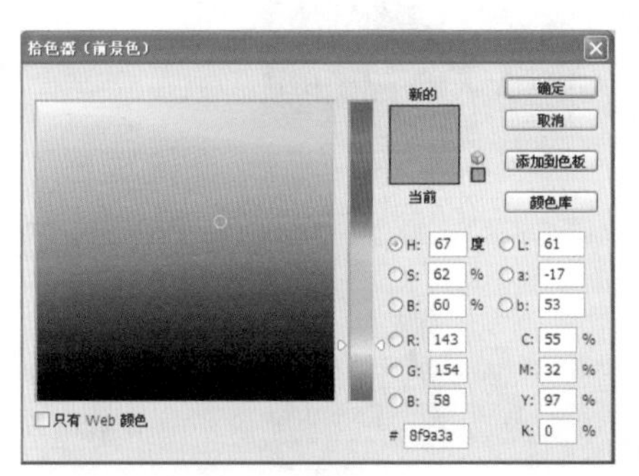

■图 2-39　设置前景色参数

■图 2-40　选择“黑白女孩副本”图层

（8）设置好画笔数值，在背景上进行涂抹，把黑白的背景覆盖上绿色，如图 2-41 和图 2-42 所示。

■图 2-41　设置画笔参数

■图 2-42　为背景覆盖上绿色效果

（9）使用“曲线”命令调整背景的颜色，使其更加真实，如图 2-43 和图 2-44 所示。

■图 2-43　单击“曲线”命令

■图 2-44　调整后的背景颜色效果

（10）创建新的“色相 / 饱和度”调整图层，参数设置如图 2-45 所示，效果如图 2-46 所示。

■图 2-45　色相饱和度参数设置

■图 2-46　调整后的背景色调

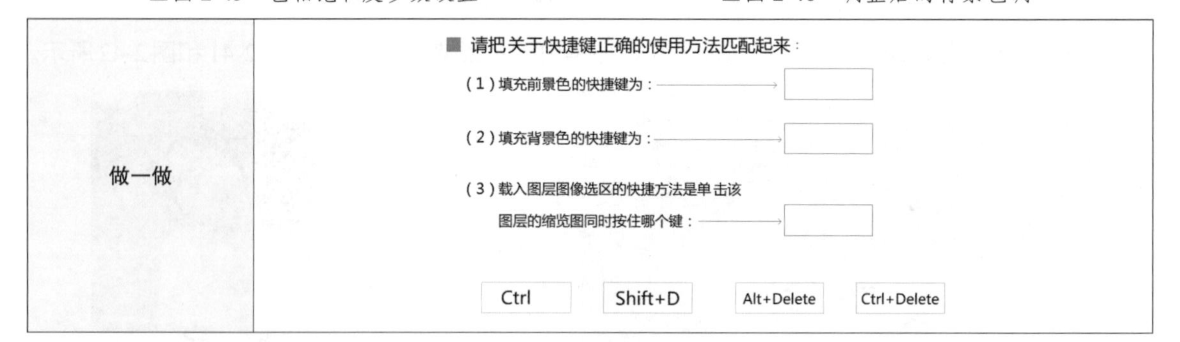

任务 3　画面细节调整

本任务主要学习如何设置图层混合模式并运用画笔对脸部的明暗进行色调调整；如何使用“羽化”命令、“色相 / 饱和度”命令和画笔工具调整头发颜色；使用多边形工具和“色相 / 饱和度”命令给指甲上色。在学习的过程中可结合“做一做”的知识点进行思考，并运用提供的素材按要求边学边做，要求熟练掌握“画面细节调整”的操作。

◆**制作步骤**

（1）新建图层，命名为“脸暗部”，设置图层混合模式为“颜色”模式，设置前景色为R139、B100、B83，如图2-47所示。

■图2-47　设置前景色参数

（2）选择画笔工具，设置画笔参数，在女孩脸暗部涂抹，如图2-48和图2-49所示。

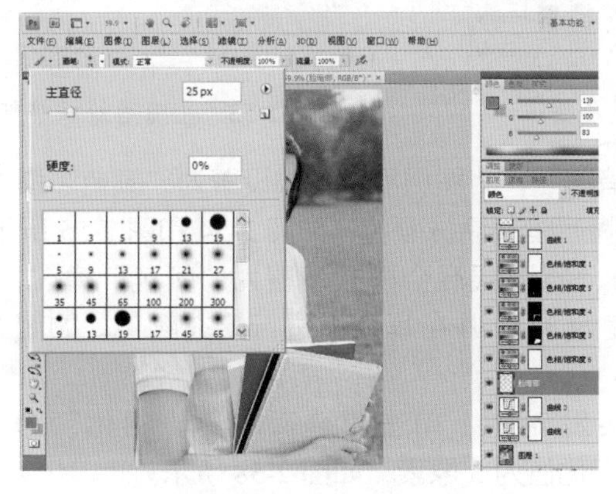

■图2-48　设置画笔参数

■图2-49　脸暗部效果

（3）新建图层，命名为“腮红”，设置图层混合模式为“颜色”模式，设置前景色 R188、G147、B145。用画笔工具为脸部涂上腮红，如图 2-50 和图 2-51 所示。

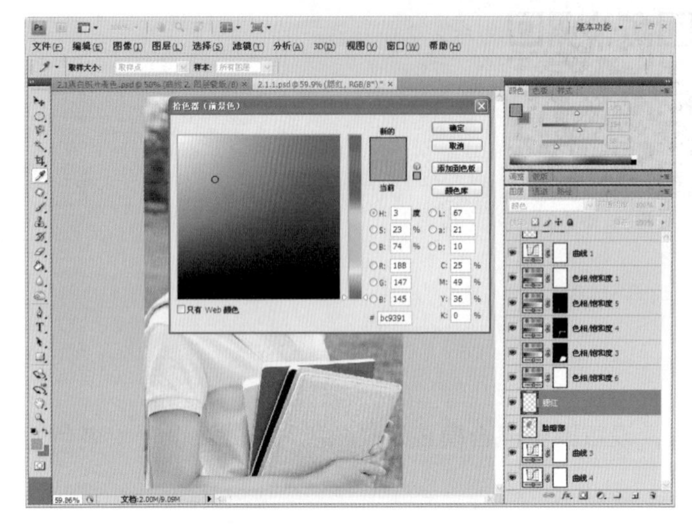

■图 2-50　设置前景色参数　　■图 2-51　脸部涂上腮红后的效果

（4）新建图层并命名为“上嘴唇暗部”，将图层混合模式设置为“颜色”模式，设置前景色为 R102、G57、B54。用画笔工具在上嘴唇暗部涂抹颜色，如图 2-52 和图 2-53 所示。

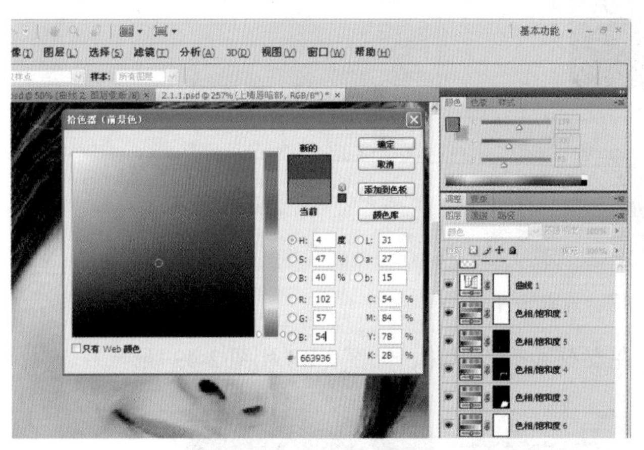

■图 2-52　设置前景色参数

■图 2-53　上嘴唇涂抹暗部颜色后的效果

（5）新建图层并命名为“下嘴唇暗部”，将图层混合模式设置为“颜色”模式，设置前景色为 R119、G66、B62。用画笔工具在下嘴唇暗部涂抹颜色，如图 2-54 和图 2-55 所示。

（6）新建图层并命名为“耳朵”，将图层混合模式设置为“颜色”模式，设置前景色为 R186、G133、B119。设置画笔透明度为 35% 并在耳朵上进行填充颜色。如图 2-56 和图 2-57 所示。

（7）使用磁性套索工具描绘头发轮廓，单击“选择”→“羽化”命令（快捷键为 Alt+Ctrl+O），在弹出的对话框中设置羽化值为 3 像素，如图 2-58 所示。

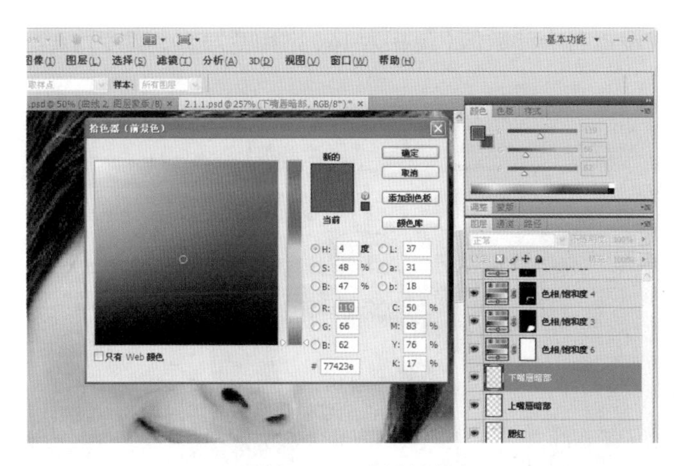

■图 2-54　设置前景色

■图 2-55　下嘴唇暗部颜色

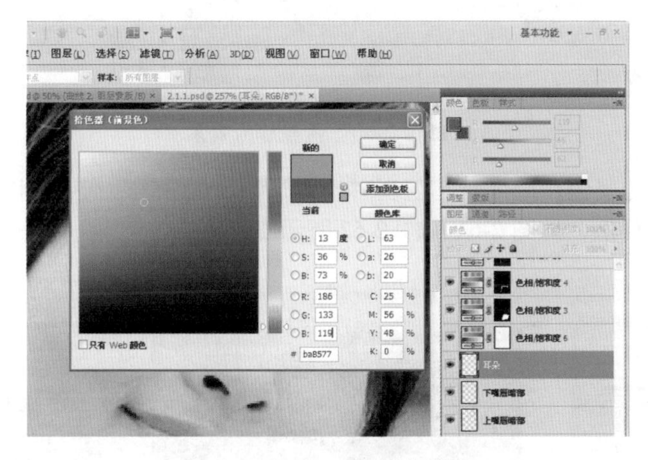

■图 2-56　设置前景色

■图 2-57　耳朵填充颜色

■图 2-58　“羽化选区”对话框

（8）新建“色相/饱和度”调整图层，并设置各个参数值（色相为16、饱和度为50，明度为0），如图2-59和图2-60所示。

■图 2-59 色相/饱和度参数设置

■图 2-60 调整后的效果

（9）激活图层蒙版，将前景色设置为黑色。选择画笔工具并设置透明度为35%，使用画笔工具在头发边缘涂抹，将生硬的边缘调整自然，如图2-61和图2-62所示。

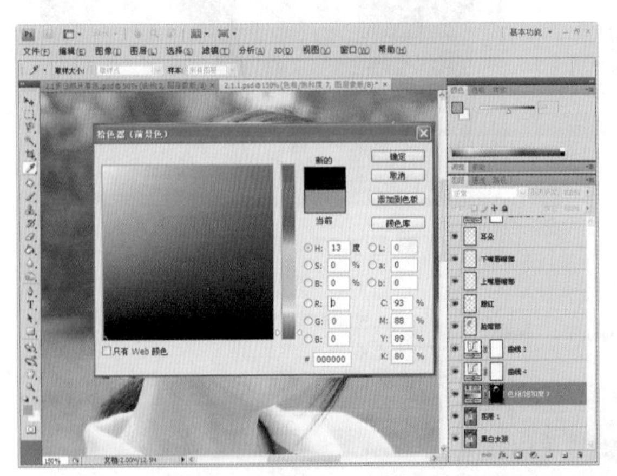

■图 2-61 前景色设置为黑色

■图 2-62 涂抹头发边缘后的效果

（10）使用多边形套索工具，按指甲形状绘制选区，并对选区进行羽化，羽化值为2个像素，如图2-63和图2-64所示。

（11）新建“色相/饱和度”调整图层，设置相关参数（色相为295、饱和度为60、明度为0），给指甲上色，如图2-65、图2-66所示。

（12）使用“曲线”命令调整整体画面的颜色，如图2-67和图2-68所示。

■图 2-63　绘制选区

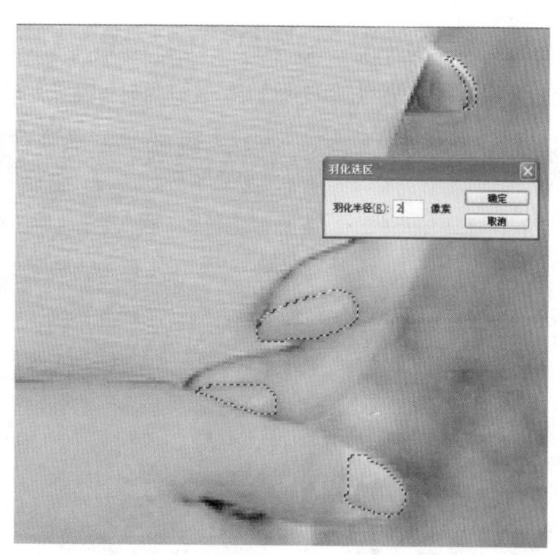

■图 2-64　设置羽化值

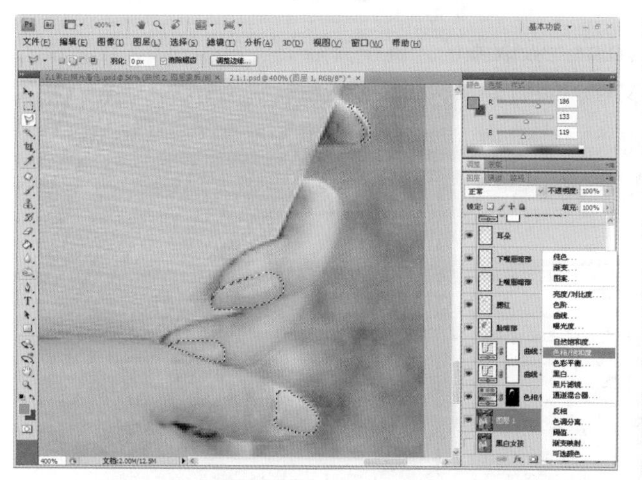

■图 2-65　单击“色相 / 饱和度”命令

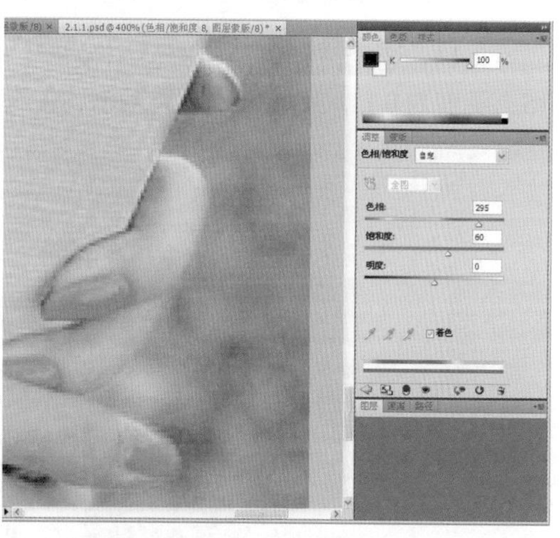

■图 2-66　调整后的效果

■图 2-67　选择“曲线”命令

■图 2-68　调整后的效果

（13）新建“色相 / 饱和度”调整图层，选择“绿色”色调，使用吸管工具单击背景的绿色吸取颜色，调整参数值（色相为 -2、饱和度为 35、明度为 0），如图 2-69 和图 2-70 所示。

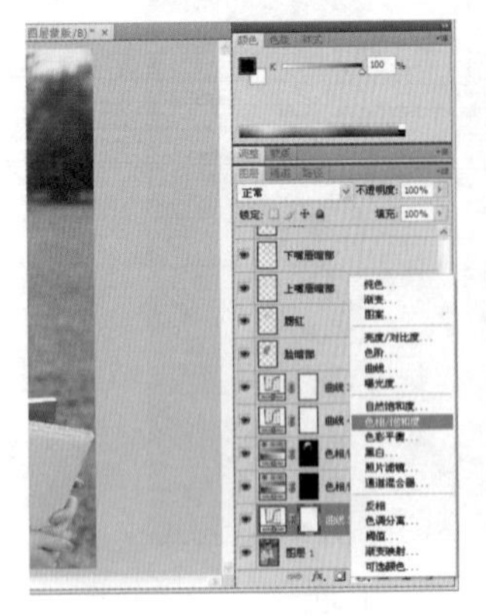
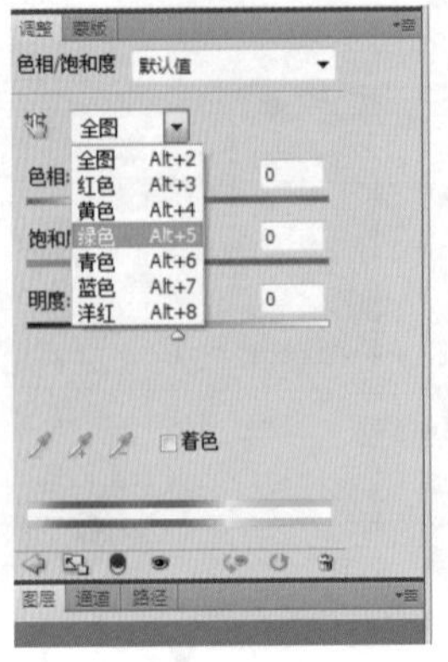

■图 2-69　选择“绿色”色调　　■图 2-70　调整后的效果

（14）选择“红色”色调，用吸管工具在脸上吸取颜色，调整参数值（色相为 0、饱和度为 15、明度为 0），完成整体效果编辑，保存文件，如图 2-71、图 2-72 所示。

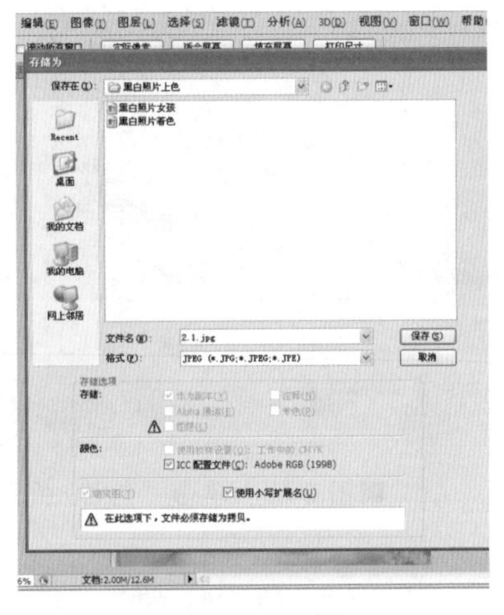

■图 2-71　最终效果　　■图 2-72　保存文件

做一做

■ 请将命令的正确选项进行匹配：

（1）“羽化”命令的快捷键为：→ [　　]

（2）保存文件的快捷键为：→ [　　]

（3）打开文件的快捷键为：→ [　　]

Ctrl+T

Ctrl+D

Ctrl+O

Ctrl+S

Alt+Ctrl+O

Ctrl+R

拓展训练

请使用 Photoshop 软件完成“黑白图像的着色”，具体如图 2-73 和图 2-74 所示。

■图 2-73　着色前的效果

■图 2-74　着色后的效果

课后测试

① 在给人物黑白照着色时，经常用到“色相/饱和度”和“曲线”命令来调整图像颜色，其中“色相/饱和度”命令的快捷键是（　　）。

A. Ctrl+U　　B. Ctrl+M　　C. Ctrl+H　　D. Ctrl+A

② 在进行图像处理时，为了方便观察和操作，常常需要局部扩大、缩小视图或让视图适配灰色工作区，按住（　　）快捷键可进行适配灰色工作区的操作。

A. Ctrl+[　　B. Ctrl+ +　　C. Ctrl+ −　　D. Ctrl+ 0

③ Photoshop 图像颜色模式有 RGB、CMYK、Lab，RGB 图像为三通道图像，计算机显示器总是使用 RGB 模型显示颜色。CMYK 是制作印刷品图像时使用的模式，Lab 是 Photoshop 在不同颜色模式之间转换时使用的内部颜色模式，其中（　　）模式是 Photoshop 图像的默认颜色模式。

A. RGB　　B. CMYK　　C. Lab　　D. 灰度

④ 在 Photoshop 软件中，填充前景色的快捷键是（　　），填充背景色的快捷键是 Ctrl+Delete。

A. Alt+Delete　　B. Ctrl+Delete　　C. Shift+Delete　　D. Tab+Delete

⑤ 按住（　　）键单击该图层的缩览图，可将该图层图像选区载入。

A. Shift　　B. Alt　　C. Ctrl　　D. Tab

⑥ “羽化”命令的快捷键为（　　）。

A. Alt+Ctrl+O　　B. Alt+Ctrl+F　　C. Ctrl　　D. Shif

⑦ 单击“文件”→“保存”的快捷键为（　　），在弹出的对话框中，可保存为 PSD 格式和 JPG 格式的文件。

A. Ctrl+S　　B. Alt　　C. Ctrl　　D. Tab

⑧ 用于印刷的彩色图像要求图像的分辨率为（　　）。

A. 300ppi　　B. 300dpi　　C. 72ppi　　D. 1200ppi

⑨ 在 Photoshop 中，对彩色图像的个别通道执行“色阶”和“曲线”命令以修改图像中的色彩平衡时，“(　　)”命令对在通道内的像素值分布可进行最精确的控制。

A. 色相　　B. 曲线　　C. 替换颜色　　D. 饱和度

⑩ 在 Photoshop 中，投影可在图层的下面产生阴影，投影可分别设定混合模式、不透明度、(　　)、模糊、密度以及距离等。

A. 蒙版　　B. 路径　　C. 角度　　D. 专色

项目五　照片颜色替换

课前学习工作页

（1）打开一张图像，把图像大小修改 1024×768 像素，分辨率为 72dpi，颜色模式为 RGB，并常试用替换颜色命令来调整图像颜色，效果如图 2-75 所示。

■图 2-75　用替换颜色命令调整图像颜色效果

（2）扫一扫二维码观看相关视频，并完成下面的题目：

扫一扫观看照片颜色替换视频

① “替换颜色”命令中可以调节要替换的图像的(　　)、饱和度、明度。

A. 色相　　B. 饱和度　　C. 明度　　D. 图形

② 在 Photoshop 中，图层蒙版依赖于分辨率，它可以通过绘图或选择工具创建。图层剪贴路径不依赖于分辨率，它可以通过(　　)或图形工具来创建。

A. 通道　　B. 钢笔　　C. 毛笔　　D. 路径

③ 调出色阶调节面板的快捷键是 Ctrl+L，其菜单命令是（　　）。

A. 图层→调整→色阶　　B. 编辑→图像→色阶

C. 图像→调整→色阶　　D. 图像→颜色→色阶

④ 调出“色相 / 饱和度”命令的快捷键是（　　）。

A. Ctrl+L　　B. Ctrl+B　　C. Ctrl+M　　D. Ctrl+U

⑤ 在 Photoshop 中，使用文字工具在图像中添加文字，添加的文字将作为（　　）图层存在。

A. 图像　　B. 矢量图　　C. 文字　　D. 蒙版

⑥ 在 Photoshop 中，“填充图层”是采用填充的图层制造出特殊的效果，填充图层共有三种形式，即纯色填充图层，（　　）填充图层和图案填充图层。

A. 灰度　　B. 专色　　C. 滤镜　　D. 渐变

课堂学习任务

给图 2-76（a）替换颜色，效果如图 2-76（b）所示。

（a）

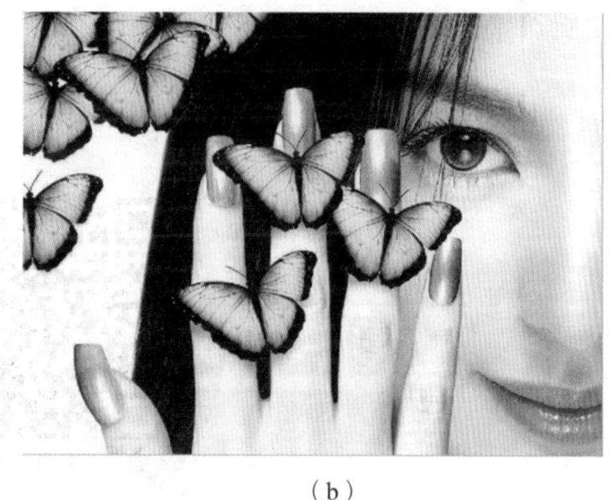

（b）

■图 2-76　替换颜色前后对比效果

学习目标与重点和难点

学习目标	（1）能根据图像效果使用“照片滤镜 " 命令进行图像色调调整。 （2）能使用“色阶”“通道混合器”命令调节图像的明度和图像色调层次。 （3）能根据图像特征运用“可选颜色”“替换颜色”命令替换图像颜色。
学习重点和难点	（1）运用照片滤镜命令调整图像色调（重点）。 （2）如何使用“可选颜色”“替换颜色”命令调整图像颜色（难点）。

任务 1　制作思路分析

在本任务中，需要一张原始艺术照图像，在 Photoshop 中运照片滤镜、色阶、通道混合器等图像色调的调节进行颜色替换前的准备；运用替换区域颜色的精确选择、色相调整、多余颜色的擦除等步骤进行替换颜色达到样张图像效果，如图 2-77 所示。

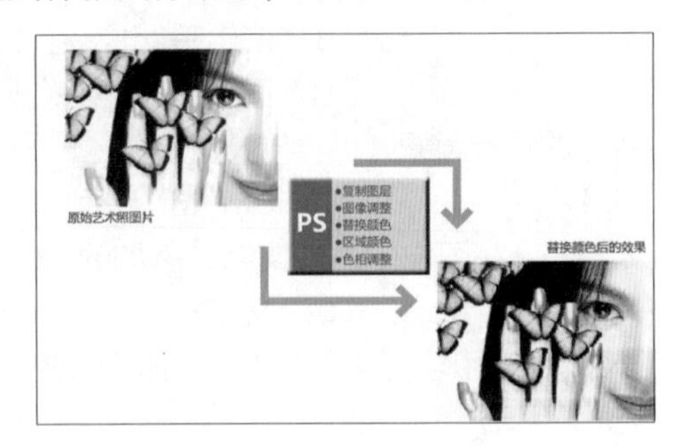

■图 2-77　制作思路分析

任务 2　添加调整层

本任务主要学习照片滤镜、色阶、通道混合器的使用方法。在学习的过程中可结合“做一做”的知识点进行思考，并运用提供的素材按要求边学边做，要求熟练掌握“添加调整层”的操作。

◆制作步骤

（1）复制“背景”图层用以备份，做好替换前图像调整的准备工作，如图 2-78 所示。

■图 2-78　复制“背景”图层

（2）单击“照片滤镜”命令，建立照片滤镜层，进行暖色的滤色调节，如图 2-79 和图 2-80 所示。

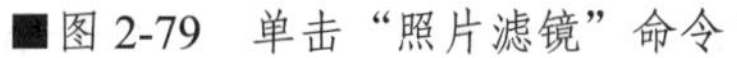

■图 2-79　单击“照片滤镜”命令

■图 2-80　滤色调节后的效果

（3）回到“图层”面板，可看到添加的“照片滤镜”调整层，如图 2-81 所示。再单击“色阶”命令，图 2-82 所示。

■图 2-81　“图层”面板

■图 2-82　单击“色阶”命令

（4）设置色阶参数，使画面色阶层次更加清晰，如图 2-83 所示。此时的“图层”面板如图 2-84 所示。

■图 2-83　设置色阶参数　　　　■图 2-84　“图层”面板

（5）同样的方法添加“色相 / 饱和度”图层，参数设置（色相为 43、饱和度为 0、明度为 0）如图 2-85 和图 2-86 所示。

■图 2-85　色相饱和度调整前

■图 2-86　色相饱和度调整后

（6）添加“通道混合器”图层，在“通道混合器”调整面板中设置红色为 110、绿色为 0、蓝色为 0、常数为 0，增加红色通道的显示，使图像的颜色显示达到所需要的效果，如图 2-87 和图 2-88 所示。

■图 2-87　通道混合器的参数设置

■图 2-88　混合后的效果

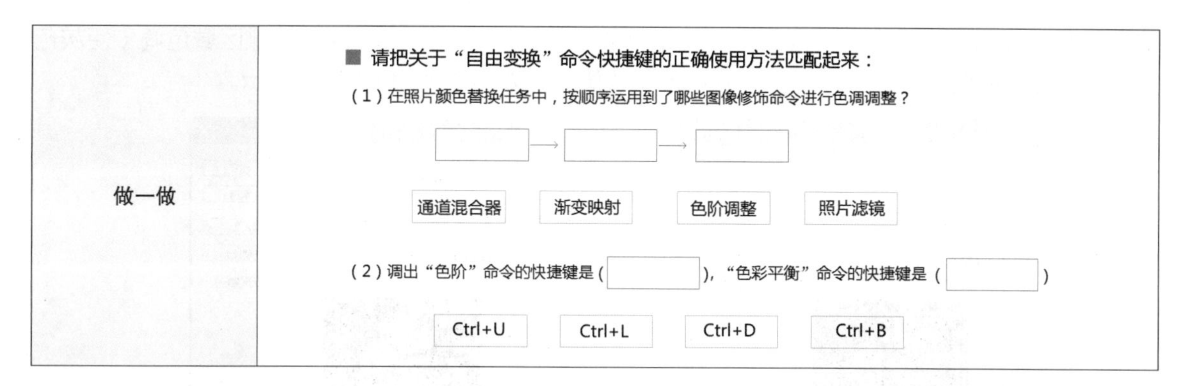

做一做	■ 请把关于“自由变换”命令快捷键的正确使用方法匹配起来： （1）在照片颜色替换任务中，按顺序运用到了哪些图像修饰命令进行色调调整？ [　　]→[　　]→[　　] 通道混合器　渐变映射　色阶调整　照片滤镜 （2）调出“色阶”命令的快捷键是（　　），“色彩平衡”命令的快捷键是（　　） Ctrl+U　Ctrl+L　Ctrl+D　Ctrl+B

任务 3　替换颜色

本任务主要学习替换颜色与可选颜色的区别，学会如何根据素材效果使用替换颜色进行画面颜色替换；如何根据素材效果使用可选颜色进行画面颜色替换及色彩平衡的使用方法。在学习的过程中可结合“做一做”的知识点进行思考，并运用提供的素材按要求边学边做，要求熟练掌握“替换颜色”的操作。

◆**制作步骤**

（1）单击“图像”→“调整”→“替换颜色”命令，如图 2-89 所示。

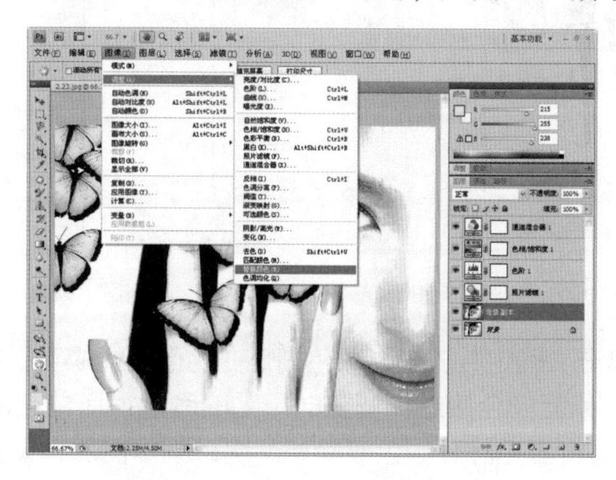

■图 2-89　单击“替换颜色”命令

（2）在弹出的“替换颜色”对话框中，单击有加号的吸管，吸取绿色蝴蝶区域色调（使灰色蝴蝶全部变为白色为止，可适当调整颜色容差数值），如图 2-90 和图 2-91 所示。

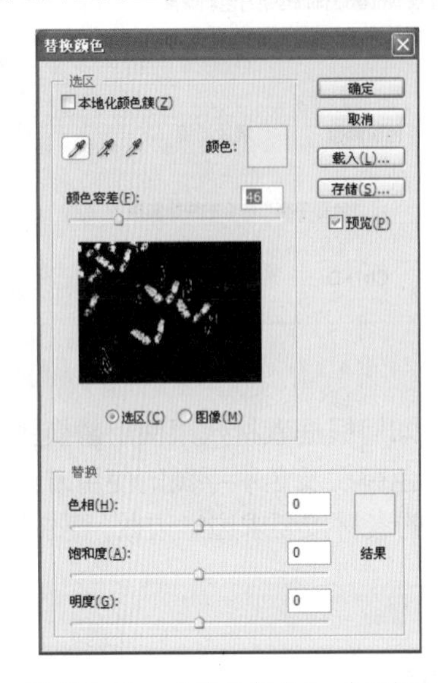

■图 2-90 “替换颜色”对话框 1

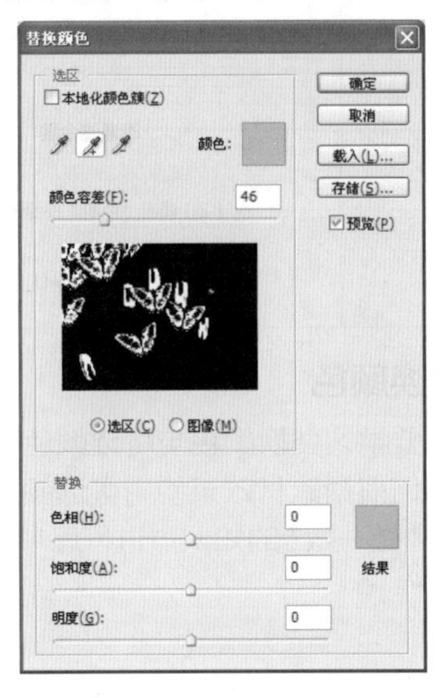

■图 2-91 “替换颜色”对话框 2

（3）调整色相数值，可以根据自己的爱好调整出喜欢的颜色（如果颜色吸取的不够完全，可以继续单击绿色蝴蝶翅膀区域），如图 2-92 和图 2-93 所示。

■图 2-92 调整色相数值 1

■图 2-93 调整色相数值 2

（4）调整满意后，单击“确定”按钮，绿色蝴蝶变为蓝色蝴蝶了，如图 2-94 所示。

（5）有些眉毛的颜色和蓝颜色接近，调整时眉毛的颜色很可能会随着色相数值的调整而改变，此时可以用橡皮擦工具将眉毛部分颜色擦除掉。选择副本图层，设置橡皮擦工具的笔触大小为 20%，在眼球位置擦除，完成颜色替换效果的处理，如图 2-95 和图 2-96 所示。

■图 2-94　蓝色蝴蝶效果

■图 2-95　橡皮擦工具的笔触设置

■图 2-96　最终效果

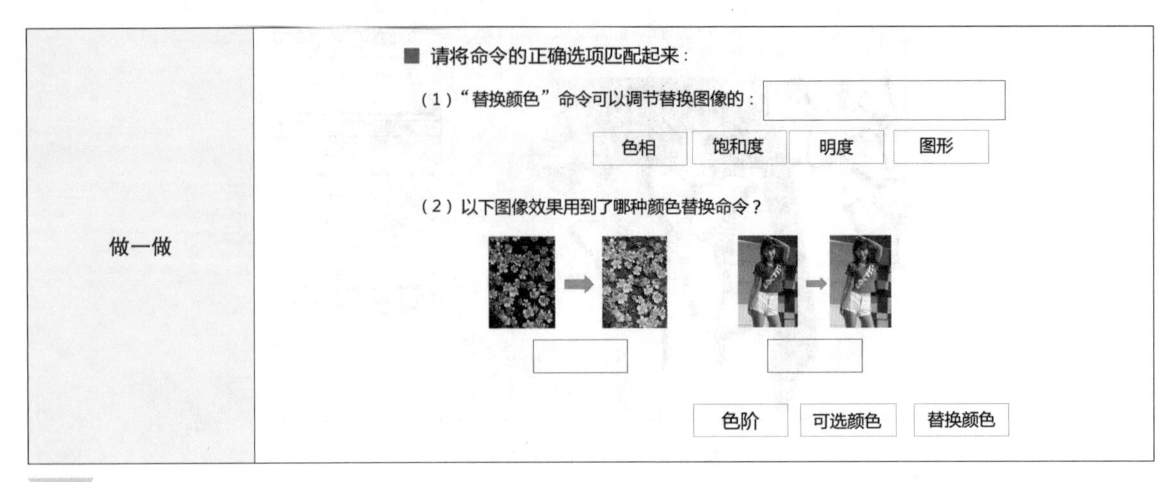

做一做	■ 请将命令的正确选项匹配起来： （1）“替换颜色”命令可以调节替换图像的： 色相　饱和度　明度　图形 （2）以下图像效果用到了哪种颜色替换命令？ 色阶　可选颜色　替换颜色

拓展训练

使用Photoshop软件完成图像颜色替换效果，如图2-97所示，完成后请按要求提交作品原文件。

■图 2-97　图像颜色替换效果前后对比

课后测试

① 照片颜色替换任务在颜色替换前的准备环节中按顺序运用到了照片滤镜、（　　）、通道混合器图像修饰命令进行色调调整

A. 照片滤镜　　B. 色阶调整　　C. 通道混合器　　D. 渐变映射

② 调出色彩平衡面板快捷键为 Ctrl+B，其菜单命令是（　　）。

A. 图层→调整→色彩平衡　　B. 编辑→图像→色彩平衡

C. 图像→调整→色彩平衡　　D. 图像→颜色→色彩平衡

③ 在替换颜色命令面板中，除了通过调整图像的色相来替换颜色外，还可以通过调整图像的（　　）来替换颜色。

A. 颜色模式　　B. 饱和度和明度　　C. 曲线　　D. 对比度和色调

④ 在Photoshop中，可以运用“自动对比度”命令来调整图像的明暗效果，其快捷键为(　　)。

A. Alt+Shift+Ctrl+L　　B. Alt+Shift+Ctrl+B

C. Alt+Shift+Ctrl+M　　D. Alt+Shift+Ctrl+H

⑤ 在Photoshop中，可以运用“自动颜色”命令来调整图像的颜色，其快捷键为（　　）。

A. Shift+Ctrl+L　　B. Shift+Ctrl+B　　C. Shift+Ctrl+M　　D. Shift+Ctrl+H

⑥ 在Photoshop中，路径选区的创建可以通过（　　）或图形工具来创建。

A. 套索工具　　B. 钢笔工具　　C. 画笔工具　　D. 铅笔工具

⑦ 在Photoshop中，使用文字工具在图像中添加文字，添加的文字将作为（　　）图层存在。

A. 图像　　B. 矢量图　　C. 文字　　D. 蒙版

⑧ 在Photoshop中，“填充图层”是采用填充的图层制造出特殊的效果，填充图层共有3种形式，即纯色填充图层，（　　）填充图层和图案填充图层。

A. 灰度　　B. 专色　　C. 滤镜　　D. 渐变

⑨ 在Photoshop中，可以将专色通道和彩色通道合并，也可以将专色通道的信息分配到各颜色（　　）中。

A. 图层　　B. 路径　　C. 选择范围　　D. 通道

⑩ 在Photoshop中，除了图像默认的颜色信息通道以外，还可以另外建立新的通道，这些通道被称为（　　）。

A. 路径　　B. 专色通道　　C. 色彩模式　　D. Alpha通道

图像绘制

图像绘制模块包括 Logo 绘制、人物绘制两个项目，通过学习，学生能熟练掌握 Photoshop 的基本操作，并能运用 Photoshop 进行图像绘制。

“Logo 绘制”：学习运用钢笔工具、自定义形状工具及“填充”命令绘制 Logo。

“人物绘制”：学习运用画笔工具涂抹、加深减淡工具绘制图像。

项目六 Logo 绘制

课前学习工作页

（1）新建一个 1 024×768 像素、分辨率为 72dpi、颜色模式为 RGB 的文件，并试用钢笔工具绘制“时尚”图案，效果如图 3-1 所示。

■图 3-1 “时尚”图案效果

（2）扫一扫二维码观看相关视频，并完成下面的题目：

扫一扫观看 Logo 绘制视频

① 在 Photoshop 中，把路径变成选区的快捷键是（　　）。

A. Tab+Enter　　B. Ctrl+Enter　　C. Alt+Enter　　D. Shift+Enter

② 使用钢笔工具时，单击出现锚点——按住（　　）键可以绘制平行、垂直、45° 角的直线路径。

A. Tab　　B. Ctrl　　C. Alt　　D. Shift

③ 单击锚点，按住（　　）键，鼠标光标变成白色箭头，这时可以对锚点和两个手柄进行调整。

A. Tab　　B. Ctrl　　C. Alt　　D. Shift

④ 要将 Photoshop 的图像画布与灰色的工作区相适配的显示可按（　　）组合键。

A. Alt+L　　B. Ctrl+0　　C. Ctrl+P　　D. Shift+0

⑤ 在 Photoshop 中要对图形进行复制时，可按住（　　）键，并移动鼠标即可。

A. Tab　　B. Alt　　C. Ctrl　　D. Shift

课堂学习任务

运用提供的 Logo 素材绘制新品上市 Logo，效果如图 3-2 所示。

■图 3-2　完成效果图

学习目标与重点和难点

学习目标	（1）能结合图像轮廓灵活运用钢笔工具、转换点工具勾边图像轮廓。 （2）能运用自定义形状工具及“填充”命令进行 Logo 上色。
学习重点和难点	（1）删除锚点、添加锚点、转换点工具的运用（重点）。 （2）钢笔工具与路径选择工具、直接选择工具的灵活切换（难点）。

任务 1　文字 Logo 绘制

本任务主要学习使用钢笔工具（钢笔勾边、调整路径、存储路径等）进行 Logo 轮廓绘制；掌握路径转为选区，填充颜色等操作技巧。在学习的过程中可结合“做一做”的知识点进行思考，并运用提供的素材按要求边学边做，要求熟练掌握“文字 Logo 绘制”的操作。

◆**制作步骤**

（1）在 Photoshop 软件的灰色工作区双击，打开“新品上市”素材图像，如图 3-3 所示。

■图 3-3　“新品上市”素材图像

（2）使用缩放工具框选“新”字区域，将其放大（快捷键为 Ctrl+ +），按住空格键（鼠标切换成抓手图标），将图像移动到合适位置，方便准确勾边，如图 3-4 所示。

■图 3-4　放大局部字

（3）用钢笔工具点出第一个结点，按住 Ctrl 键，切换成直接选择工具图标，移动结点到合适位置进行调节。绘制弧度时要调出调节杠杆进行弯曲处理（拖出调节杠杆，调节杠杆的方向尽量和图形的轮廓走向一致），如图 3-5 ~ 图 3-7 所示。

■图 3-5　第一个结点

■图 3-6　绘制路径

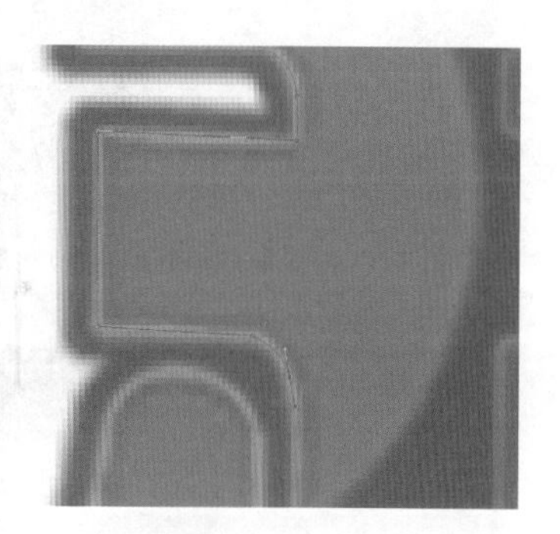

■图 3-7　绘制弧度

（4）缩小图像（快捷键 Ctrl+“–”），起点和终点封闭（钢笔的右下角会出现一个小圆圈），完成“新字”左边轮廓的勾边。再进行右边文字轮廓勾边，为了不影响下面轮廓的勾勒，我们将这个调节杠杆删掉，按住 Alt 键的同时单击，将其删掉。按住 Ctrl 键，单点击路径以外的区域，完成“新”字的路径勾边，如图 3-8 和图 3-9 所示。

■图 3-8　绘制路径 1

■图 3-9　绘制路径 2

（5）用同样的方法进行“品”字的钢笔勾边、“上”字钢笔勾边、“市”字钢笔勾边，如图 3-10 和图 3-11 所示。

■图 3-10　“品”字路径绘制

■图 3-11　“市”字路径绘制

（6）存储路径（在“路径”面板中双击路径层，设置路径名为“1”即可），即完成“新品上市”Logo 轮廓的路径勾边，如图 3-12 所示。

■图 3-12　路径勾边效果

（7）单击“路径”面板中的灰色区域取消路径的选择，继续 Logo 白底轮廓勾边。“路径”

面板会自动生成一个新的路径。显示适配工作区，按住 Ctrl 键，切换直接选择工具，单击路径以外的区域，结束路径操作，然后双击该路径，命名“2”，如图 3-13 和图 3-14 所示。

■图 3-13　白底轮廓路径绘制

■图 3-14　存储路径

（8）激活“路径”面板中的路径“1”，选择路径选择工具，移动鼠标指针到“新”字路径内单击，按住 Shift 键，增加路径的选择，将“新”字路径选中，如图 3-15 和图 3-16 所示。

■图 3-15　“路径”面板

■图 3-16　选中新字路径

（9）在工具选项栏中激活第四个图标（交集以外），单击路径面板下方的第三个图标，将路径转成选区（Ctrl+Enter）。单击路径下面的空白区域，取消路径的选择，如图 3-17 和图 3-18 所示。

■图 3-17　激活“交集以外”图标

■图 3-18　将路径转成选区

（10）回到“图层”面板，新建“图层 1”并命名为“新”，设置前景色为红色（R229、G0、B101）并填充（Alt+Delete）颜色，如图 3-19 和图 3-20 所示。

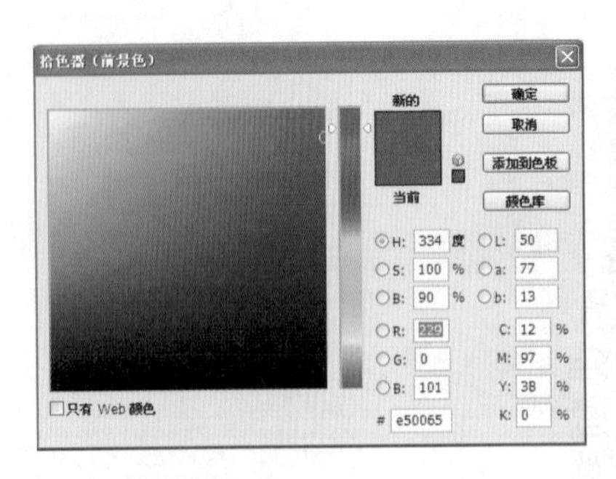

■图 3-19　设置前景色

■图 3-20　填充颜色

（11）单击“路径”面板中的路径“1”，将“品”字路径选中，单击工具选项栏中的第四个“相交以外”图标，将路径转成选区，如图 3-21 和图 3-22 所示。

■图 3-21　选中“品”字路径

■图 3-22　路径转成选区

（12）新建图层命名为“品”，设置颜色为绿色（R111、G186、B44），填充颜色，如图 3-23 和图 3-24 所示。

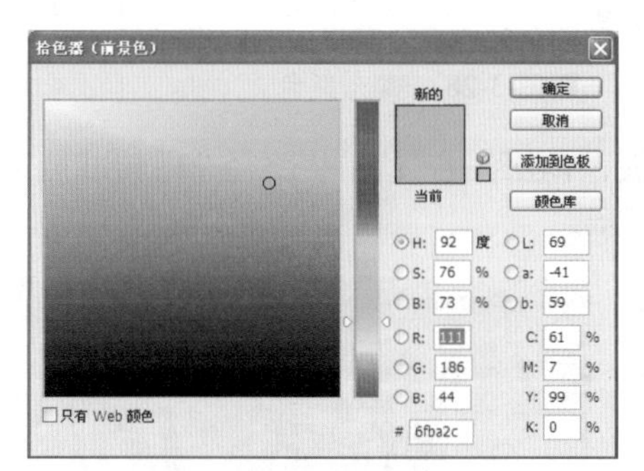

■图 3-23　设置颜色

■图 3-24　填充颜色

（13）新建图层并命名为“上”，激活“路径”面板，在路径“1”用路径选择工具选中“上”字路径，转成选区，设置颜色为 R32、G174、B236，填充颜色，如图 3-25 和图 3-26 所示。

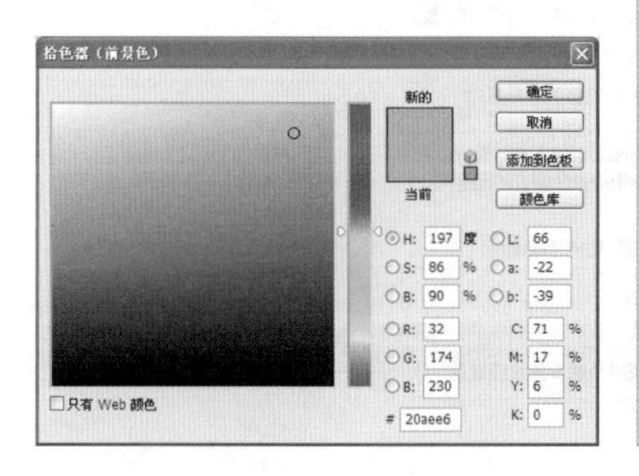

■图 3-25　设置颜色

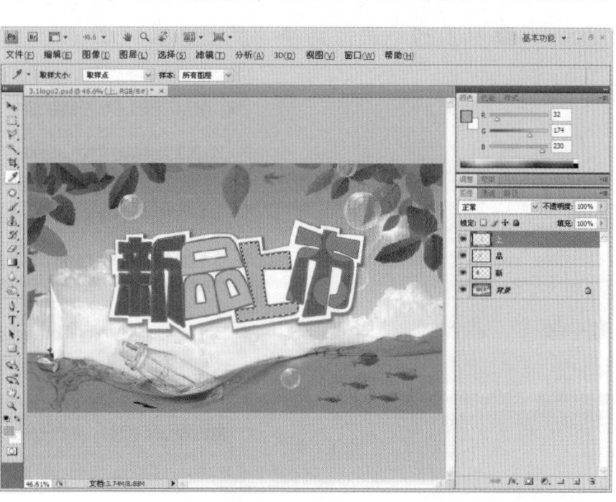

■图 3-26　填充颜色

（14）取消选区，新建图层并命名“市”，填充红色（R229、G0、B101），如图 3-27 和图 3-28 所示。

■图 3-27　设置颜色

■图 3-28　填充颜色

（15）新建图层并命名为“白底”。激活“路径”面板，单击路径“2”，将路径“2”转成选区（快捷键为 Ctrl+Enter），填充白色，如图 3-29 和图 3-30 所示。

■图 3-29　选择路径“2”选区

■图 3-30　填充白色

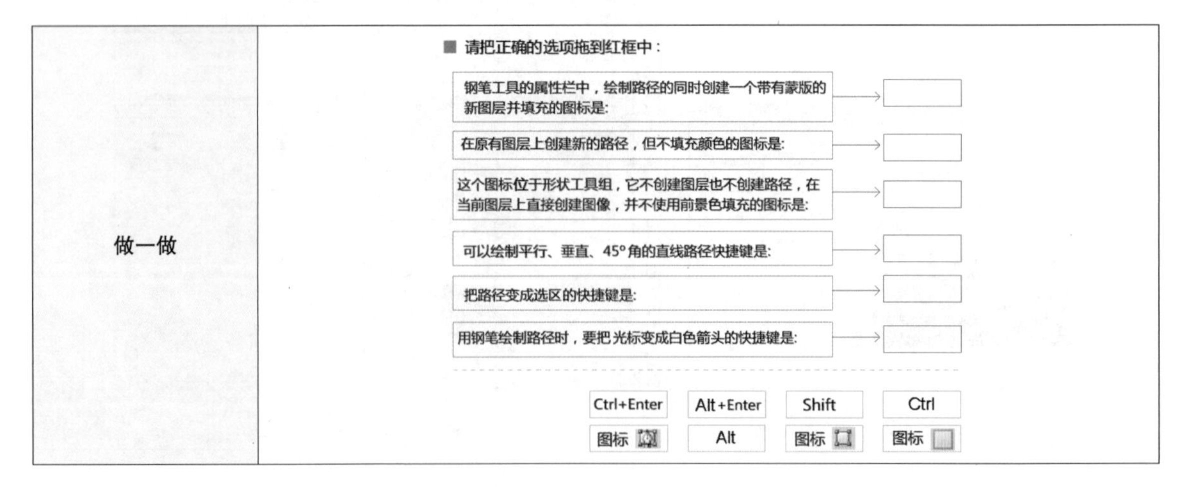

做一做	■ 请把正确的选项拖到红框中： 钢笔工具的属性栏中，绘制路径的同时创建一个带有蒙版的新图层并填充的图标是：→ 在原有图层上创建新的路径，但不填充颜色的图标是：→ 这个图标位于形状工具组，它不创建图层也不创建路径，在当前图层上直接创建图像，并不使用前景色填充的图标是：→ 可以绘制平行、垂直、45°角的直线路径快捷键是：→ 把路径变成选区的快捷键是：→ 用钢笔绘制路径时，要把光标变成白色箭头的快捷键是：→ Ctrl+Enter　Alt+Enter　Shift　Ctrl 图标　Alt　图标　图标

任务 2　样式设置

本任务主要学习如何进行图层样式的设置；如何绘制图案，编辑图案。在学习的过程中可结合“做一做”的知识点进行思考，并运用提供的素材按要求边学边做，要求熟练掌握“样式设置”的操作。

◆**制作步骤**

（1）单击“新”字图层，双击该图层调出图层样式，勾选“描边”复选框（5 像素、外部、纯黄色），如图 3-31 和图 3-32 所示。

■图 3-31　“描边”参数设置

■图 3-32　描边效果

（2）在“新”字图层中右击，单击“拷贝图层样式”命令，粘贴在“品”“上”“市”字图层，如图 3-33 和图 3-34 所示。

（3）单击“图层”面板图层样式右边的三角按钮，隐藏图层样式的显示，方便操作。双击“白底”图层，调出“图层样式”对话框，设置投影参数，如图 3-35 和图 3-36 所示。

（4）接下来制作 Logo 上面的圆形花纹效果。分别隐藏“背景”图层以上的图层，在最上面新建图层，命名“圆形纹”。选择椭圆选区工具，扩大图像，框选并变换选区，如图 3-37 和图 3-38 所示。

（5）填充白色（快捷键为 Ctrl+Delete），再使用框选工具移动变换选区，填充白色，如图 3-39 和图 3-40 所示。

■图 3-33　单击“拷贝图层样式”命令

■图 3-34　粘贴图层样式后的效果

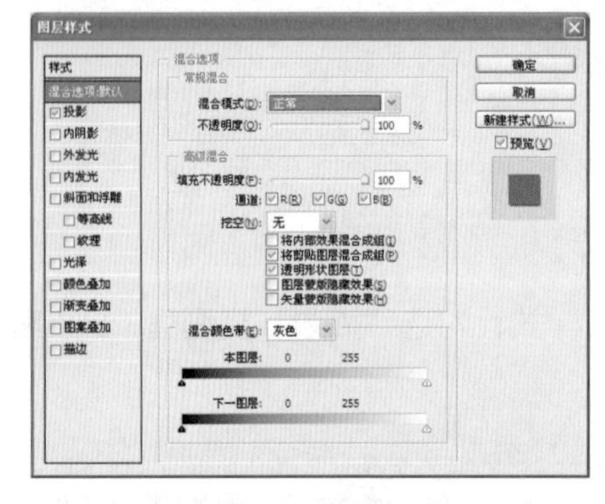

■图 3-35　“投影”参数设置

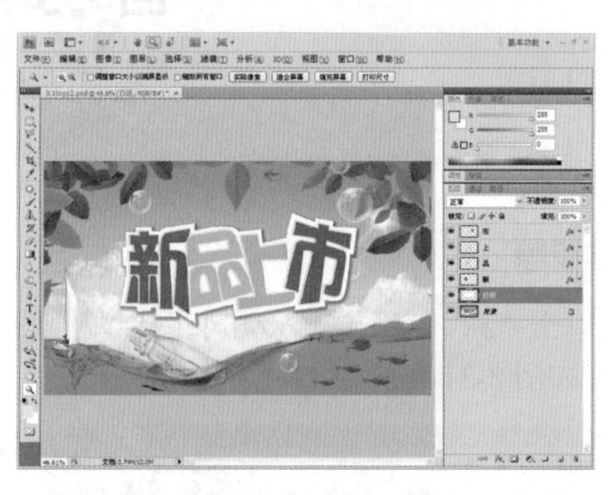

■图 3-36　投影效果

■图 3-37　单击“变换选区”命令

■图 3-38　变换选区

■图 3-39　移动变换选区

■图 3-40　填充白色

（6）同样的方法填充其他圆形图案，最后一个圆形，有叠加效果，要新建一个图层单独做，如图 3-41 和图 3-42 所示。

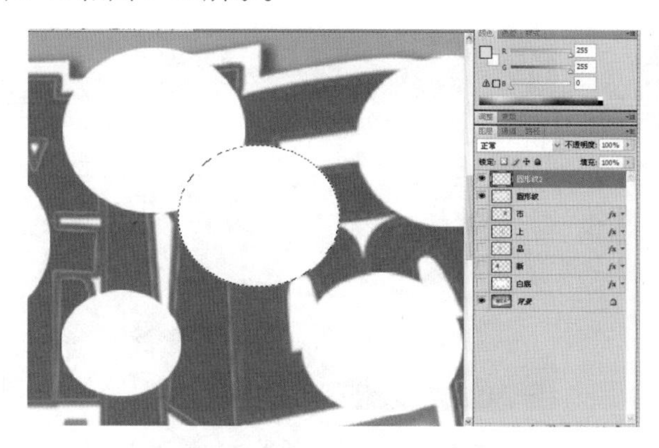

■图 3-41　叠加圆形

■图 3-42　所有圆形填充白色效果

（7）缩小显示范围，激活“圆形纹”图层，打开“路径”面板，激活路径“1”，将其载入选区，回到“图层”面板，如图 3-43 和图 3-44 所示。

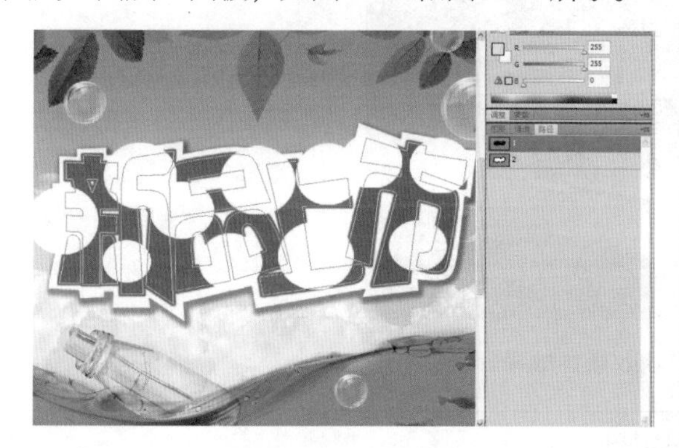

■图 3-43　激活路径“1”

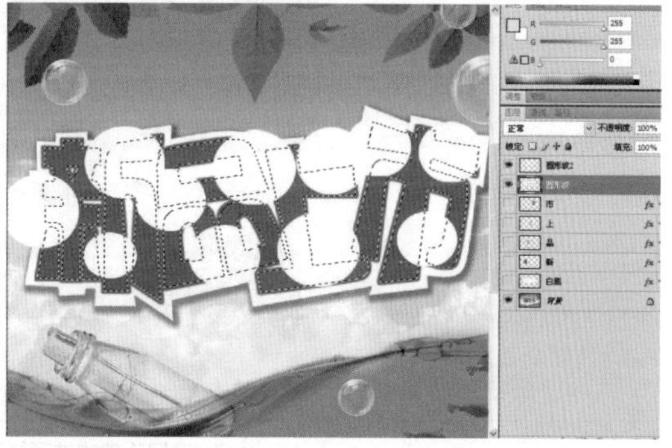

■图 3-44　载入选区

（8）反选选区（快捷键为 Shift+Ctrl+I）并删除（按 Delete 键）。激活图层“圆形纹 2”并按 Delete 键，如图 3-45 和图 3-46 所示：

■图 3-45　删除“圆形纹”的多余部分

■图 3-46　删除“圆形纹 2”的多余部分

（9）显示刚才隐藏的图层，调节“圆形纹”“圆形纹 2”图层，透明度设置为 30%，如图 3-47 和图 3-48 所示。

■图 3-47　显示所有图层

■图 3-48　设置圆形纹的透明度效果

（10）完成 Logo 的制作，如图 3-49 所示。

■图 3-49　Logo 最终效果

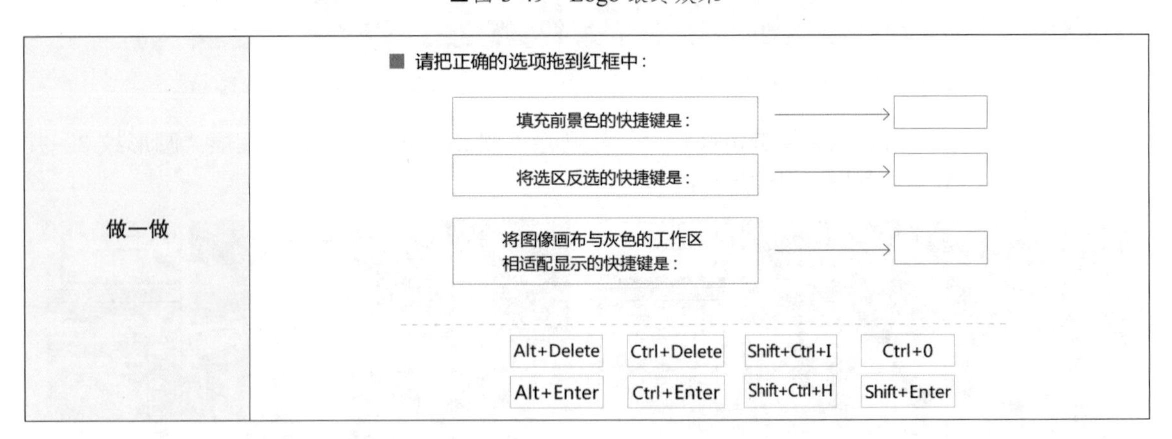

任务 3　Logo 应用

本任务主要学习移动复制背景素材、配景素材的操作方法；新建图层组，调整 Logo 素材以及整体效果调整的操作方法。在学习的过程中可结合“做一做”的知识点进行思考，并运用提供的素材按要求边学边做，要求熟练掌握“Logo 应用”的操作。

◆**制作步骤**

（1）新建图层组“组 1”，将 Logo 所有层放到该组中（方便移动复制），如图 3-50 和图 3-51 所示。

■图 3-50　新建图层组“组 1”

■图 3-51　移动图层到“组 1”

（2）打开 Logo 背景素材图像，移入制作好的 Logo，如图 3-52 和图 3-53 所示。

■图 3-52　背景素材

■图 3-53　移入 Logo

（3）将其自由变换，等比例缩小，命名为“组 3”，打开 Logo 配景素材，如图 3-54 和图 3-55 所示。

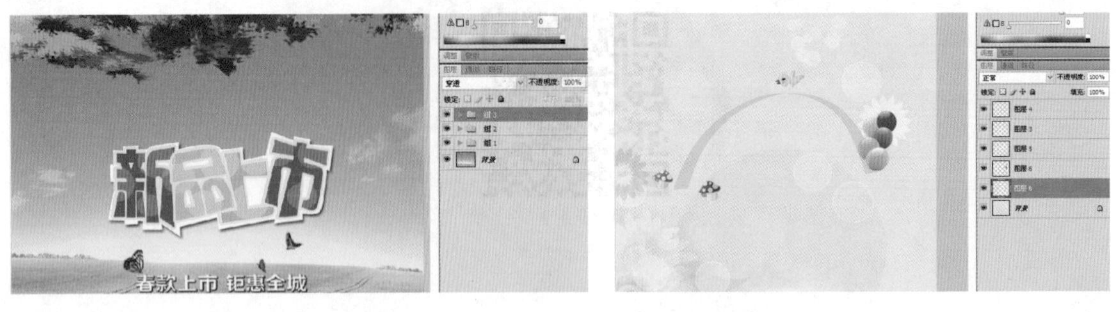

■图 3-54　缩小 Logo　　■图 3-55　打开配景素材

（4）链接好“背景”图层之外的图层，方便移动。使用移动工具将其移入背景窗口中（新建“组 4”，按顺序将其放进去），如图 3-56 和图 3-57 所示。

■图 3-56　链接图层　　■图 3-57　移入配景素材

（5）将其放置在合适的位置，取消链接，将图形分别放置到合适的位置，如图 3-58 和图 3-59 所示。

■图 3-58　移动素材

■图 3-59　分别调整素材位置

（6）复制 4 个蓝的色带图形，将其排放成彩虹桥图像效果。载入选区，填充七彩颜色，如图 3-60 ~ 图 3-65 所示。

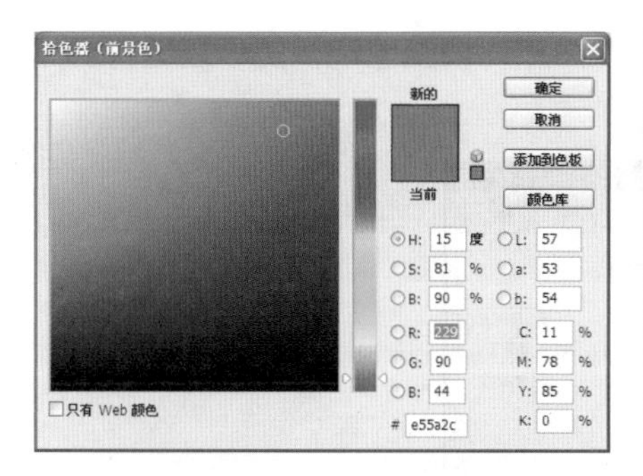

■图 3-60　设置颜色值

■图 3-61　填充颜色 2

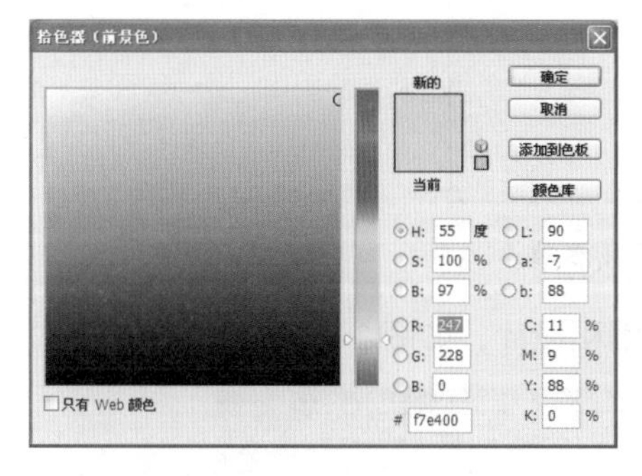

■图 3-62　设置颜色值 2

■图 3-63　填充颜色 2

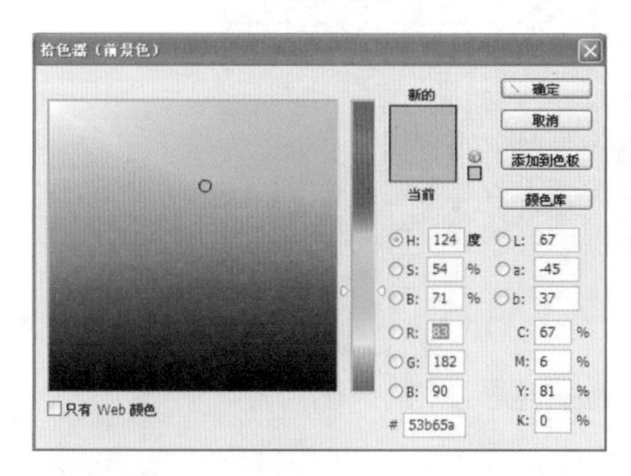

■图 3-64　第三个色带的设置与填充

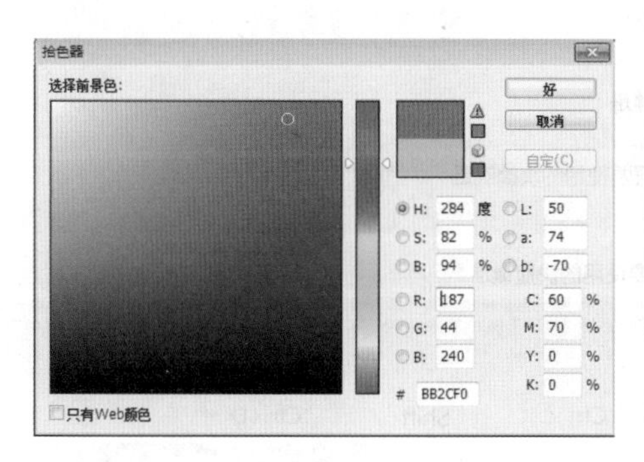

■图 3-65　第四个色带的设置与填充

（7）调整好效果，将“组 4”放置在最下层，合并图层，调整色调，使彩虹更有立体感，如图 3-66 所示。

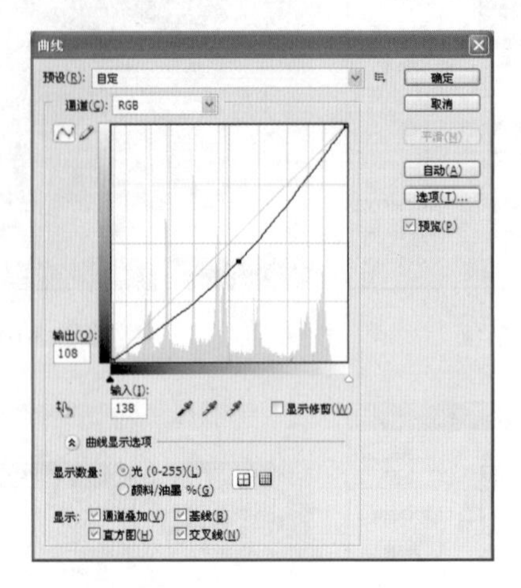

■图 3-66　调整曲线参数

（8）使用加深、减淡工具处理，完成 Logo 的应用和设计，如图 3-67 所示。

■图 3-67　最终效果

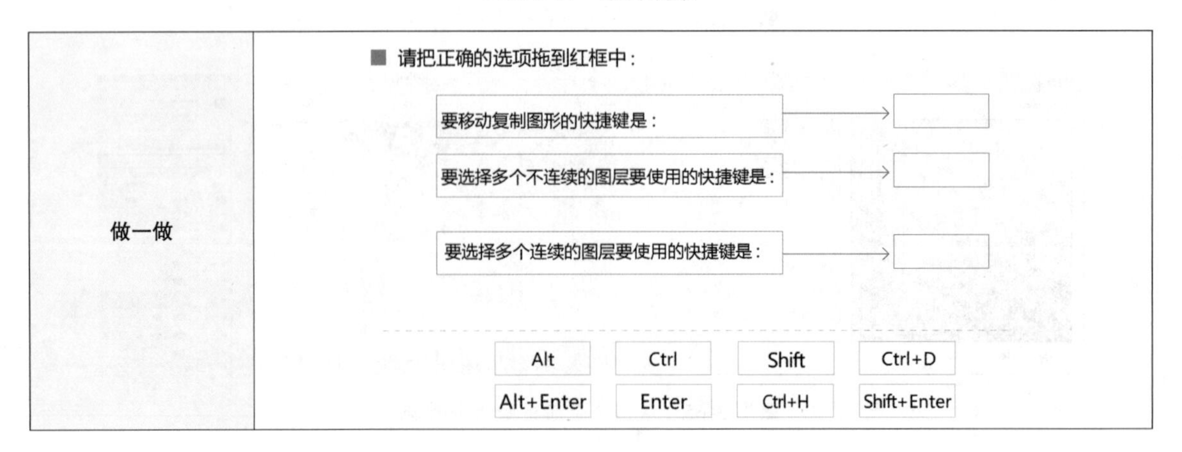

做一做

■ 请把正确的选项拖到红框中：

要移动复制图形的快捷键是：

要选择多个不连续的图层要使用的快捷键是：

要选择多个连续的图层要使用的快捷键是：

Alt	Ctrl	Shift	Ctrl+D
Alt+Enter	Enter	Ctrl+H	Shift+Enter

拓展训练

使用 Photoshop 软件完成“新品上市”和“缤纷夏日”效果制作，具体如图 3-68 和图 3-69 所示。

■图 3-68 新品上市效果

■图 3-69 缤纷夏日效果

课后测试

① 钢笔工具的属性栏中，绘制路径的同时创建一个带有蒙版的新图层，并填充的图标是（　　）。

A.　　B.　　C.　　D.

② 在原有图层上创建新的路径，但不填充颜色（主要用这个）的图标是（　　）。

A.　　B.　　C.　　D.

③ 用于形状工具组的，它不创建图层也不创建路径，这个图标是（　　）。

A.　　B.　　C.　　D.

④ 使用钢笔工具绘制路径时，需要转换路径结点的类型时按住（　　）键单击结点即可。

A. Tab　　B. Ctrl　　C. Alt　　D. Shift

⑤ 点击锚点，按住（　　）键，光标变成白色的箭头，这时可以对锚点和两个手柄进行调整。

A. Tab　　B. Ctrl　　C. Alt　　D. Shift

⑥ 把路径变成选区的快捷键是 Ctrl + Enter，也可通过“路径”面板，按住（　　）键的同时单击路径的缩略图来载入选区。

A. Tab　　B. Ctrl　　C. Alt　　D. Shift

⑦ 填充前景色的快捷键是 Alt+Delete，填充背景色的快捷键是（　　）。

A. Alt+Delete　　B. Ctrl+Delete　　C. Shift+Delete　　D. Tab+Delete

⑧ 反选选区的快捷键是（　　）。

A. Shift+Ctrl+T　　B. Shift+Ctrl+I　　C. Shift+Ctrl+H　　D. Shift+Ctrl+M

⑨ 在 Photoshop 中，要放大图像的显示效果可以按（　　）键。

A. Ctrl+[　　B. Ctrl+=　　C. Ctrl+-　　D. Ctrl+]

⑩ 在 Photoshop 中，要复制图层时，除了运用“图层”面板复制图层外，还可使用移动工具并按住（　　）键移动鼠标即可。

A. Tab　　B. Alt　　C. Ctrl　　D. Shift

⑪ 要链接多个不连续的图层，按住（　　）键并在“图层”面板中单击这些图层；或者要链接多个连续的图层，按住 Shift 键并在“图层”面板中单击这些图层，单击链接图标完成链接操作。

A. Shift　　B. Alt　　C. Ctrl　　D. Tab

项目七　人物绘制

课前学习工作页

（1）新建一个 1024×768 像素、背景颜色为白色、分辨率为 72dpi、颜色模式为 RGB 的文件，熟练设置铅笔和画笔工具各种属性，并尝试绘制笔触效果，如图 3-70 所示。

■图 3-70　铅笔和画笔笔触效果

（2）扫一扫二维码观看相关视频，并完成下面的题目：

扫一扫观看人物绘制视频

①（　　），能以 100% 的比例显示图像。

A. 双击缩放工具　　B. 双击徒手工具

C. 双击移动工具　　D. 双击渐变工具

② 打开“画笔”面板的快捷键为（　　），运用该面板可设置画笔的笔尖形状。

A. F4　　B. F5　　C. F6　　D. F7

③ 在 Photoshop 中，可在画笔工具栏中设置画笔大小、（　　）等属性。

A. 颜色　　B. 模式　　C. 不透明度　　D. 流量

④ 在 Photoshop 中，可在铅笔工具栏中设置铅笔大小、（　　）等属性。

A. 颜色　　B. 模式　　C. 不透明度　　D. 流量

⑤ 在 Photoshop 中，调整画笔大小的快捷键为（　　）。

A. + 和 -　　B. [和]　　C. $　　D. *

⑥ 在 Photoshop 中，调整画笔透明度为 47% 的快捷键为（　　）。

A. 4　　B. 47　　C. Ctrl+4　　D. Ctrl+47

课堂学习任务

运用提供的素材绘制人物，并制作完成招贴设计，效果如图 3-71 所示。

■图 3-71　学习任务效果图

学习目标与重点和难点

学习目标	（1）根据画面效果调节画笔大小、透明度、硬度进行人物图像绘制。 （2）能调节涂抹、加深、减淡工具进行人物图像修饰和效果调整。
学习重点和难点	（1）根据画面效果调节画笔大小、透明度、硬度进行图像绘制（难点）。 （2）如何调节涂抹、加深、减淡工具进行图形图像修饰（重点）。

任务 1　线稿绘制

本任务主要学习钢笔勾边与画笔相结合绘制人脸（脸、睫毛、眉毛、鼻子、嘴唇、头发、耳朵），绘制衣服路径（衣服轮廓、绑带）的操作方法。在学习的过程中可结合“做一做”的知识点进行思考，并运用提供的素材按要求边学边做，要求熟练掌握“线稿绘制”的操作。

◆**制作步骤**

（1）新建文件（快捷键为 Ctrl+N）（大小为 297×420 毫米、分辨率为 200 像素 / 英寸、颜色模式为 RGB、背景内容为白色），再打开（快捷键 Ctrl+O）线稿图像，如图 3-72 和图 3-73 所示。

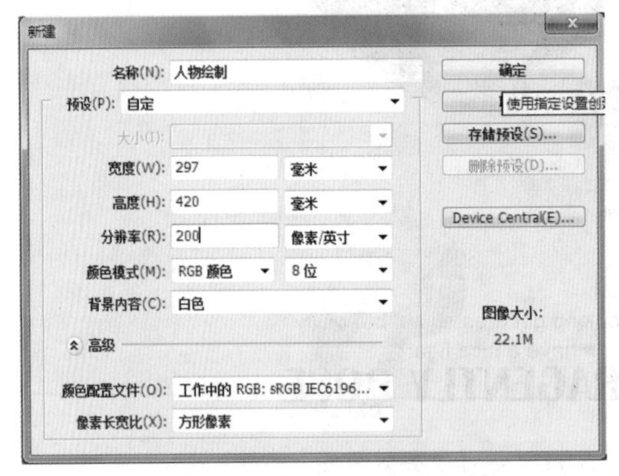

■图 3-72　新建文件参数

■图 3-73　线稿图像

（2）双击“背景”图层，在弹出的对话框中将名称改为“线稿”。选择移动工具，将线稿拖入空白文件中，如图 3-74 和图 3-75 所示。

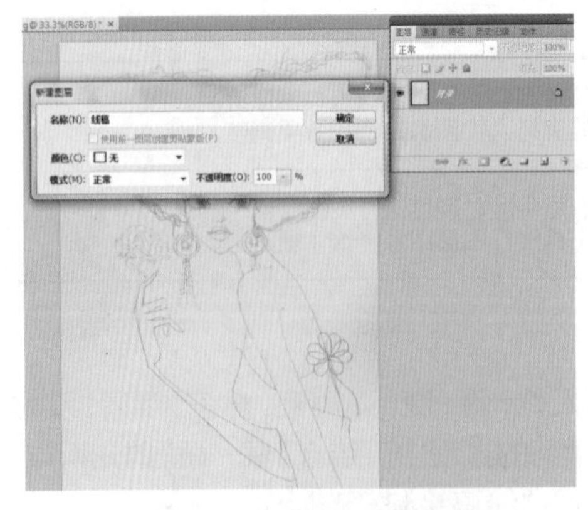

■图 3-74　修改图层名称

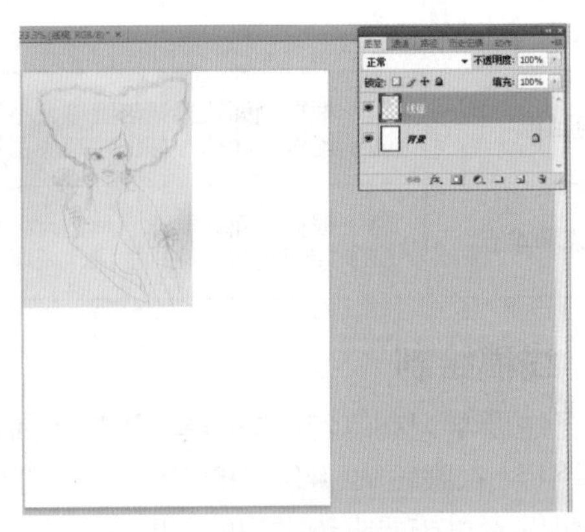

■图 3-75　拖入人物线稿

（3）给线稿进行自由变换，调整线稿图层到合适的大小，如图 3-76 和图 3-77 所示。

■图 3-76　自由变换图例

■图 3-77　调整至合适大小

（4）按 Enter 键确认。新建“图层 1”并命名为轮廓。单击前景色，设置前景色为 R179、G105、B122，如图 3-78 和图 3-79 所示。

■图 3-78　新建图层

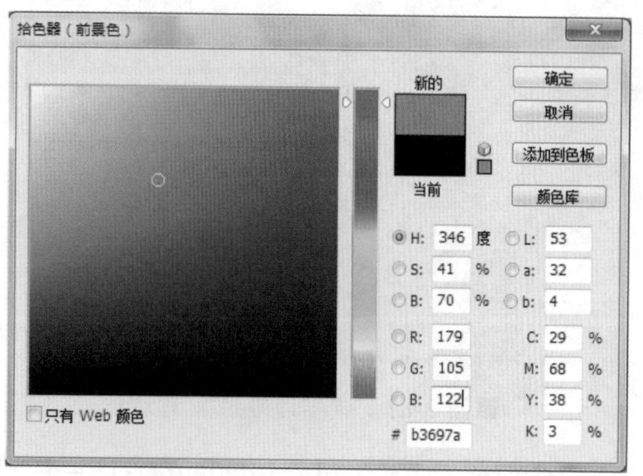

■图 3-79　设置前景色

（5）选择钢笔工具，在“轮廓”图层中绘制人物脸的形状路径。选择画笔工具，设置画笔主路径为 4px、硬度 0，如图 3-80 和图 3-81 所示。

■图 3-80　绘制路径

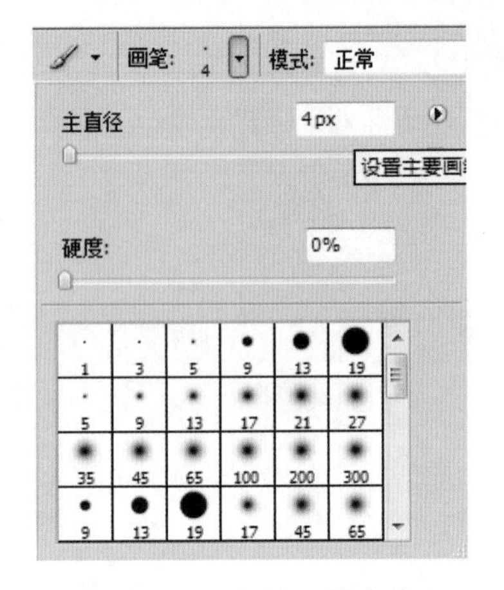

■图 3-81　设置画笔参数

（6）右击工作路径，选择“描边路径”命令，设置描边路径的工具为画笔，勾选“模拟压力”复选框。回到“图层”面板，选择放大镜工具，将轮廓图层放大，看线条效果，如图 3-82 和图 3-83 所示。

■图 3-82　“描边路径”对话框

■图 3-83　描边效果

（7）选择钢笔工具，与前面的方法一样绘制眼睛、上眼皮、下眼皮、眼珠、双眼线的形状路径。存储路径并改名为“路径 1”，完成操作，如图 3-84 和图 3-85 所示。

（8）使用路径选择工具框选刚才绘制的眼睛路径，设置前景色为纯黑色，如图 3-86 和图 3-87 所示。

■图 3-84　眼睛路径

■图 3-85　存储路径

■图 3-86　框选眼睛路径

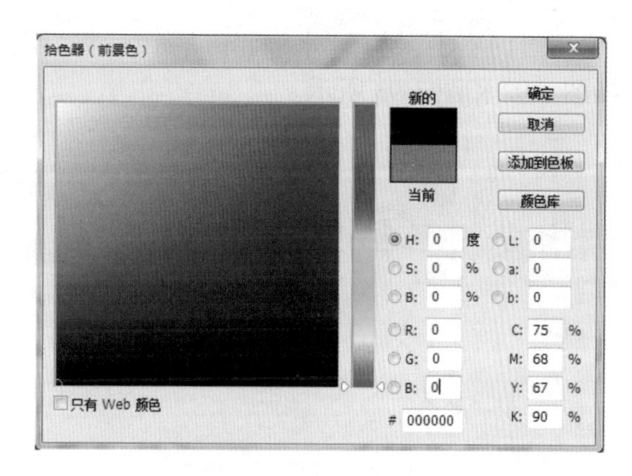

■图 3-87　设置前景色

（9）右击“路径 1”，设置描边路径为画笔形式，如图 3-88 和图 3-89 所示。

■图 3-88　单击“描边路径”命令

■图 3-89　设置描边路径

（10）复制“路径 1”为“路径 1 副本”，自由变换“路径 1 副本”（按住 Shift 键向右拖动），如图 3-90 和图 3-91 所示。

■图 3-90　复制路径

■图 3-91　右移路径

（11）右击，选择“水平翻转”命令，将“路径 1 副本”镜像移到左眼位置，按 Enter 键完成操作，如图 3-92 和图 3-93 所示。

■图 3-92　单击“水平翻转”命令

■图 3-93　镜像路径效果

（12）使用直接选择工具调整好眼珠的路径位置。选择“路径 1 副本”，描边路径，如图 3-94 和图 3-95 所示。

■图 3-94　单击“描边路径”命令

■图 3-95　描边路径效果

（13）选择“画笔”面板，设置画笔笔尖形状（直径为 4、硬度为 0，勾选“形状动态”复选框，最小直径为 50%，渐隐 25，最小圆度为 20），如图 3-96 和图 3-97 所示。

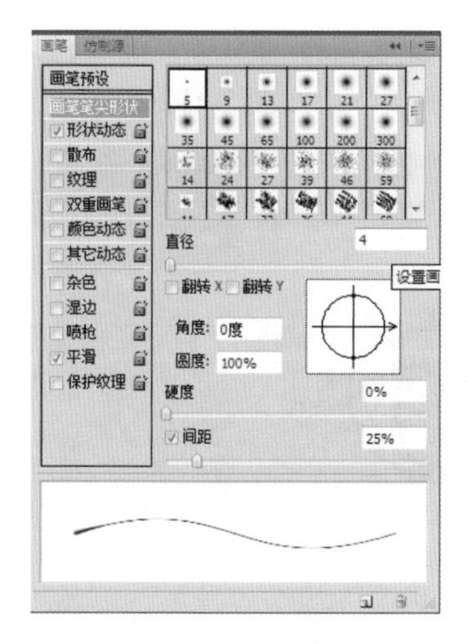

■图 3-96　画笔笔尖形状设置 1

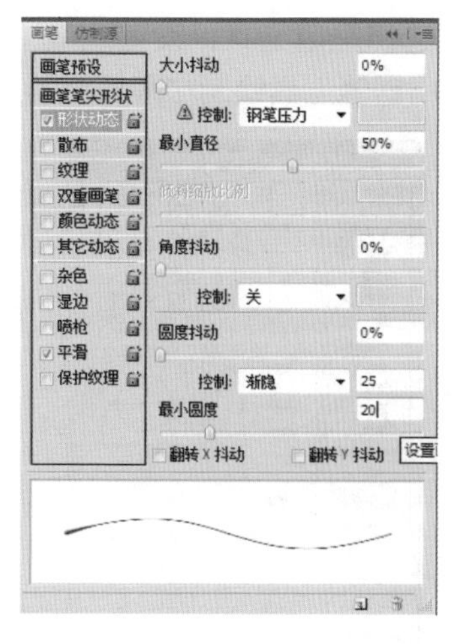

■图 3-97　画笔笔尖形状设置 2

（14）新建“路径 2”，选择缩放工具，放大眼睛。使用钢笔工具绘制眼睫毛的路径，如图 3-98 和图 3-99 所示。

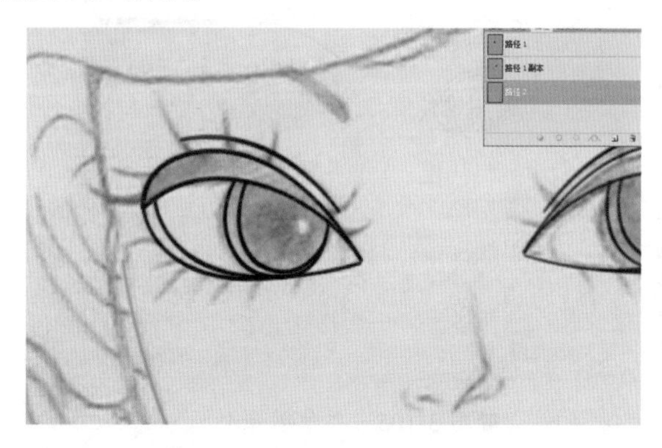

■图 3-98　放大眼睛视图

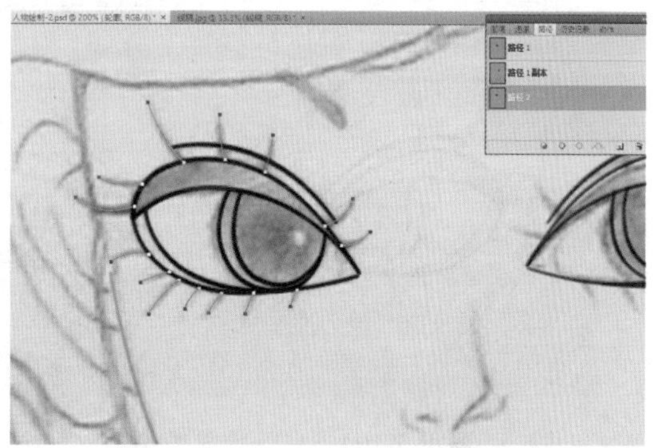

■图 3-99　绘制眼睫毛的路径

（15）描边“路径 2”，设置描边路径。单击“路径”面板空白处，应用路径，使用同样的方法处理左眼，如图 3-100 和图 3-101 所示。

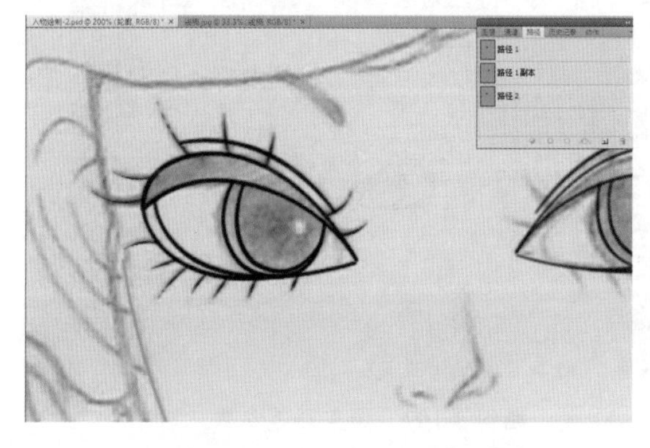

■图 3-100　右眼路径描边效果

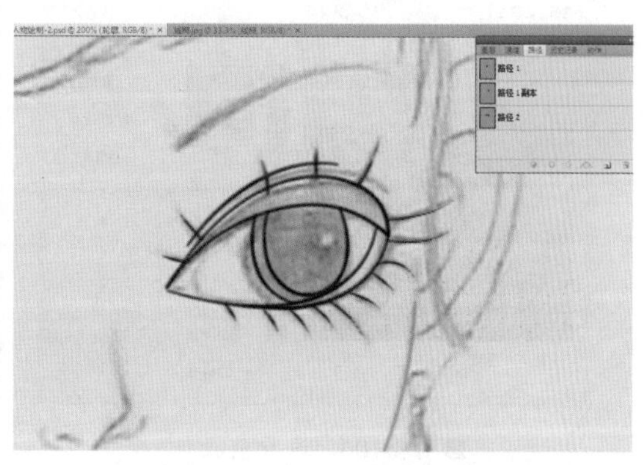

■图 3-101　左眼路径描边效果

（16）选择画笔工具，设置画笔（直径为4px，压力，最小直径为50%，渐隐，最小圆度为20%）。使用钢笔工具绘制左眼眉毛的形状路径，描边“路径2”，如图3-102和图3-103所示。

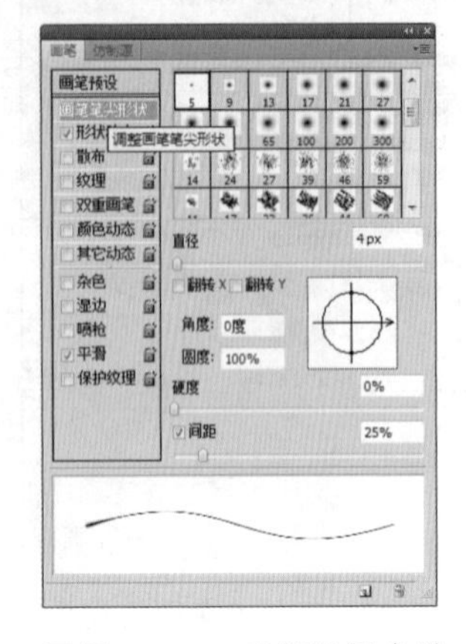

■图3-102　画笔设置参数

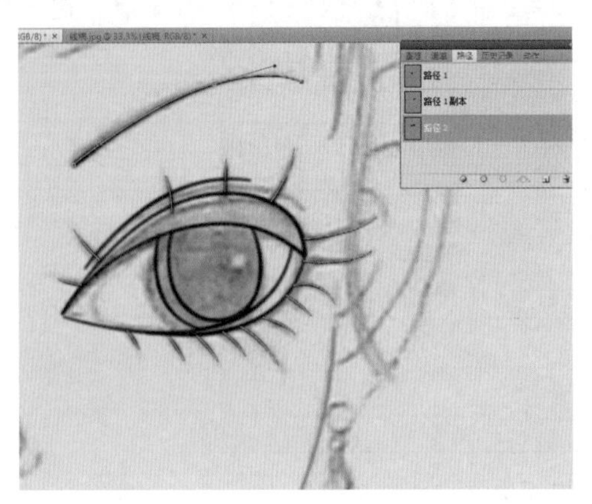

■图3-103　路径描边效果

（17）使用同样的方法绘制右眼眼眉毛，缩小图像看看整体效果，如图3-104和图3-105所示。

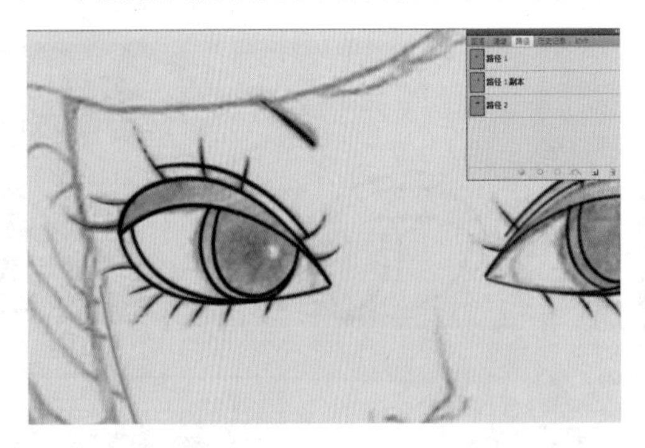

■图3-104　右眼眼眉毛绘制

■图3-105　整体效果

（18）前景色设置为粉红色（R179、G105、B122）。激活“路径”面板，单击“创建新路径”按钮，新建“路径3”。选择画笔工具，调整画笔的直径为5，硬度为0，如图3-106和图3-107所示。

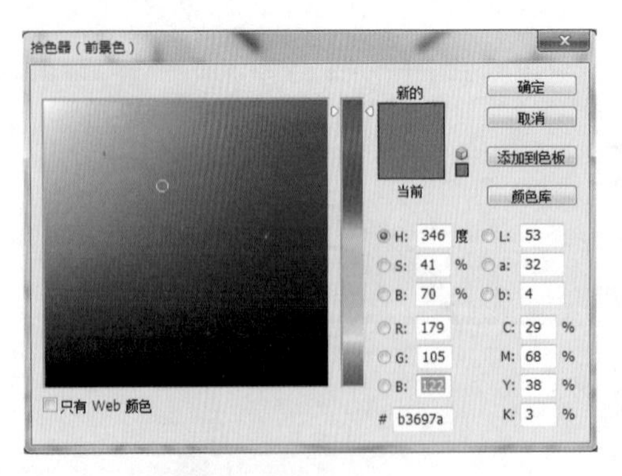

■图3-106　设置前景色

■图3-107　调整画笔参数

（19）绘制鼻子的形状路径。设置描边路径，描边“路径 2”。完成操作后隐藏路径，如图 3-108 和图 3-109 所示。

■图 3-108　绘制鼻子路径

■图 3-109　隐藏鼻子路径

（20）绘制鼻翼路径并描边路径，如图 3-110 和图 3-111 所示。

■图 3-110　绘制鼻翼路径

■图 3-111　描边鼻翼路径

（21）绘制鼻孔路径，将前景色设置为黑色，描边路径，如图 3-112 和图 3-113 所示。

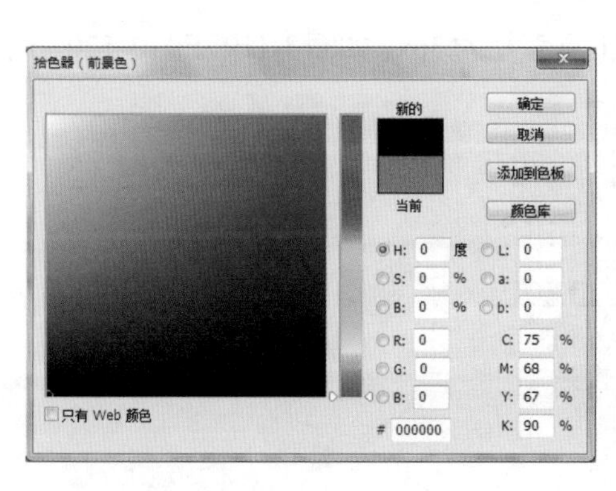

■图 3-112　设置前景色

■图 3-113　鼻孔路径描边

（22）设置前景色（R174、G38、B76），选择画笔工具，设置画笔笔尖形状，直径为 5，硬度为 0。设置形状动态（钢笔压力，最小直径为 100%，控制为渐隐，最小圆度为 100），新建“路径 4”，如图 3-114 ~图 3-116 所示。

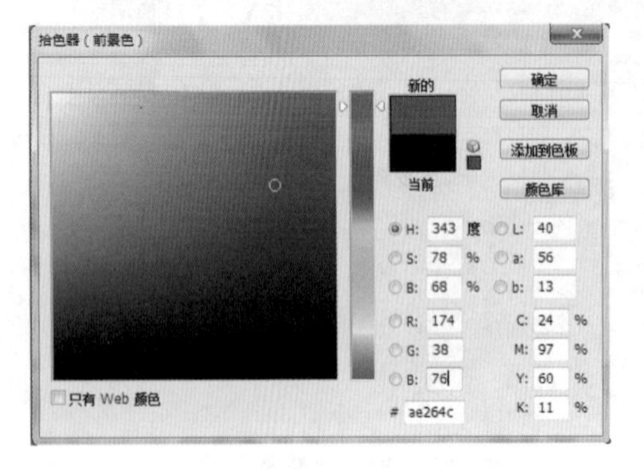

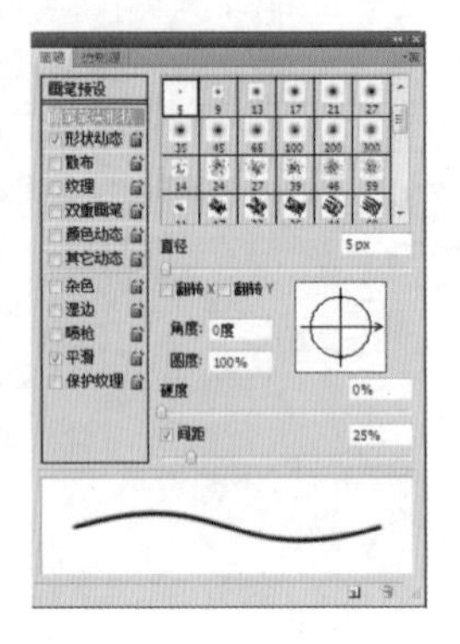

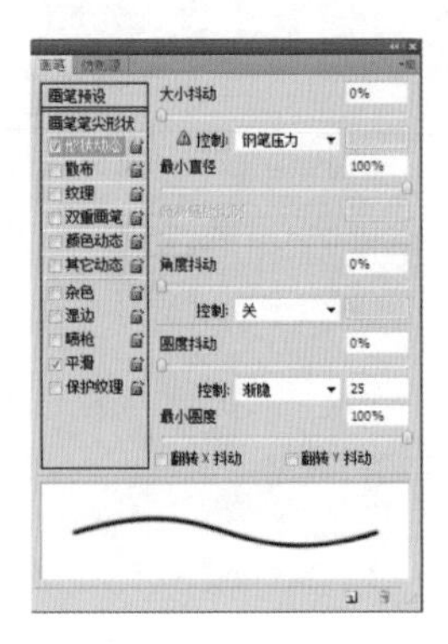

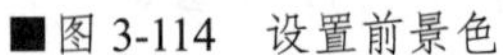
■图 3-114 设置前景色　■图 3-115 笔尖参数 1　■图 3-116 笔尖参数 2

（23）使用钢笔工具绘制嘴线形状路径。描边“路径 4”，与前面设置描边路径的步骤一样，完成操作，如图 3-117 和图 3-118 所示。

■图 3-117 嘴线形状路径　■图 3-118 描边路径

（24）设置前景色（R233、G90、B236），设置画笔工具直径为 3px，如图 3-119 和图 3-120 所示。

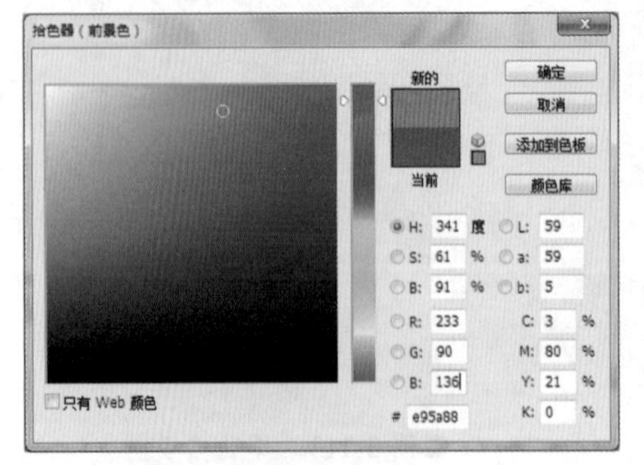

■图 3-119 设置前景色　■图 3-120 画笔参数设置

（25）用钢笔工具绘制嘴唇形状，选择嘴唇路径，描边“路径 4”，如图 3-121 和图 3-122 所示。

■图 3-121　嘴唇路径

■图 3-122　路径描边

（26）回到“图层”面板，缩小图像查看全景效果，如图 3-123 和图 3-124 所示。

■图 3-123　缩小图像效果

■图 3-124　脸部放大效果

（27）新建“路径 5”，设置画笔工具直径为 4，设置前景色为 R179、G105、B122，如图 3-125 和图 3-126 所示。

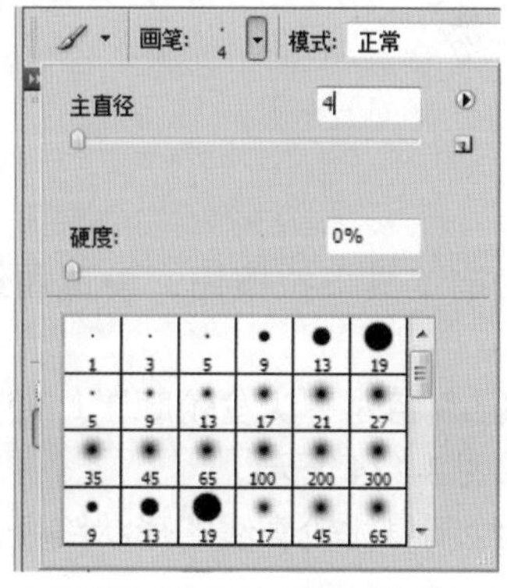

■图 3-125　画笔参数设置

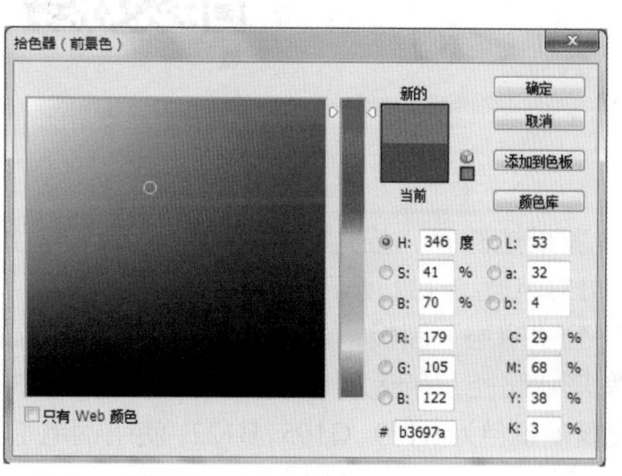

■图 3-126　设置前景色

（28）使用钢笔工具绘制前面的头发路径，描边路径5，完成操作，如图3-127和图3-128所示。

■图3-127　头发形状路径　　■图3-128　路径描边

（29）使用钢笔工具描绘耳朵形状路径，再设置前景色为R179、G105、B122，如图3-129和图3-130所示。

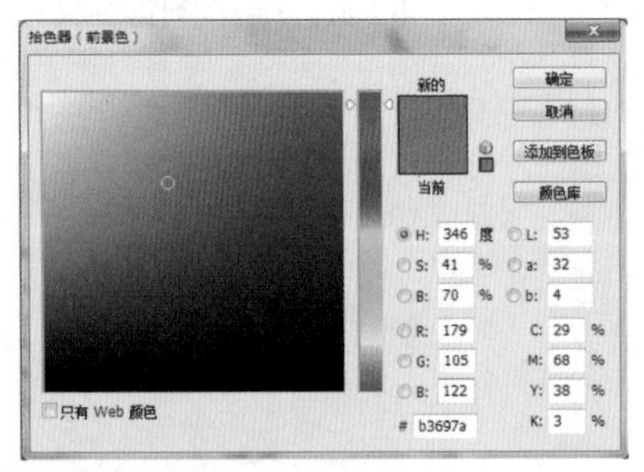

■图3-129　耳朵形状路径　　■图3-130　设置前景色

（30）设置描边路径，描边“路径5”，单击自由钢笔工具下拉按钮，设置曲线拟合值为10px，如图3-131和图3-132所示。

（31）回到“图层”面板，新建“图层1”，将新图层命名为“头发轮廓”。使用自由钢笔工具绘制头发形状路径，存储为“路径6”，如图3-133和图3-134所示。

（32）设置前景色为R179、G105、B122，使用钢笔工具绘制身体轮廓线的形状路径，如图3-135和图3-136所示。

■图 3-131　路径描边

■图 3-132　设置参数

■图 3-133　新建图层

■图 3-134　头发形状路径

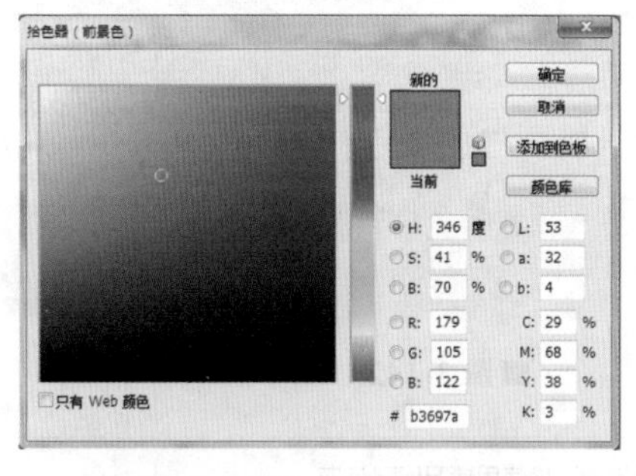

■图 3-135　设置前景色

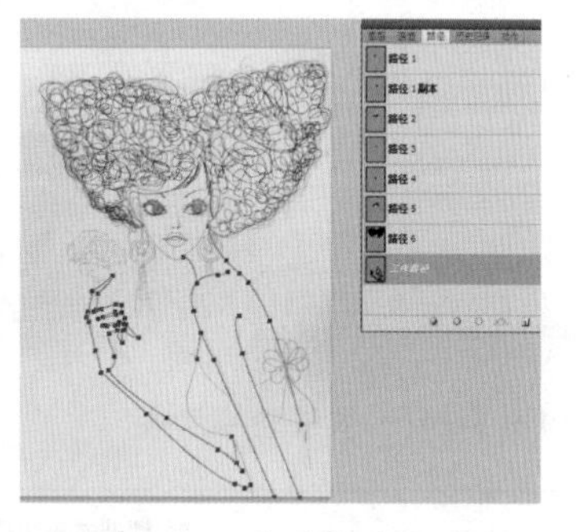
■图 3-136　身体轮廓线路径

（33）右击“工作路径”，选择“描边路径”命令，再将其存为“路径 7”，如图 3-137 和图 3-138 所示。

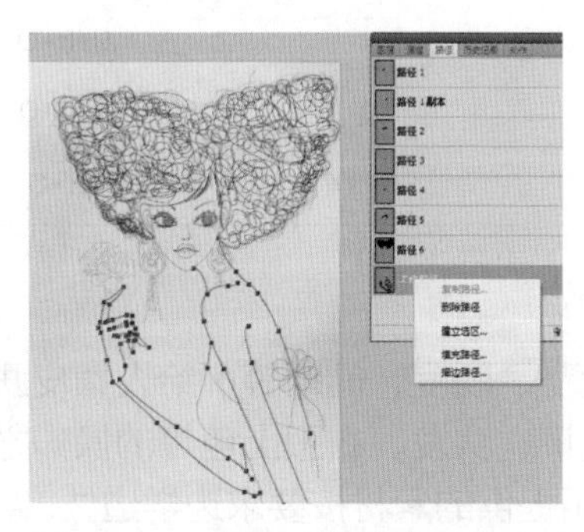
■图 3-137　选择“描边路径”命令

■图 3-138　存储路径

（34）前景色设置为黑色，画笔直径大小设置为 6，如图 3-139 和图 3-140 所示。

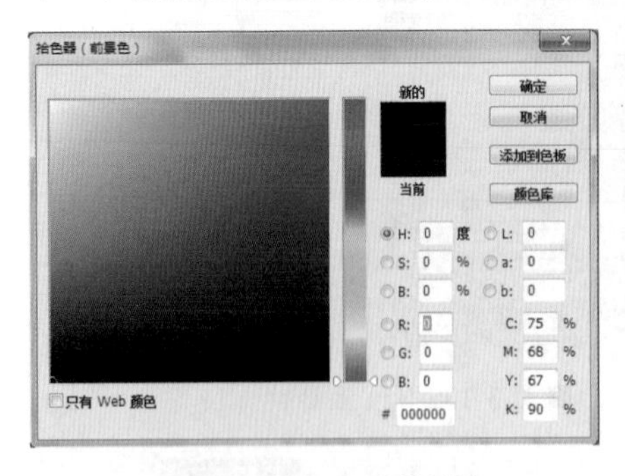

■图 3-139　设置前景色

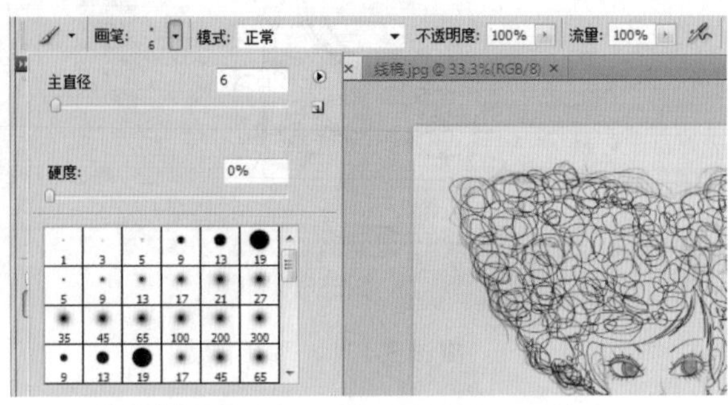

■图 3-140　画笔参数设置

（35）用钢笔工具绘制衣服的轮廓路径，并描边“路径 7”，完成操作，如图 3-141 和图 3-142 所示。

■图 3-141　衣服轮廓路径

■图 3-142　路径描边

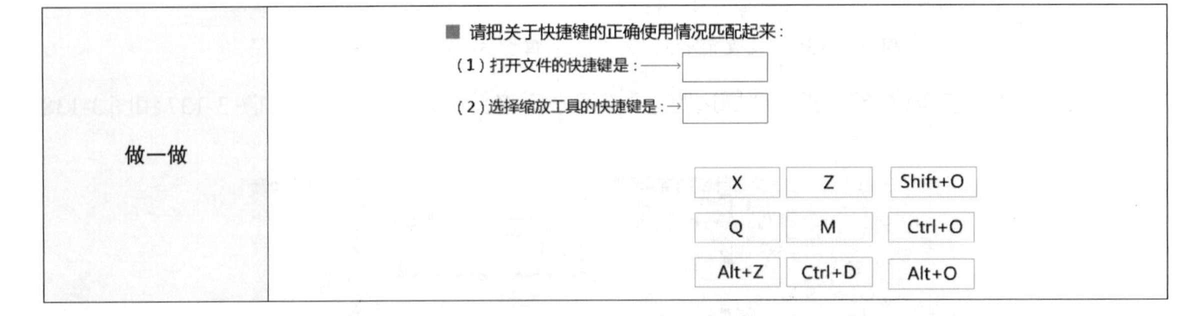

做一做	■ 请把关于快捷键的正确使用情况匹配起来： （1）打开文件的快捷键是：→ （2）选择缩放工具的快捷键是：→ X　Z　Shift+O Q　M　Ctrl+O Alt+Z　Ctrl+D　Alt+O

任务 2　人物上色

本任务主要学习如何设置画笔属性（笔触大小、硬度、间距等）给人物皮肤上色、五官（眼睛、嘴唇）上色；绘制人物（脸、上身）暗部色调，头发、衣服上色等的操作方法。在学习的过程中可结合“做一做”的知识点进行思考，并运用提供的素材按要求边学边做，要求熟练掌握“人物上色”的操作。

◆**制作步骤**

（1）设置画笔形状动态为钢笔压力，最小直径为 50%，渐隐、最小圆度均为 25。用钢笔工具绘制衣服绑带，如图 3-143 和图 3-144 所示。

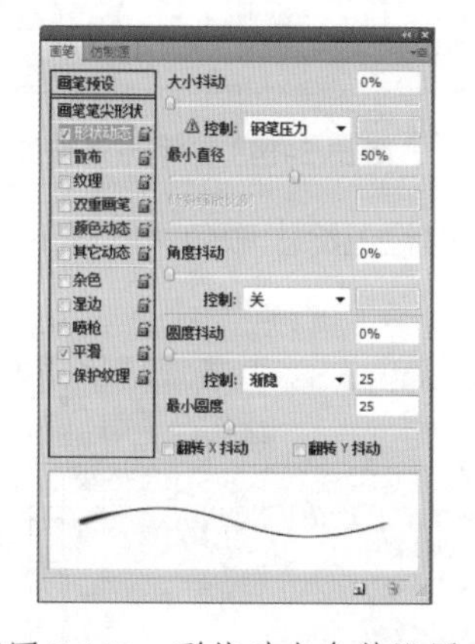

■图 3-143　形状动态参数设置

■图 3-144　衣服绑带路径

（2）用路径选择工具全选衣服绑带路径，描边“路径 8”，如图 3-145 和图 3-146 所示。

■图 3-145　选择衣服绑带路径

■图 3-146　描边路径

（3）隐藏“线稿”图层，设置前景色为R240、G215、B211，新建“图层1”，将其放置到“轮廓”图层的下方，如图3-147和图3-148所示。

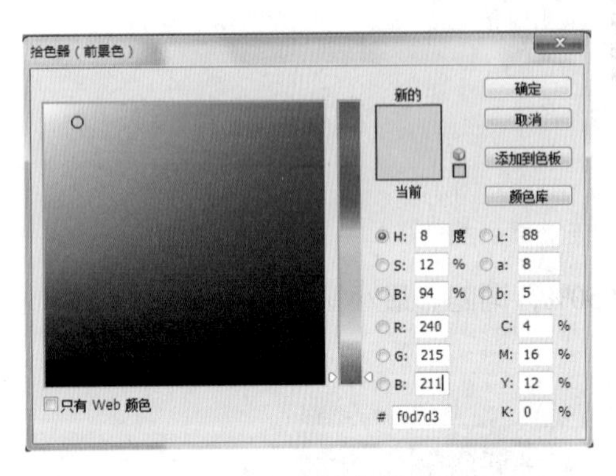

■图 3-147　设置前景色参数

■图 3-148　新建“图层 1”

（4）选择画笔工具，设置笔触大小为105。在人物脸上涂上颜色，同样的方法涂上身的颜色，如图3-149和图3-150所示。

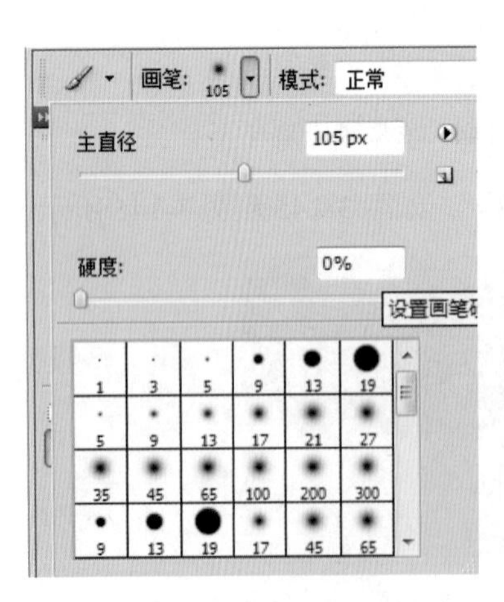

■图 3-149　笔触大小设置 1

■图 3-150　在人物上身涂上颜色后的效果

（5）将画笔大小调整为70、30，涂画面积小的形体，如图3-151和图3-152所示。

（6）将前景色设置为黑色，新建“图层2”，将画笔直径调整50、硬度为0，绘制眼影，如图3-153和图3-154所示。

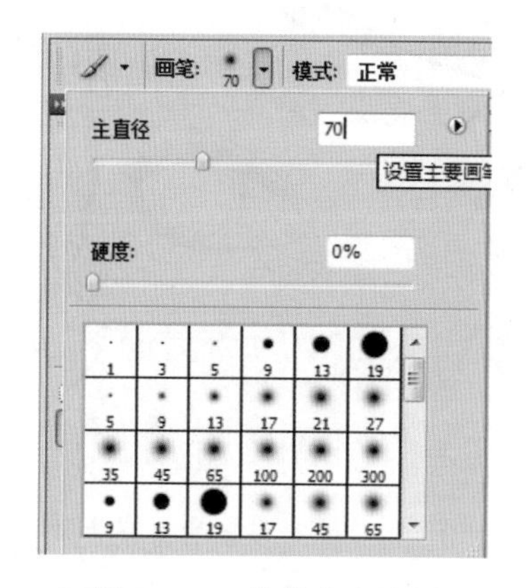

■图 3-151　笔触大小设置 2

■图 3-152　手涂上颜色后的效果

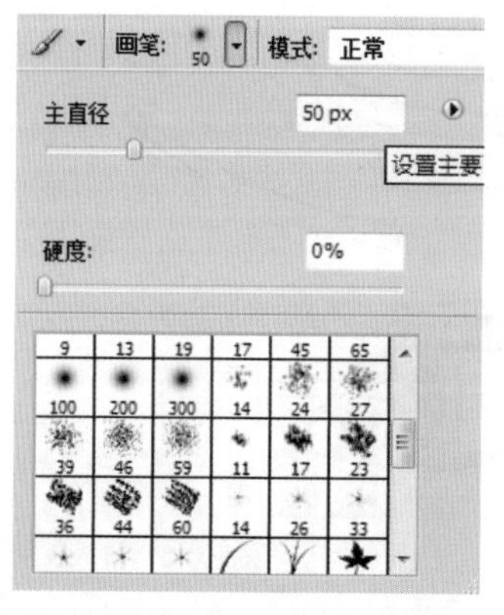

■图 3-153　笔触大小设置 3

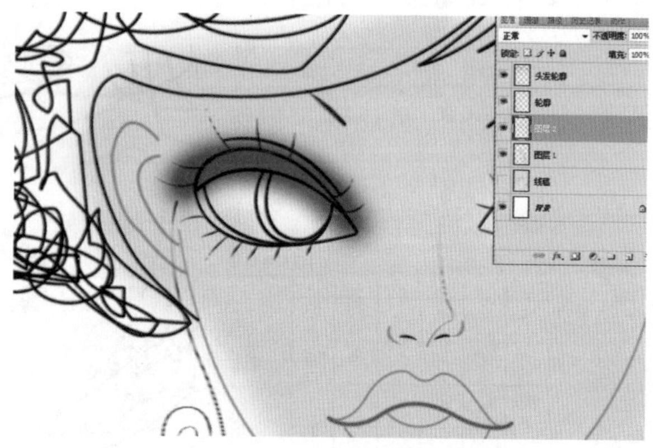

■图 3-154　眼影绘制效果

（7）单击橡皮擦工具，设置其直径为 50%，硬度为 60，擦除形状以外的黑色。使用同样的方法绘制下眼皮结构明暗关系，让其有渐变效果，如图 3-155 和图 3-156 所示。

■图 3-155　上眼皮上色效果

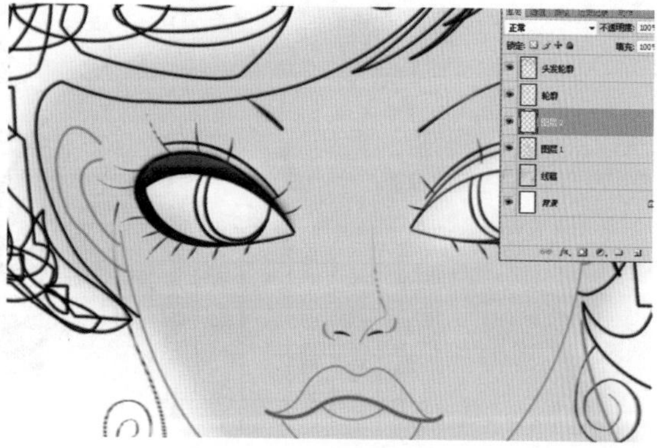

■图 3-156　下眼皮上色效果

（8）使用画笔工具绘制眼睛化妆效果，用橡皮擦工具擦除多余的部分，如图 3-157 和图 3-158 所示。

■图 3-157　画笔绘制效果　　■图 3-158　擦除多余的部分效果

（9）选择画笔工具，设置直径为 40，硬度为 0，流量 63%，绘制眼球（将画笔的不透明度调至 50%），如图 3-159 和图 3-160 所示。

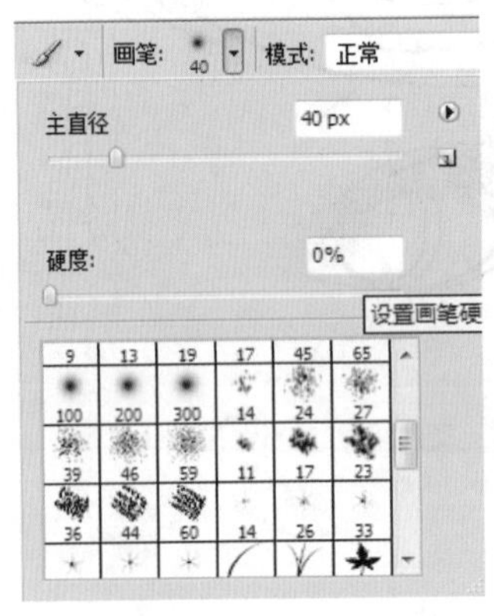

■图 3-159　画笔设置

■图 3-160　眼球绘制

（10）将画笔直径设置为 10%，绘制眼球，如图 3-161 和图 3-162 所示。

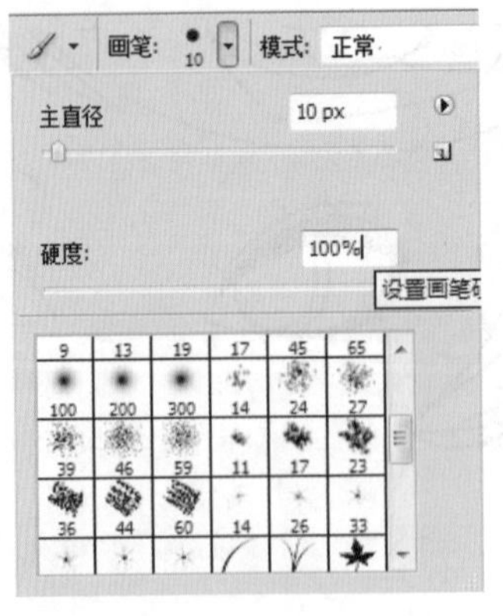

■图 3-161　画笔直径设置

■图 3-162　绘制眼球

（11）设置前景色为 R60、G117、B86，画笔直径 15、硬度为 0，使用同样的方法绘制左右眼球效果，如图 3-163 ~图 3-166 所示。

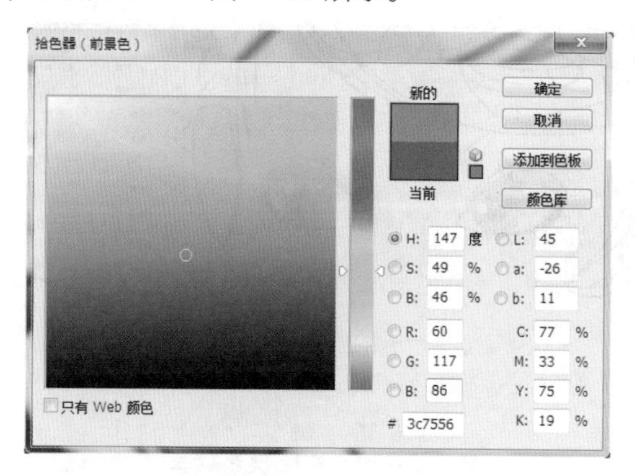

■图 3-163　设置前景色

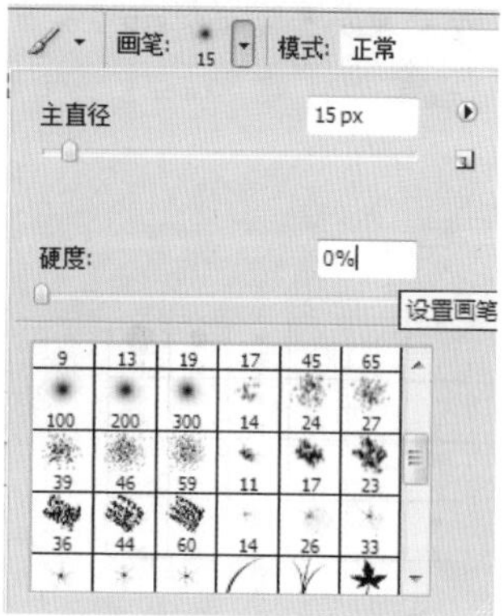

画笔: 15　模式: 正常
主直径　15 px
硬度:　0%
设置画笔
9 13 19 17 45 65
100 200 300 14 24 27
39 46 59 11 17 23
36 44 60 14 26 33

■图 3-164　画笔设置

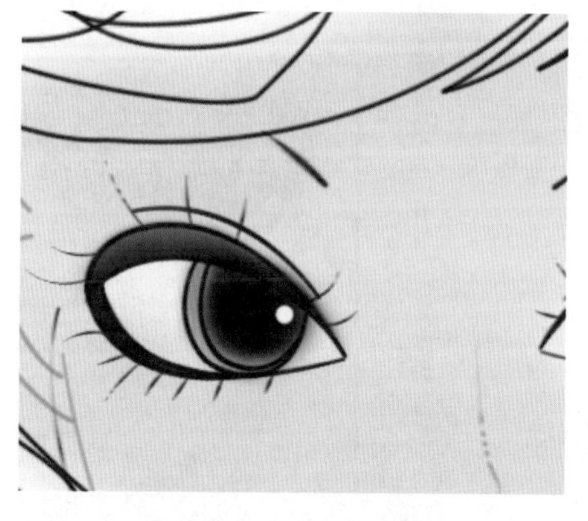

■图 3-165　右眼球效果

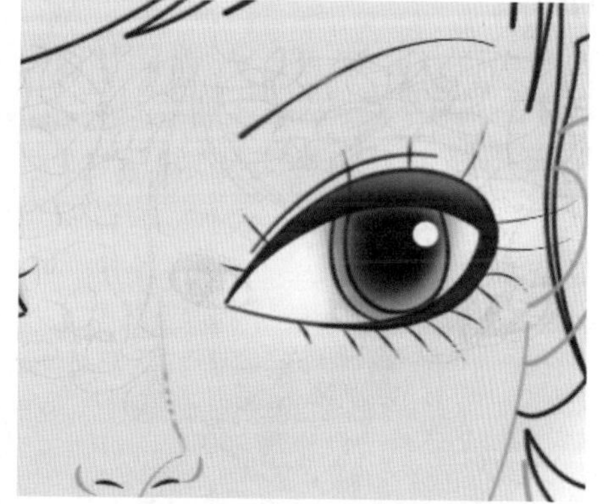

■图 3-166　左眼球效果

（12）新建“图层 3”，将“图层 3”移到“图层 2”的下方。选择画笔工具，设置直径为 40，硬度为 0，不透明度为 50%，使用设置好的画笔工具绘制眼睛的投影，如图 3-167 和图 3-168 所示。

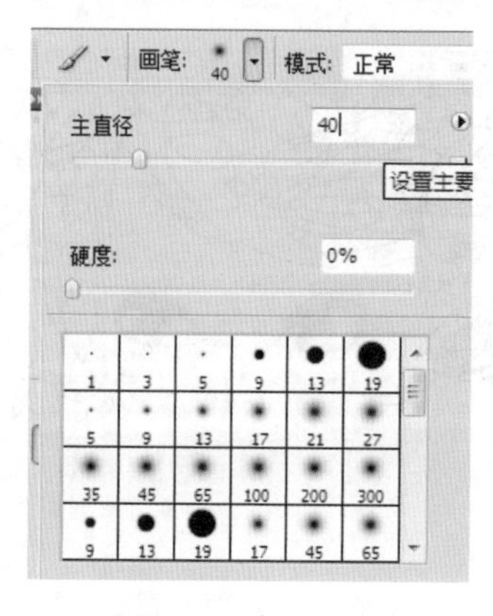

■图 3-167　画笔设置

■图 3-168　眼睛投影绘制

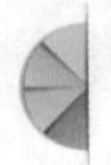

（13）选择橡皮擦工具，设置直径为 40，硬度为 60%，不透明度为 100，使用调整好的橡皮擦工具修整右眼投影的形状，如图 3-169 和图 3-170 所示。

■图 3-169　画笔设置　　■图 3-170　右眼投影效果

（14）使用调整好的橡皮擦工具修整左眼投影的形状，用缩放工具缩小整体效果，如图 3-171 和图 3-172 所示。

■图 3-171　左眼投影效果

■图 3-172　整体效果

（15）选择画笔工具，画笔直径为 40，不透明度为 50%，使用画笔工具绘制眼影，如图 3-173 和图 3-174 所示。

■图 3-173　画笔工具设置

■图 3-174　眼影绘制

（16）设置前景色为 R60、G117、B87，选择画笔工具，并设置画笔直径为 20，不透明度 50%，绘制绿色眼影，如图 3-175 和图 3-176 所示。

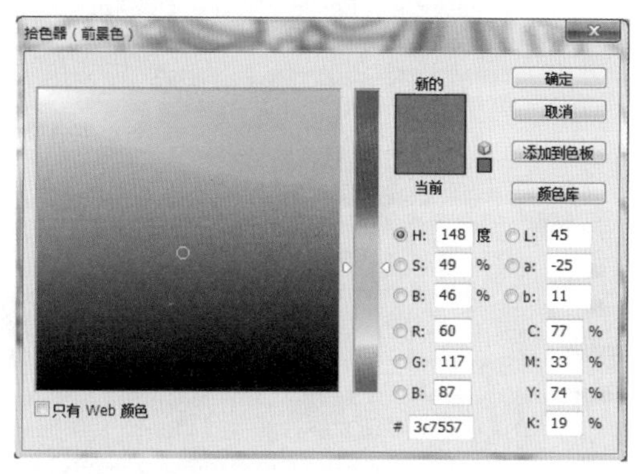

■图 3-175　设置前景色

■图 3-176　绿色眼影效果

（17）将前景色设置为 R131、G253、B71，选择画笔工具，设置画笔直径为 25，不透明度为 50%，绘制下眼影，如图 3-177 和图 3-178 所示。

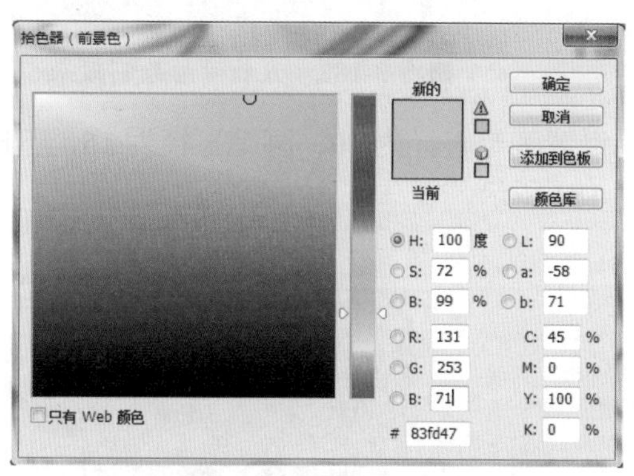

■图 3-177　前景色设置

■图 3-178　绘制下眼影

（18）设置前景色为（R210、G255、B0），使用画笔工具绘制淡绿色下眼影，如图 3-179 和图 3-180 所示。

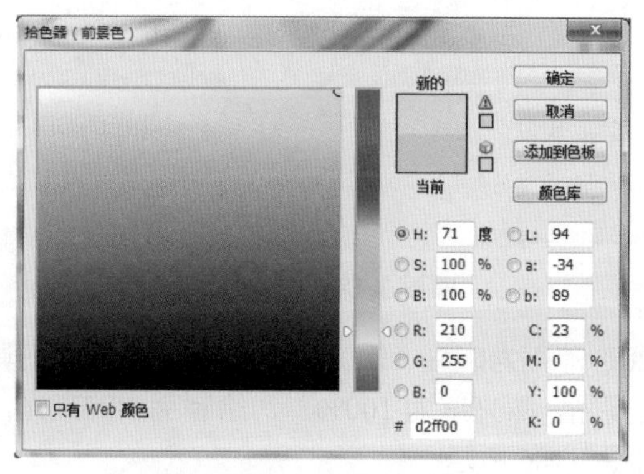

■图 3-179　前景色设置

■图 3-180　淡绿色下眼影

（19）新建“图层 4”，设置前景色为 R243、G107、B155，选择画笔工具，设置画笔直径为 3，不透明度为 100%，绘制人物嘴唇颜色，如图 3-181 和图 3-182 所示。

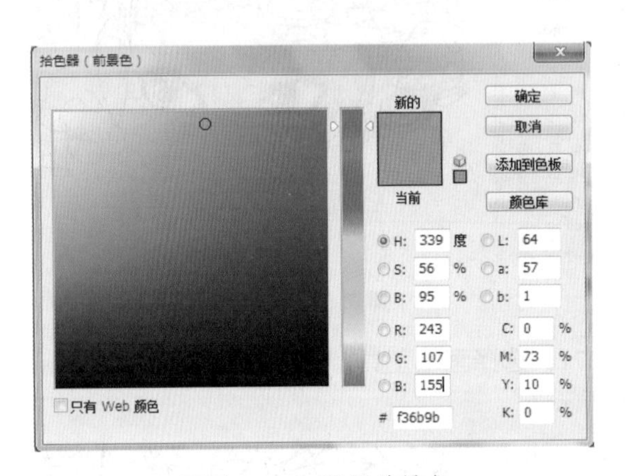

■图 3-181　设置前景色

■图 3-182　人物嘴唇绘制效果

（20）设置前景色为 R236、G43、B122，设置画笔直径为 10，画笔直径为 15，不透明度为 50%，绘制上下嘴唇的暗部，如图 3-183 和图 3-184 所示。

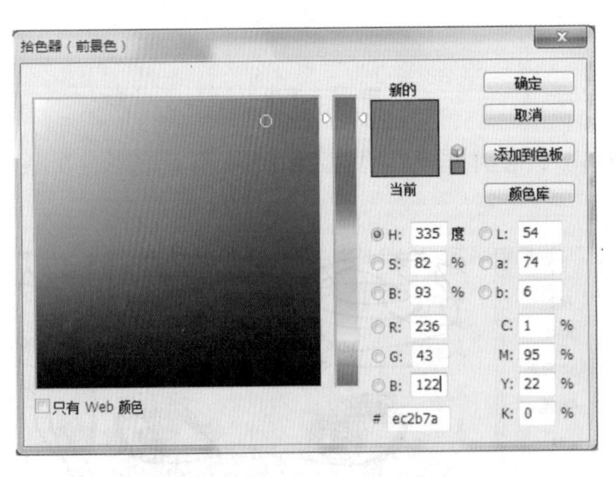

■图 3-183　设置前景色

■图 3-184　绘制上下嘴唇暗部

（21）选择减淡工具，设置画笔直径为 20、范围为阴影、曝光度为 30%，用减淡工具调整嘴唇的颜色。选择减淡工具（直径为 8，范围是高光，曝光度为 100%），绘制嘴唇的高光，并使用加深工具调整嘴唇暗部的颜色，如图 3-185 和图 3-186 所示。

■图 3-185　调整嘴唇的颜色

■图 3-186　嘴唇的高光

（22）新建“图层 5”。设置前景色为 R239、G179、B179，设置画笔直径为 50、硬度为 0，如图 3-187 和图 3-188 所示。

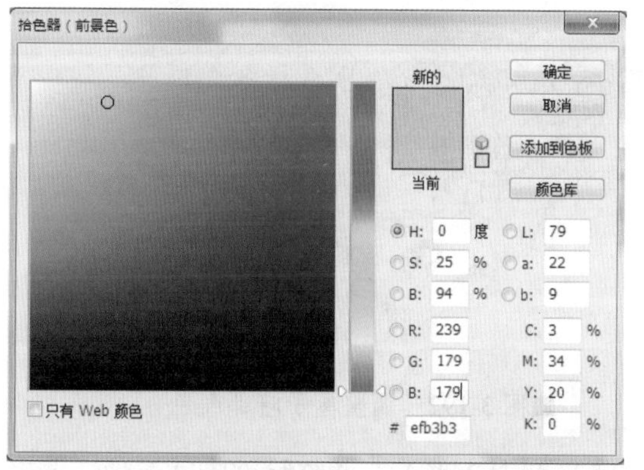

■图 3-187　设置前景色

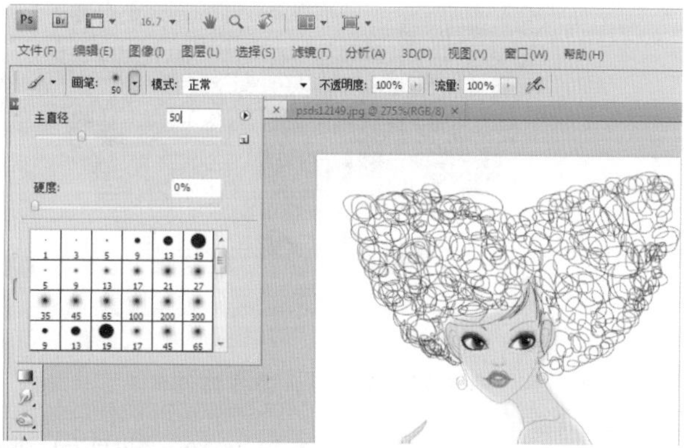

■图 3-188　设置画笔

（23）使用设置好的画笔绘制脸的暗部颜色。设置涂抹工具直径为 50，强度为 30%，按脸部的结构调整暗部颜色，如图 3-189 和图 3-190 所示。

■图 3-189　绘制脸的暗部颜色

■图 3-190　使用涂抹工具调整暗部颜色

（24）选择加深工具（直径为 20，范围中间调，曝光度 100%），加深人物鼻子暗部颜色。选择涂抹工具，设置直径为 45，强度为 50%，调整鼻子暗部颜色，如图 3-191 和图 3-192 所示。

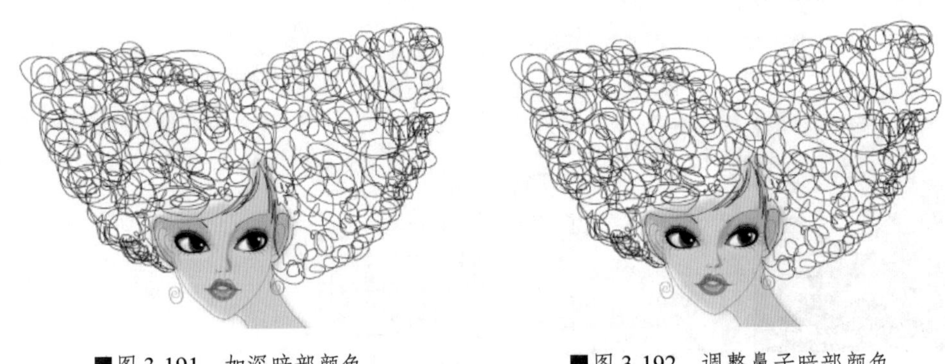

■图 3-191　加深暗部颜色　　■图 3-192　调整鼻子暗部颜色

（25）选择减淡工具（直径为 30，范围为中调，曝光度为 24%），调整脸部中间颜色。选择"图层 3"，使用涂抹工具制作过度眼影，如图 3-193 和图 3-194 所示。

■图 3-193　调整脸部中间颜色

■图 3-194　制作过度眼影

（26）设置前景色为 R235、G86、B170，新建“图层 6”，设置画笔直径为 100px，硬度为 0，不透明度为 50%，如图 3-195 和图 3-196 所示。

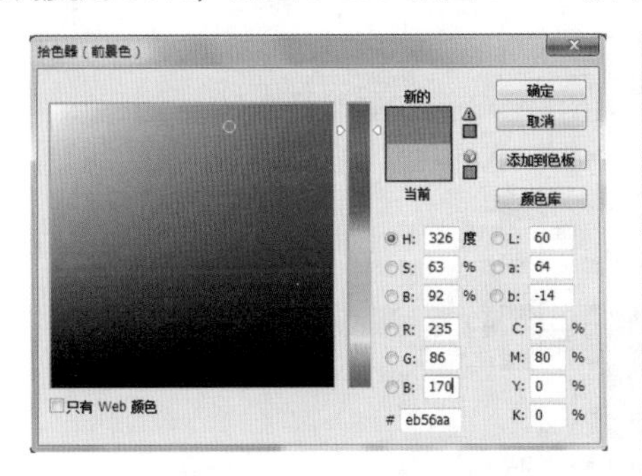

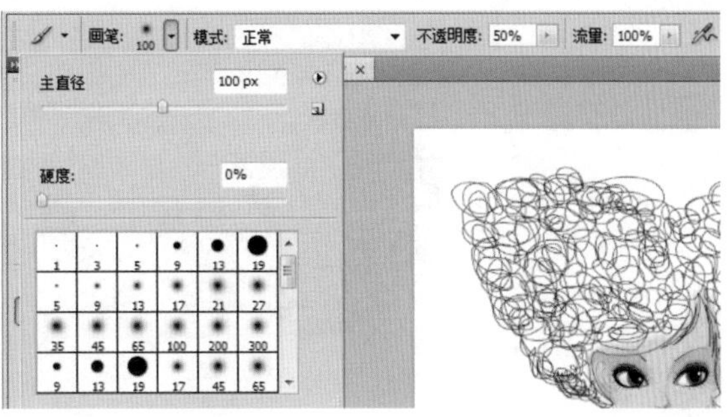

■图 3-195　设置前景色　　　■图 3-196　设置画笔参数

（27）使用调制好的画笔工具绘制脸部的腮红。选用涂抹工具，设置直径为 125px，强度为 50%，涂抹过度腮红让其自然渐变，如图 3-197 和图 3-198 所示。

■图 3-197　绘制腮红　　　■图 3-198　调整腮红

（28）选择减淡工具，设置画笔（直径为 150px，范围是阴影，曝光度为 24%），调整两边腮红。设置前景色为 R245、G114、B86，设置画笔直径为 40，不透明度为 50%，新建“图层 7”，绘制人物身体暗部和阴影的颜色，如图 3-199 和图 3-200 所示。

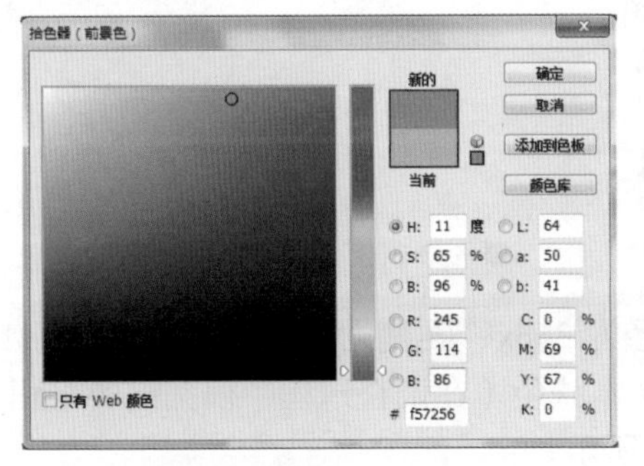

■图 3-199　设置前景色　　　■图 3-200　绘制人物身体暗部和阴影颜色

（29）选择减淡工具，设置直径为150、范围为阴影、曝光度为50%，调整暗部的颜色，如图3-201所示。

■图 3-201　调整暗部的颜色

（30）设置减淡工具的直径为35%、硬度为100%、范围为阴影、曝光度100%，在“图层7”中去除人物身体轮廓以外的暗部颜色，如图3-202和图3-203所示。

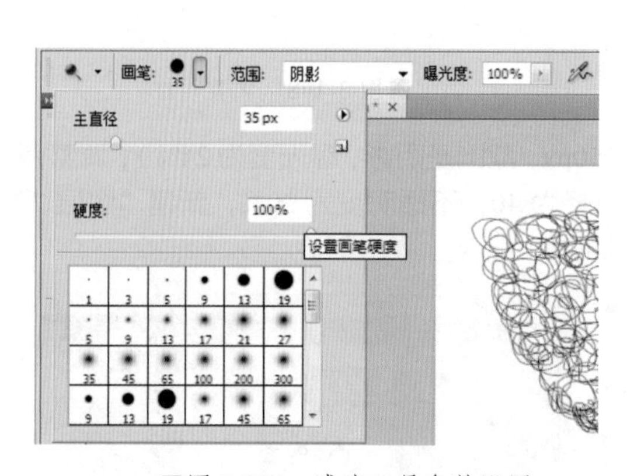

■图 3-202　减淡工具参数设置

■图 3-203　去除轮廓以外的颜色

（31）选择“图层1”，设置减淡工具的直径为35px、硬度为20、范围为高光、曝光度为100%），调整“图层1”中人物身体轮廓以外的基本肤色（在调整过程中根据需要将画笔直径调整至20，范围为中间调），如图3-204和图3-205所示。

■图 3-204　减淡工具参数设置

■图 3-205　调查轮廓以外的肤色

（32）调整“图层 7”的不透明度为 70%，复制“头发轮廓”图层，选择副本图层，选择渐变工具，单击属性栏中的“线性渐变”按钮，在弹出的“渐变编辑器”对话框中添加两个色标，设置渐变编辑器色标的颜色值（第一个色标为黑色，第二个色标色值为 R58、G10、B24，第三个色标色值为 R140、G2、B18，第四个色标色值为 R243、G45、B124），单击“确定”按钮完成操作，如图 3-206 和图 3-207 所示。

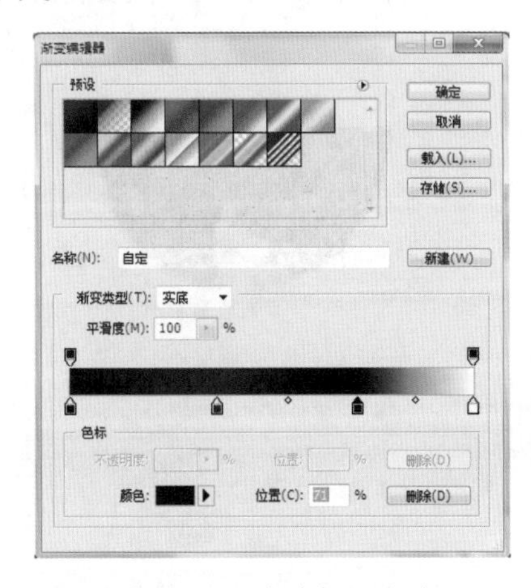

■图 3-206　渐变编辑器参数设置

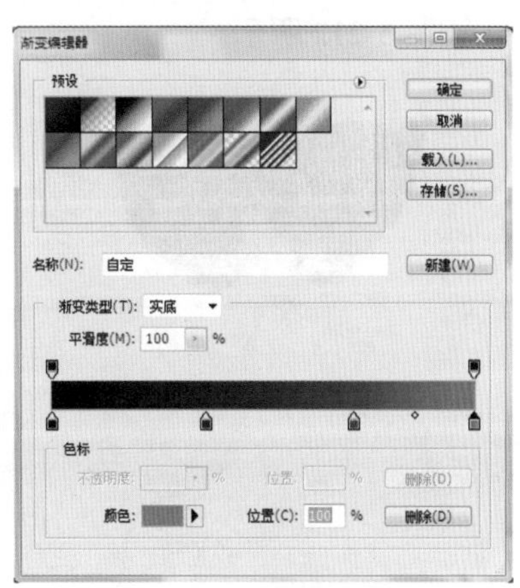

■图 3-207　渐变编辑器参数设置

（33）按住 Ctrl 键将“头发轮廓副本”图层载入选区，使用已经设置好的渐变工具在头发轮廓中拖动，进行渐变处理，如图 3-208 所示。

（34）设置前景色为 R84、G2、B24，调整画笔直径为 200px、模式为正常、硬度为 70%、不透明度为 100%，如图 3-209 和图 3-210 所示。

■图 3-208　头发轮廓渐变效果

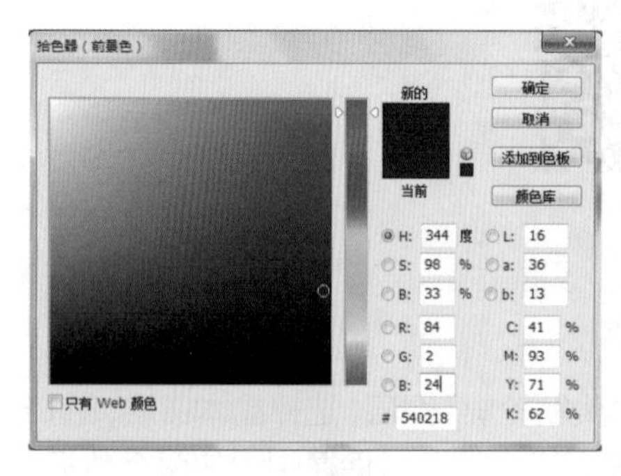

■图 3-209　设置前景色

■图 3-210　调整画笔

（35）在“头发轮廓 副本”图层中使用画笔工具涂画设置好的颜色。将画笔直径设置为 100px、模式为颜色加深、不透明度为 100%，模式为“颜色加深”，在“头发轮廓 副本”图层中涂画，如图 3-211 和图 3-212 所示。

■图 3-211　头发颜色涂画 1

■图 3-212　头发颜色涂画 2

（36）打开画笔预设（喷溅46画笔直径为200px、设置颜色模式为浅色、不透明度为25%），在“头发轮廓 副本”图层中调整头发的颜色，让其过渡自然，如图3-213和图3-214所示。

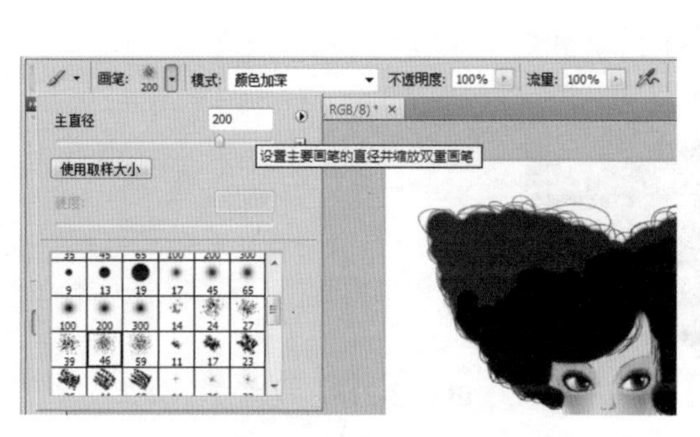

■图3-213 画笔设置

■图3-214 调整后头发的颜色

（37）设置画笔直径为150、模式为颜色减淡、不透明度为25%，在“头发轮廓 副本”图层中着色并调整颜色层次，如图3-215和图3-216所示。

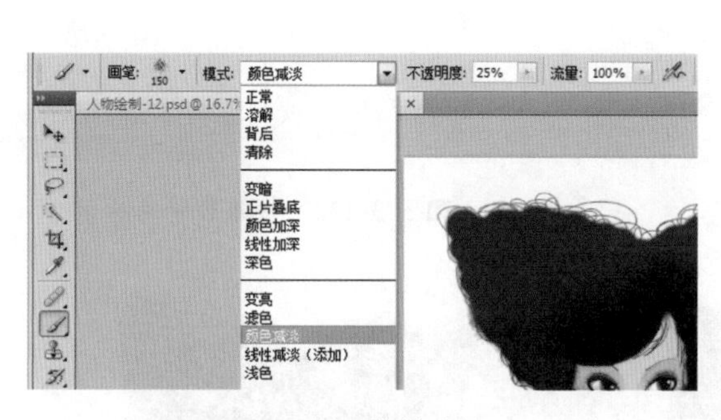

■图3-215 画笔模式设置

■图3-216 模式混合效果

（38）设置画笔模式为线性减淡（添加），继续调整头发颜色层次。设置画笔模式，画笔直径为125px，重复调整头发的颜色层次。如图3-217和图3-218所示。

（39）使用钢笔工具续画“路径5”的路径。使用直接选择工具调整路径结点，将路径面积扩大些。将路径转为选区（Ctrl+Enter），新建“图层8”，设置前景色为R58、G10、B24，背景色为黑色，使用渐变工具在“图层8”的选区中填充渐变颜色，如图3-219和图3-220所示。

（40）选择画笔工具，设置直径为200px，不透明度为47%，确认前景色为黑色，在图层蒙版中涂抹，使画面颜色过渡自然，如图3-221所示。

（41）用钢笔工具绘制几根凌乱的头发路径，如图3-222所示。

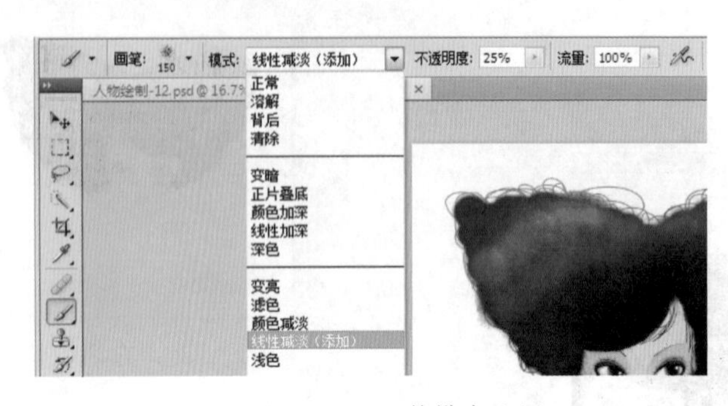

■图 3-217　画笔模式设置

■图 3-218　模式混合效果

■图 3-219　调整路径结点

■图 3-220　将路径转为选区

■图 3-221　涂抹后的头发效果

■图 3-222　绘制头发路径

（42）设置前景色为 R39、G1、B11，设置画笔直径为 8px、硬度为 0、距离为 1，设置钢笔压力最小直径为 40%、渐隐 25、最小圆度为 100%），描边路径，如图 3-223 ~ 图 3-225 所示。

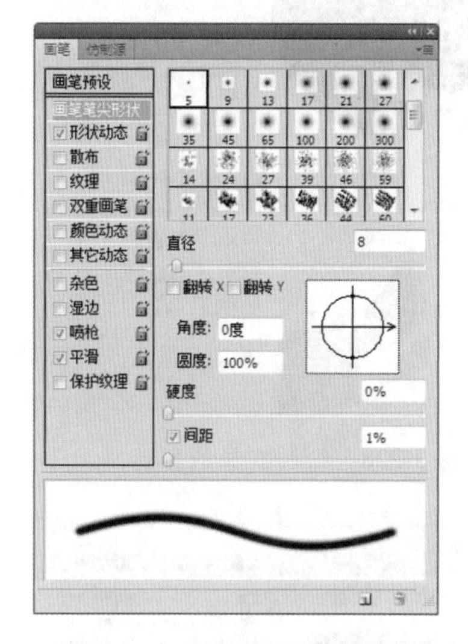

■图 3-223　设置画笔参数 1

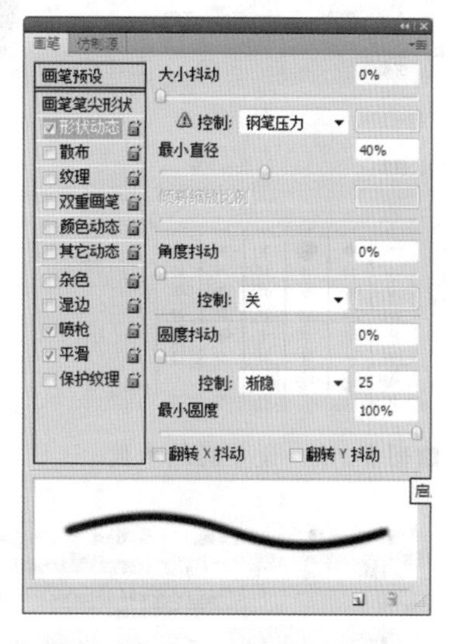

■图 3-224　设置画笔参数 2

（43）在“图层 1”的上面新建“图层 9”，将前景色设置为 R94、G1、B93，画笔预设为喷枪柔边圆、画笔直径为 100px、硬度为 0，使用设置好的钢笔工具绘制衣服的颜色，如图 3-226 ~ 图 3-228 所示。

■图 3-225　选择描边路径

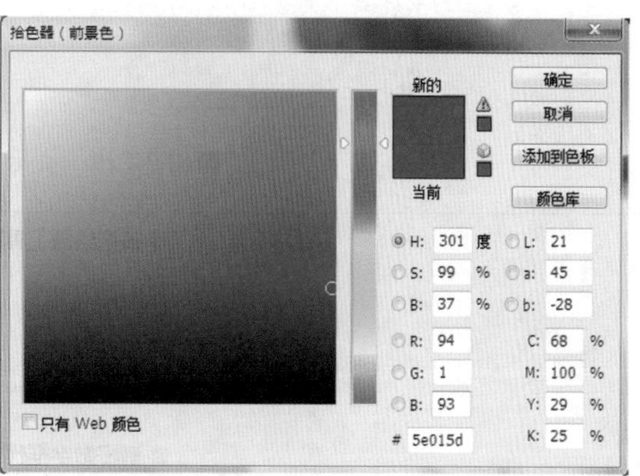

■图 3-226　设置前景色

（44）使用减淡工具（直径为 100、硬度为 100、范围为中间调，曝光度 100%）去除衣服多余的部分，如图 3-229 所示。

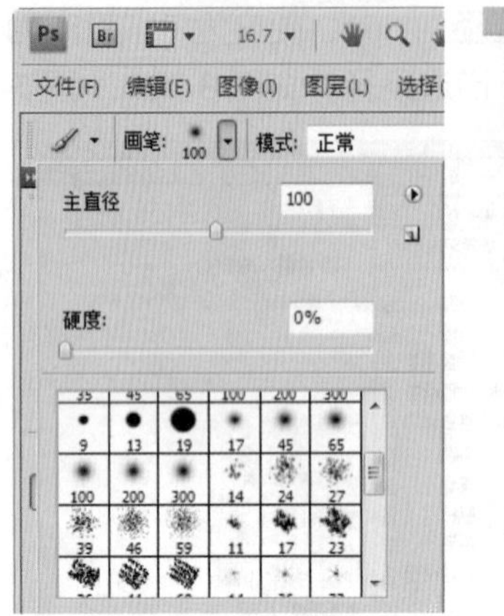

■图 3-227 设置画笔参数

■图 3-228 绘制衣服的颜色

■图 3-229 去除衣服上多余的部分效果

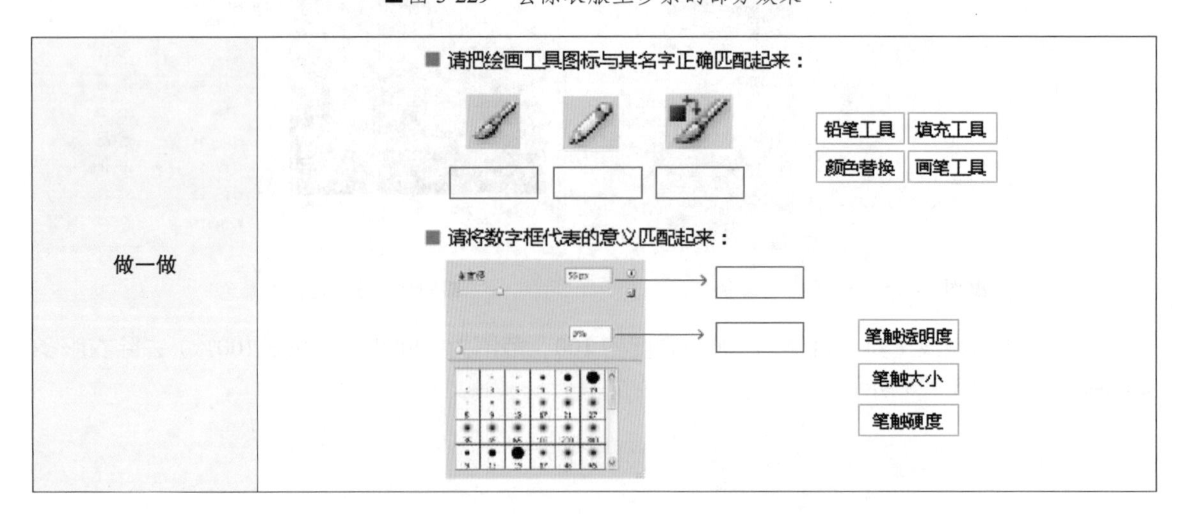

任务 3　人物背景合成

本任务主要学习在图层中进行衣服图案合成、背景图案合成、人物配饰合成、背景文字修饰的方法。在学习的过程中可结合“做一做”的知识点进行思考，并运用提供的素材按要求边学边做，要求熟练掌握“人物背景合成”的操作。

◆制作步骤

（1）打开素材，双击“背景”图层解锁为“图层 0”，将素材移入人物图层，如图 3-230 和图 3-231 所示。

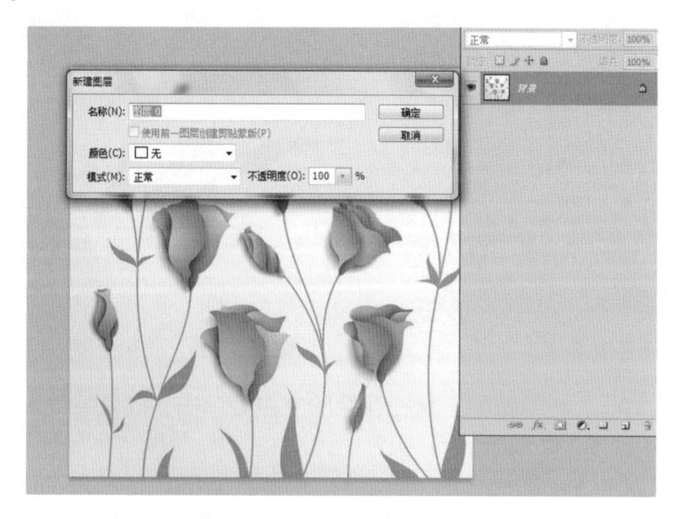

■图 3-230　图层重命名

■图 3-231　移动素材到人物中

（2）使用自由变换工具将拖入的素材放大并调整好，删除衣服路径外的素材，图 3-232 和图 3-233 所示。

■图 3-232　载入选区

■图 3-233　删除衣服路径外的素材

（3）选择“图层10”，将图层混合模式设置为柔光。打开花朵素材，如图3-234和图3-235所示。

■图 3-234　混合模式设置为柔光　　■图 3-235　花朵素材

（4）将“背景”图层解锁为“图层0”，使用魔棒工具在花朵的空白处单击，将花朵载入选区，将其移动到人物图像中，如图3-236和图3-237所示。

■图 3-236　载入选区

■图 3-237　移动到人物图像中

（5）使用自由变换工具调整花朵到合适的大小。选择“图层9”，使用颜色加深工具加深衣服暗部的颜色，增强衣服的立体感，如图3-238和3-239所示。

■图 3-238　自由变换选区

■图 3-239　调整花朵大小后的效果

（6）打开花素材，将花素材拖入人物图像中，调整好大小和位置，如图 3-240 和图 3-241 所示。

■图 3-240　花素材

■图 3-241　将花移入人物中

（7）打开首饰素材，将其拖入人物图像中，调整好大小和位置。复制此图层并调整好大小和位置，如图 3-242 和图 3-243 所示。

（8）选择文本工具，输入英文字，使用自由变换工具调整好大小。添加描边图层样式，大小为 5 像素、位置外部、混合模式外部、颜色为白色，如图 3-244 和图 3-245 所示。

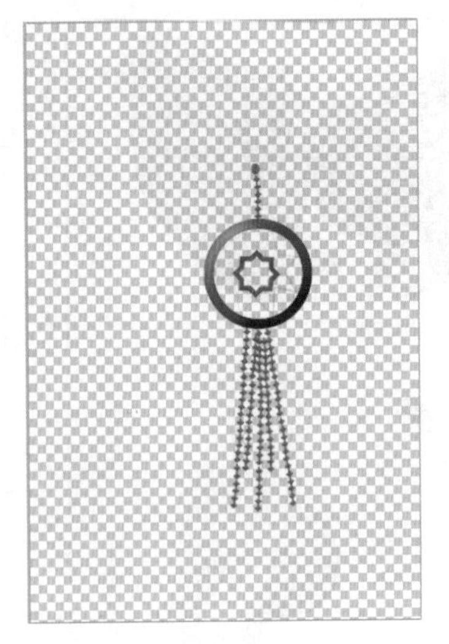

■图 3-242　首饰素材

■图 3-243　将首饰移到人物中

■图 3-244　输入英文字

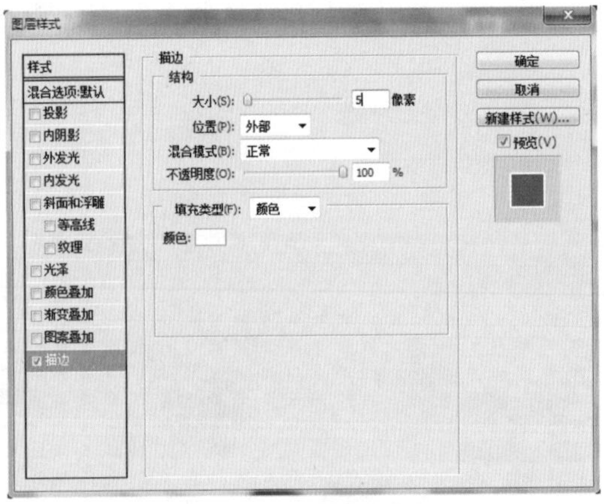

■图 3-245　图层样式设置

（9）设置文字，字体为Arial、大小为48、居中对齐，给文字描边，存储文件，如图3-246和图3-247所示。

做一做	■ 请将正确选项拖到框中： （1）按住（　　　　）键，可以将当前图层的图像载入选区。 （2）要绘制一条45°的直线，移动时需要按住（　　　　）键的同时单击下一个线段。 Ctrl+H　Ctrl+D　Tab　Ctrl　Shift　Alt

■图 3-246　输入英文字

■图 3-247　最终效果

拓展训练

使用 Photoshop 软件完成“时尚卡通人物绘制”，如图 3-248 和图 3-249 所示。

■图 3-248　时尚卡通人物 1

■图 3-249　时尚卡通人物 2

课后测试

① 通常制作印刷品广告时图像分辨率是（　　）。

A. 72dpi　　B. 100dpi　　C. 200dpi　　D. 300dpi

② 以下（　　）格式的文件 Photoshop 不能导出。

A. psd　　B. jpg　　C. tif　　D. CDR

③ 通常所说的分辨率是指（　　）。

A. 每厘米像素点　B. 每厘米位点　C. 每英寸像素点　D. 每英寸位点

④（　　），能让图像全部显示。

A. 双击缩放工具　B. 双击徒手工具　C. 双击移动工具　D. 双击渐变工具

⑤ 下列（　　）是 Photoshop 图像最基本的组成单元。

A. 结点　B. 色彩空间　C. 像素　D. 路径

⑥ 以下（　　）格式的文件 Photoshop 不能直接打开。

A. EPS　B. jpg　C. AI　D. CDR

⑦ Photoshop 的当前状态为全屏显示，而且未显示工具箱及任何面板，在此情况下，按（　　）键，能够使其恢复为显示工具箱、面板及标题条的正常工作显示状态。

A. 先按 F 键，再按 Tab 键

B. 先按 Tab 键，再按 F 键，但顺序绝对不可以颠倒

C. 先按两次 F 键，再按两次 Tab 键

D. 先按 Ctrl+Shift+F 键，再按 Tab 键

⑧ 在 Photoshop 中允许一个图像的显示的最大比例范围是（　　）。

A. 100.00%　B. 200.00%　C. 600.00%　D. 1600.00%

⑨ 在 Photoshop 中使用画笔工具时，按（　　）键可以对画笔的图标进行切换。

A. Ctrl　B. Alt　C. Tab　D. Caps Lock

⑩ 在 Photoshop 中将前景色和背景色恢复为默认颜色的快捷键是（　　）。

A. D　B. X　C. Tab　D. Alt

图像合成

图像合成模块包括光影效果画框制作、毛发图像合成两个项目，通过学习，能运用 Photoshop 对图像进行图形合成。

“光影效果画框制作”：学习根据图像效果运用图层混合模式、蒙版、图层样式等命令进行光影效果画框制作。

“毛发图像合成”：学习运用通道的色调调整抽取复杂图像进行毛发图像合成。

项目八　光影效果画框制作

课前学习工作页

（1）新建一个 1024×768 像素、背景颜色为白色、分辨率为 72dpi、颜色模式为 RGB 的文件，并运用图层样式制作图 4-1 所示的文字效果。

■图 4-1　图层样式设置效果

（2）扫一扫二维码观看相关视频，并完成下面的题目：

扫一扫观看光影效果画框制作的视频

① Photoshop 中合并链接图层的快捷键是（　　）。

A. Shift+S　　B. Shift+E　　C. Shift+L　　D. Ctrl+E

②（　　）类型的图层可以将图像自动对齐和分布。

A. 调节图层　　B. 链接图层　　C. 填充图层　　D. 背景图层

③ 在 Photoshop 中，通过拷贝图层的快捷键是（　　），选区反选的快捷是 Ctrl+Shift+I，要复制图层图形按住键盘上的 Alt

A. Ctrl+J　　B. Ctrl+Shift+I　　C. Ctrl+B　　D. Alt

④ 图层的混合模式确定了其像素如何与图像中的下层像素进行混合。使用混合模式可以创建各种特殊效果，不是图层混合模式的是（　　）。

A. 颜色减淡　　B. 线性减淡　　C. 正片叠底

D. 变亮　　E. 涂抹

⑤ 在新图层中盖印图层的快捷键是（　　），将除了相框之外的所有图层合并，同时保留了原图层，这样做的目的是可以随时修改每个图层。

A. Ctrl+Alt+Shift+F　　B. Ctrl+Alt+Shift+E

C. Ctrl+Alt+Shift+M　　D. Ctrl+Alt+Shift+J

课堂学习任务

运用提供的素材制作“光影效果画框”效果，如图 4-2 所示。

■图 4-2　“光影效果画框”效果

学习目标与重点和难点

学习目标	根据图像效果运用图层混合模式、蒙版、图层样式等命令进行光影效果画框制作。
学习重点和难点	（1）如何根据图像效果设置图层样式（重点）。 （2）熟练运用蒙版命令对图像进行修复（难点）。

任务 1　框底制作

本任务主要学习如何进行卡通蝴蝶移动复制处理、彩色墨迹图像处理、彩色圈圈复制和色调处理、绿叶移动复制处理、太阳花背景修饰、白色花瓣修饰等的处理以及图层样式的使用方法。在学习的过程中可结合“做一做”的知识点进行思考，并使用“做一做”模拟训练进行在线练习，要求熟练掌握“框底制作”的操作。

◆**制作步骤**

（1）新建文件，大小为 20 厘米 ×30 厘米，分辨率为 200 像素 / 英寸。打开背景素材文件，如图 4-3 所示。

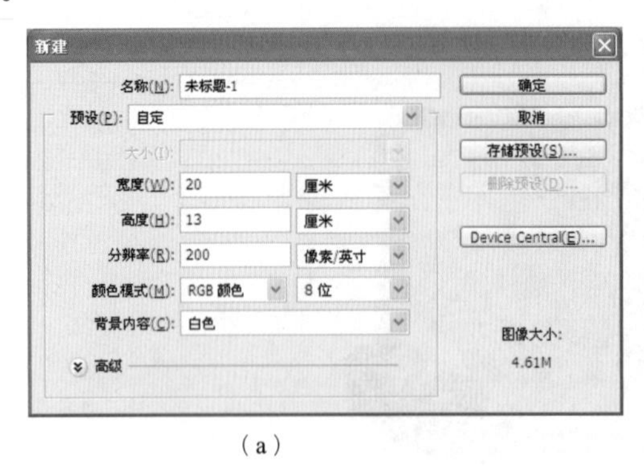

（a）

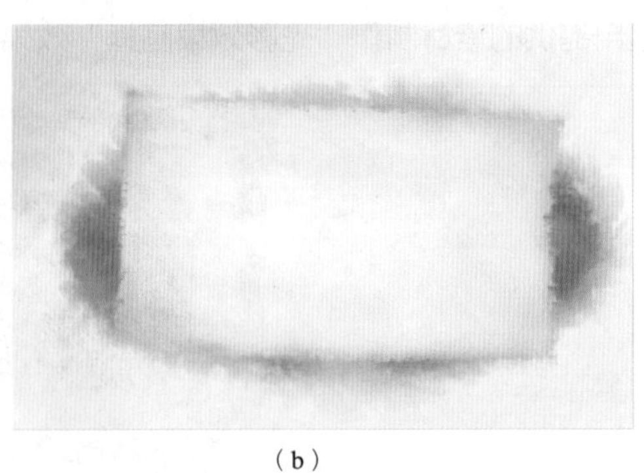

（b）

■图 4-3　新建文件并打开素材

（2）将已经有图层的背景素材直接移动复制到新建的文件窗口中。自由变换图像大小，使图像与该文件窗口适配，如图 4-4 所示。

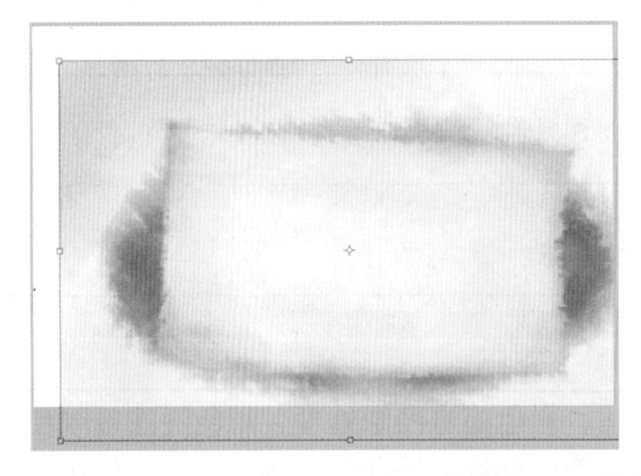

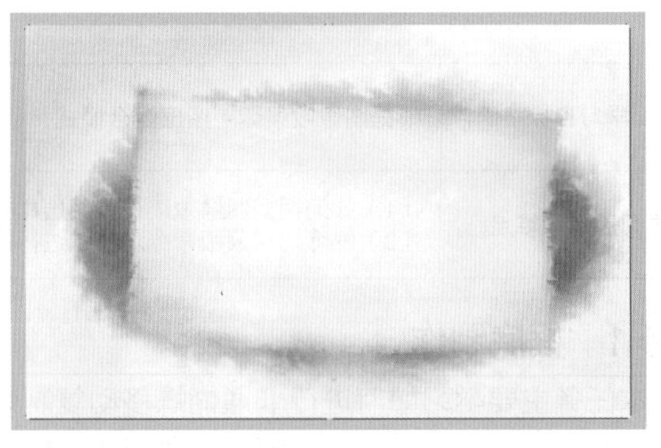

■图 4-4　移入图像并调整大小

（3）打开素材图像，将剪纸蝴蝶分别移动复制到新建的图像窗口，调整每只蝴蝶的大小、角度，将“图层 1”到“图层 7 副本”图层进行合并，如图 4-5 和图 4-6 所示。

■图 4-5　素材图像

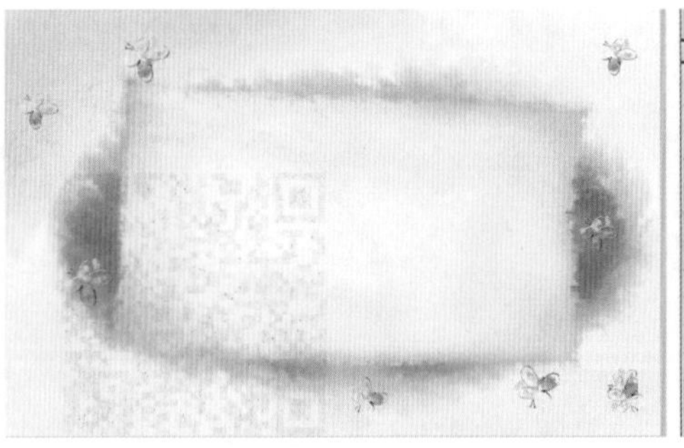

■图 4-6　调整蝴蝶素材

（4）将该图层命名为“剪纸蝴蝶”，打开素材文件，如图 4-7 和图 4-8 所示。

（5）将其移动复制过来，自由变换并放置到合适位置，如图 4-9 和图 4-10 所示。

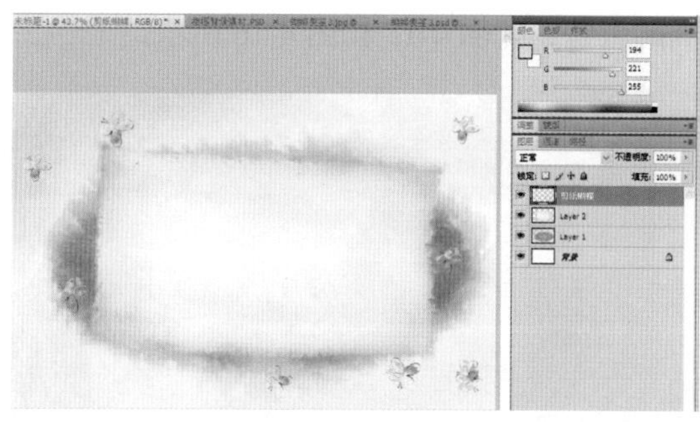

■图 4-7　重命名图层

■图 4-8　打开素材文件

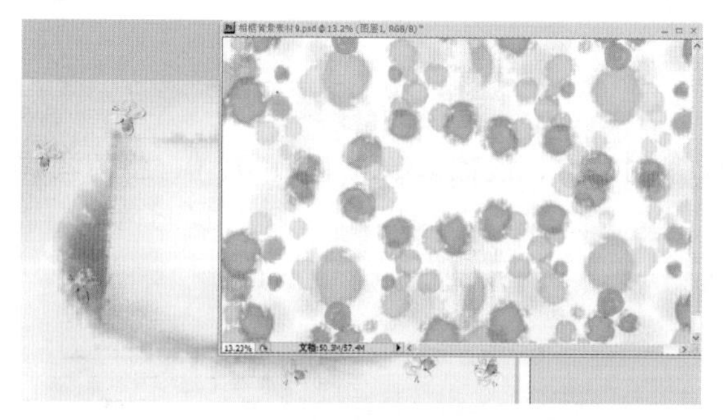

■图 4-9　将素材移入窗口

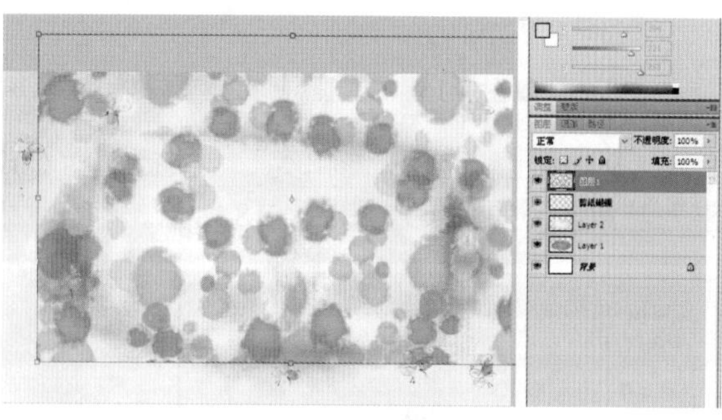

■图 4-10　自由变换图像

（6）将该图层命名为“彩色墨迹”，调节透明度为 30%，如图 4-11 和图 4-12 所示。

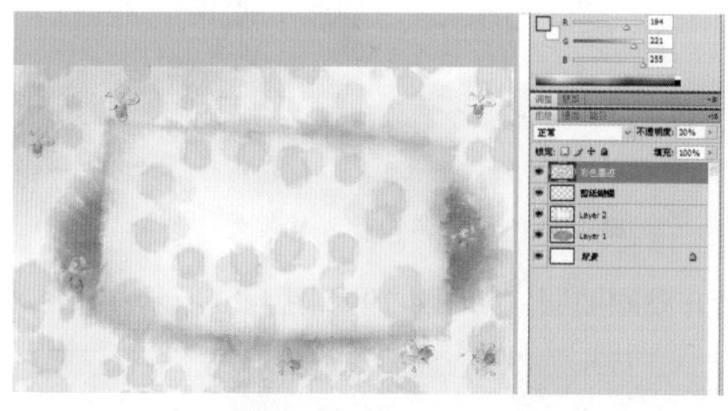

■图 4-11　重命名为图层

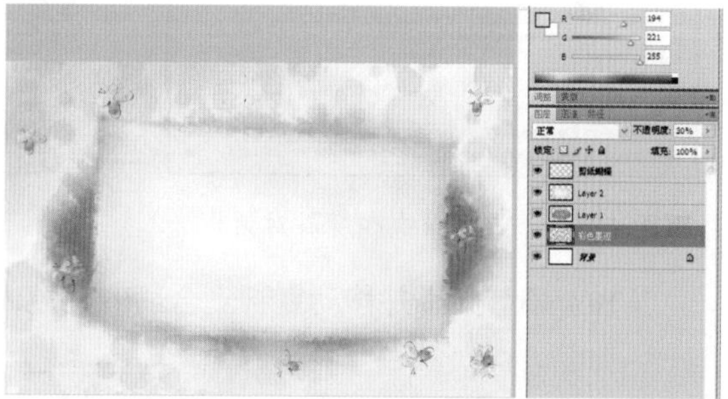

■图 4-12　调节透明度

（7）打开素材图像，将“图层 1”激活，选中大的圈圈图案，将其复制过去，如图 4-13 和图 4-14 所示。

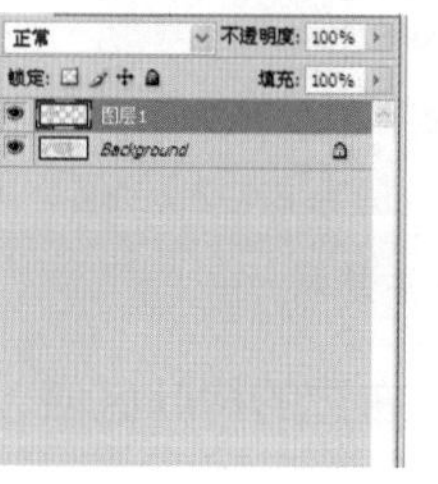

■图 4-13　选中大的圈圈图案

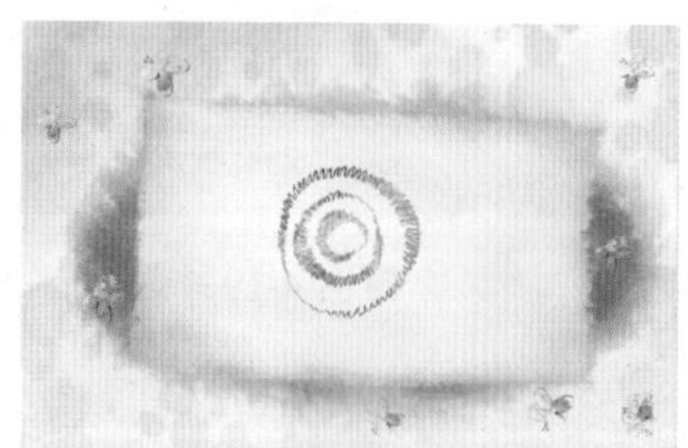

■图 4-14　移动复制到图像窗口

（8）将圈圈图案进行复制，分别放置在不同的位置，如图 4-15 和图 4-16 所示。

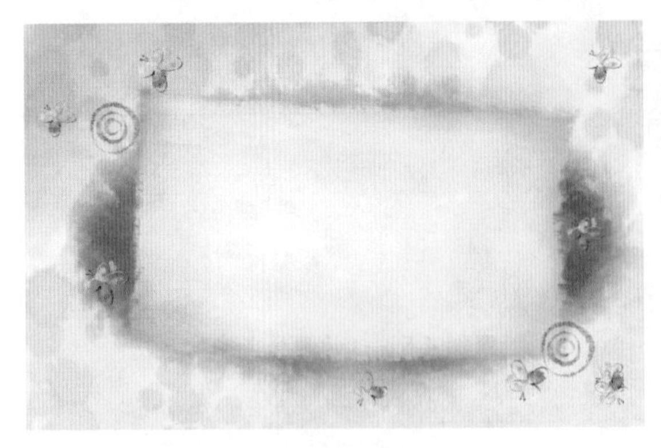

■图 4-15　复制圈圈图案 1　　■图 4-16　复制圈圈图案 2

（9）调出“色相 / 饱和度”（快捷键为 Ctrl+U）对话框，设置参数为 180、0、0，将色调调整为蓝紫色，如图 4-17 和图 4-18 所示。

■图 4-17　“色相 / 饱和度”对话框

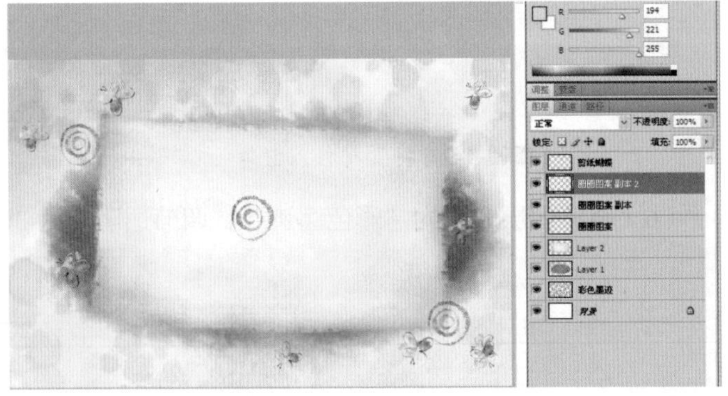

■图 4-18　色调调整为蓝紫色

（10）调节大小并移动复制到合适的位置，合并圈圈图层，如图 4-19 和图 4-20 所示。

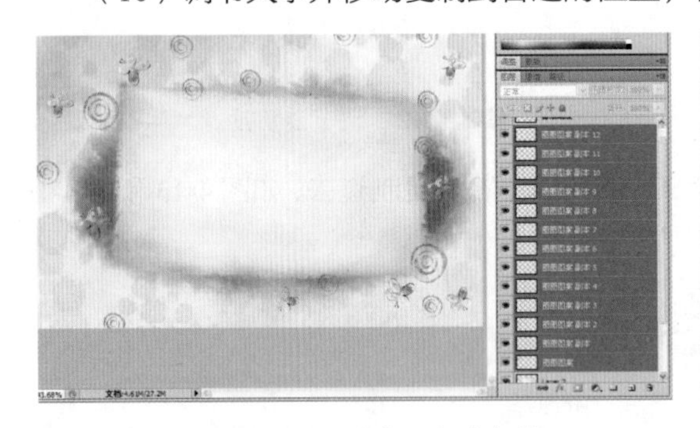

■图 4-19　调节大小并复制

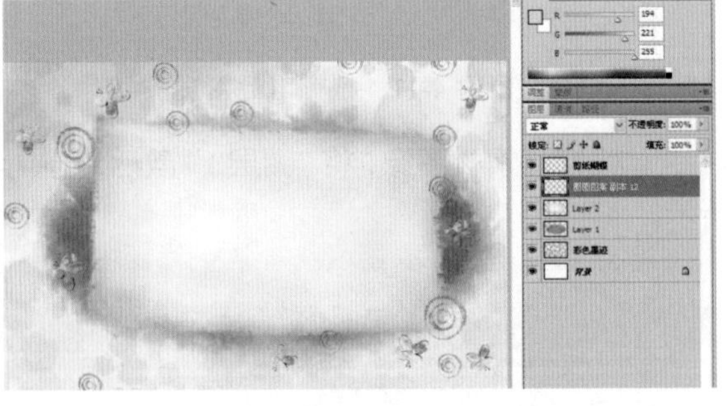

■图 4-20　合并圈圈图层

（11）打开素材文件，扩大右边的树叶区域，用钢笔进行勾边，如图 4-21 和图 4-22 所示。

■图 4-21　打开素材

■图 4-22　扩大右边的树叶区域

（12）将树叶复制进来，图层命名为“树叶”，调整大小将其放在合适的位置，如图 4-23 和图 4-24 所示。

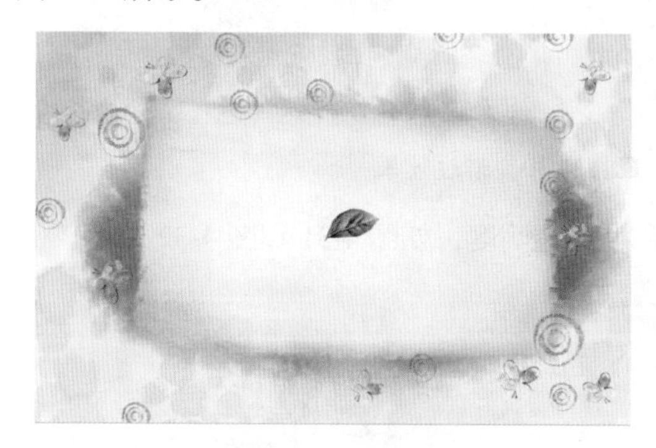
■图 4-23　复制树叶

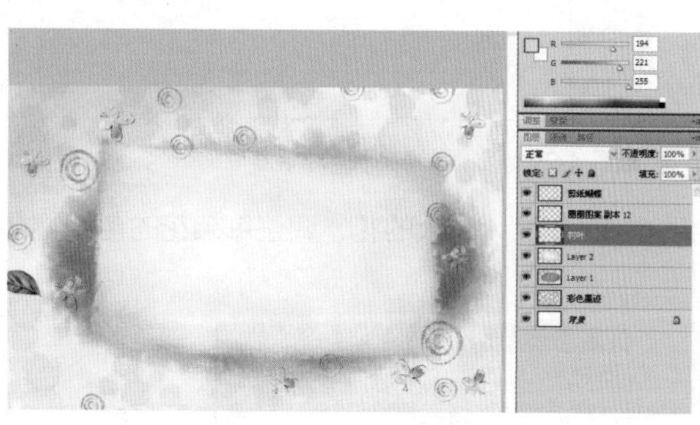
■图 4-24　调整大小

（13）复制树叶，自由变换图像并放在合适位置，合并树叶图层，并调节“树叶”图层的透明度为 30%，如图 4-25 和图 4-26 所示。

（14）打开素材，将花图案复制并粘贴到图像窗口，如图 4-27 和图 4-28 所示

（15）双击该图层，调出“图层样式”对话框，为花图案制作描边效果，调整图层样式的参数值，将图层改名为“花”，如图 4-29 和图 4-30 所示。

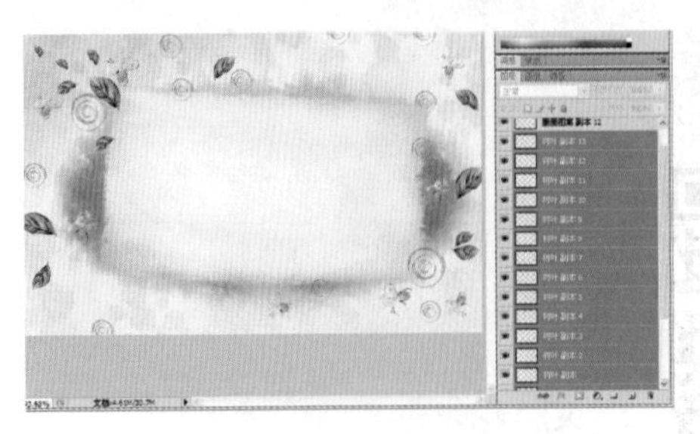

■图 4-25　复制树叶

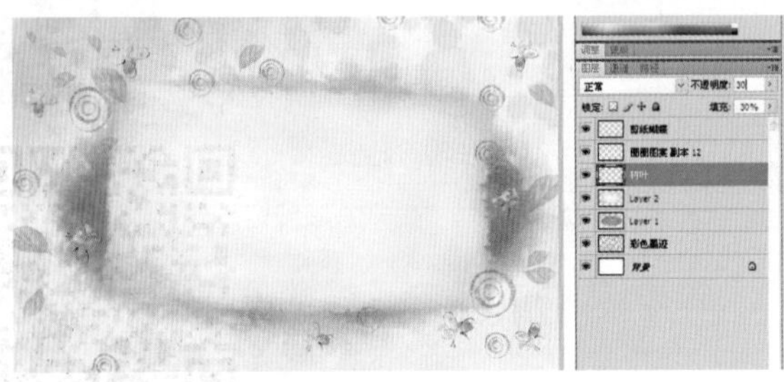

■图 4-26　调节透明度

■图 4-27　复制花图案

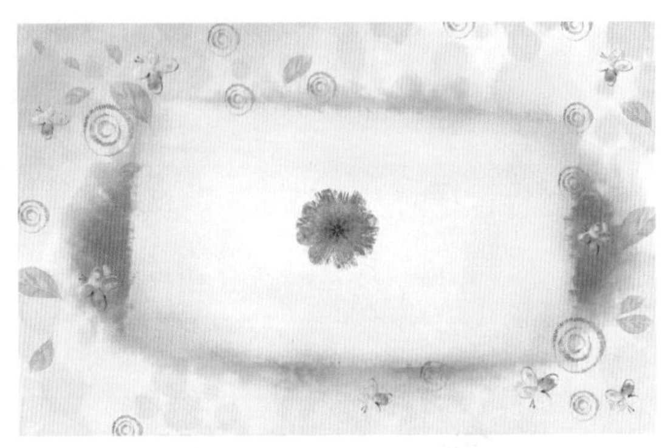

■图 4-28　粘贴花图案

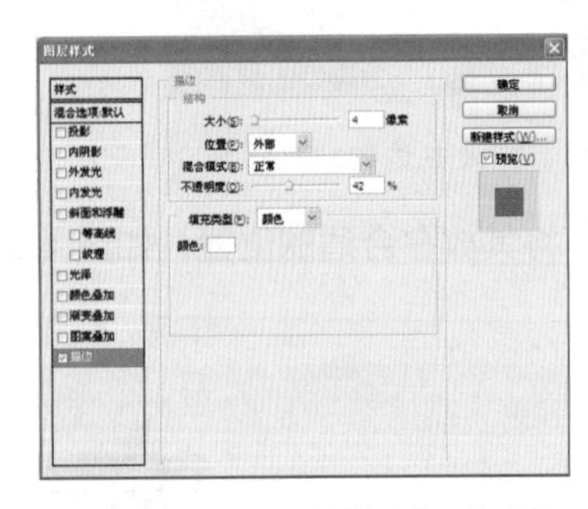

■图 4-29　“图层样式”对话框

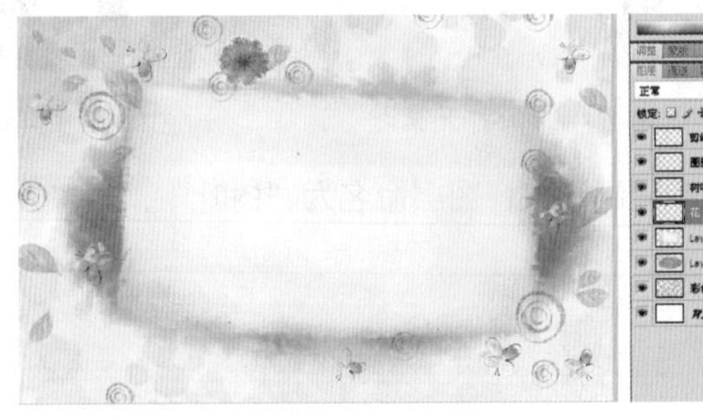

■图 4-30　描边效果

（16）复制六朵大的花，调整每朵花的色相 / 饱和度和透明度，如图 4-31 和图 4-32 所示。

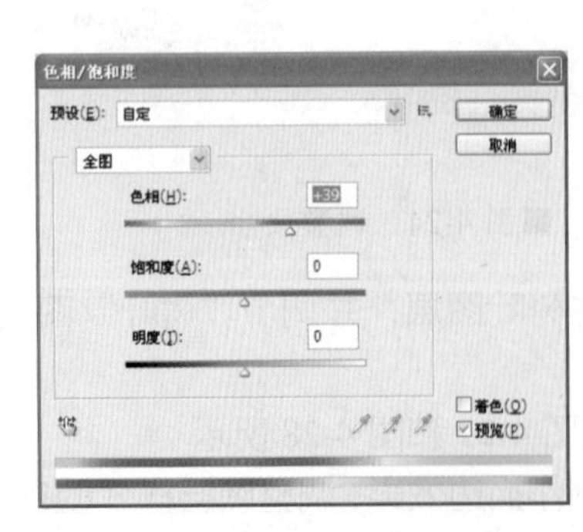

■图 4-31　“色相 / 饱和度”“对话框

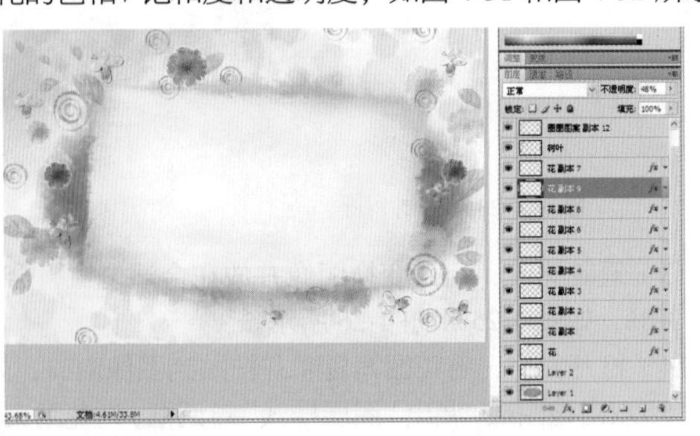

■图 4-32　调整后的效果及图层

（17）为了方便小花图层的修改，我们保留不合并这些图层，但为了方便管理，将他们安放到图层组中，如图 4-33 所示。

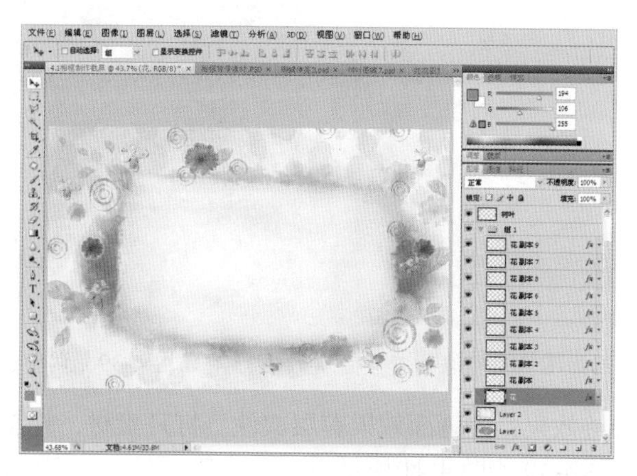

■图 4-33　整理图层组

（18）打开素材，放大其中一朵大的白花的图像显示，如图 4-34 和图 4-35 所示。

■图 4-34　打开素材

■图 4-35　放大白花的显示

（19）选择魔棒工具，设置容差值 25，选取白花图案。双击抓手工具，将画面最大化完整显示。单击“选择”→“选取相似”命令，将不要的选取减选，如图 4-36 和图 4-37 所示。

■图 4-36　选取白花图案

■图 4-37　执行“选取相似”命令后的效果

（20）将图像复制进来，调整图像大小到合适的位置，如图 4-38 和图 4-39 所示。

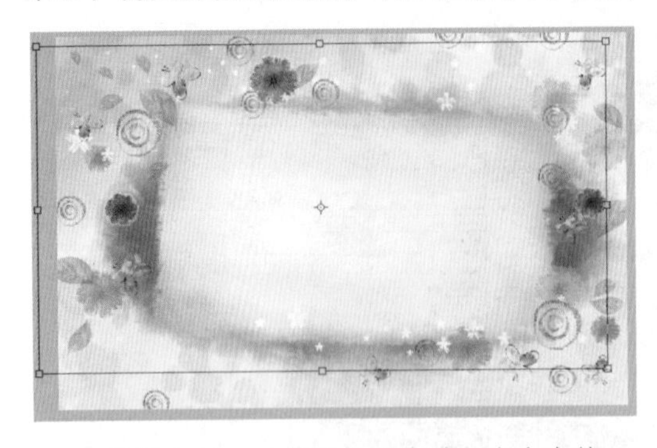

■图 4-38　对复制的图像进行自由变换

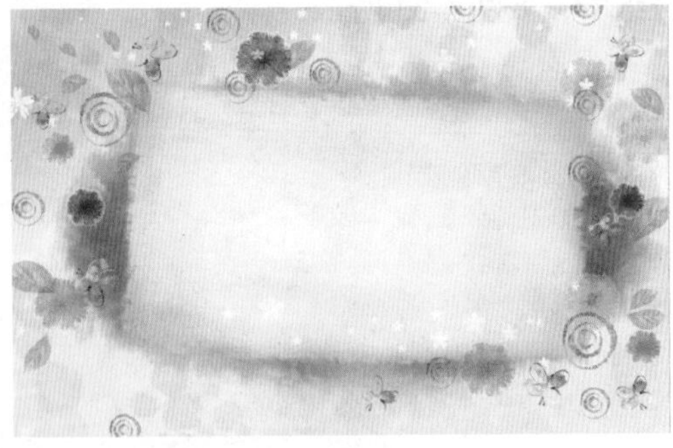

■图 4-39　调整图像大小后的效果

（21）为背景增加墨迹效果，使画面效果有层次性。打开素材，并移动复制到图像窗口，修改图层名为“墨迹”，如图 4-40 和图 4-41 所示。

■图 4-40　打开素材

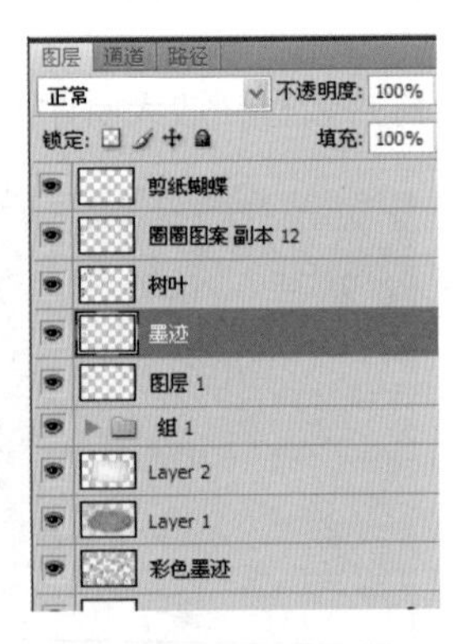

■图 4-41　修改图层名

（22）对 Layer2 图层进行图层样式（投影、斜面浮雕）效果处理，如图 4-42 和图 4-43 所示。

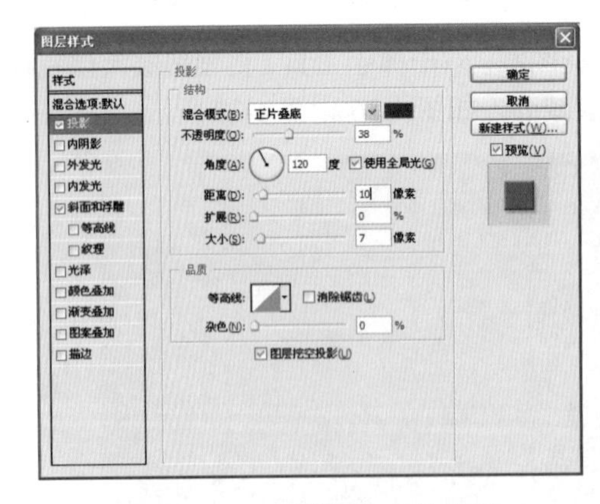

■图 4-42　“投影”参数设置

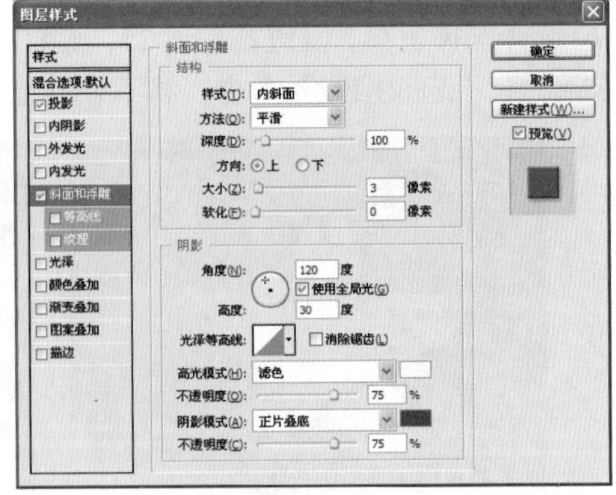

■图 4-43　“斜面和浮雕”参数设置

（23）调整复制圈圈图层，透明度为 50%，完成相框的背景制作，如图 4-44 所示。

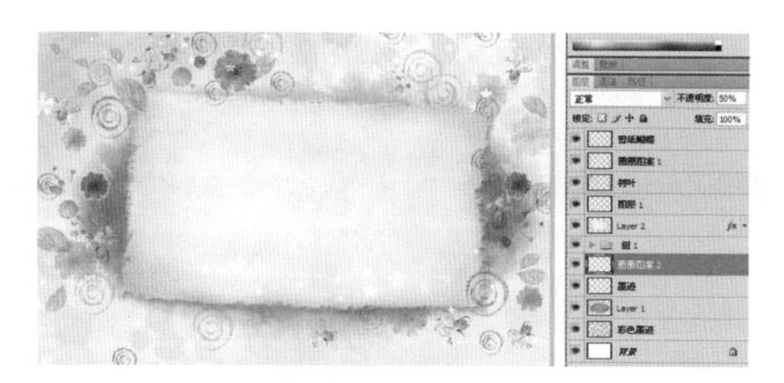

■图 4-44　最终效果

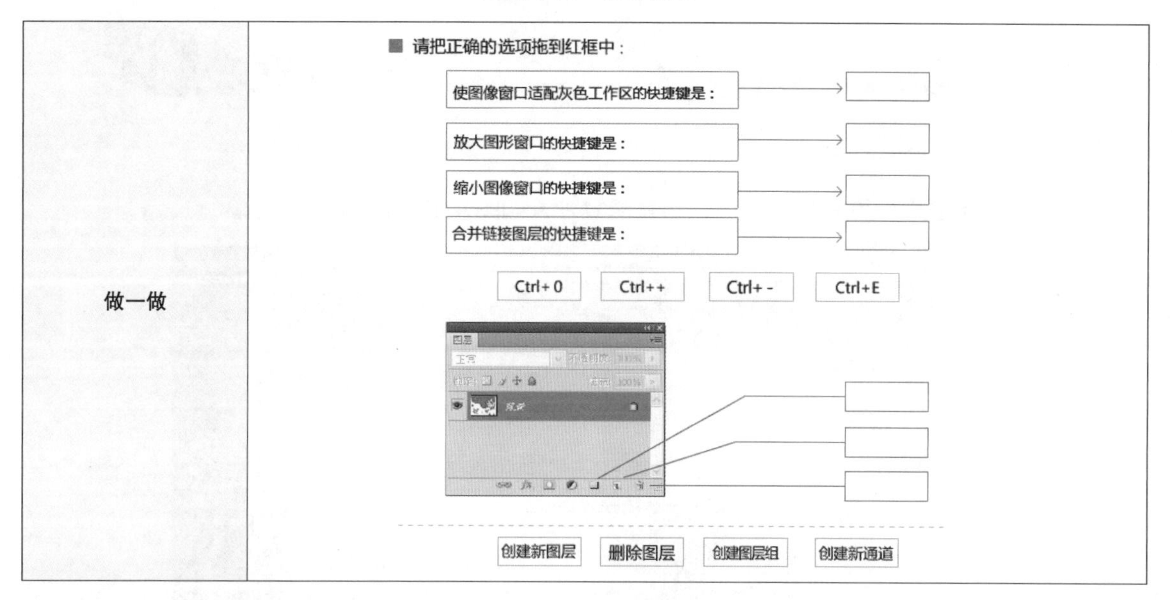

任务 2　相框制作

本任务主要学习如何进行红色相框的选取，修复画框边缘（棒棒糖、心形）、相框与背景图像的变换等操作方法。在学习的过程中可结合“做一做”的知识点进行思考，并使用“做一做”模拟训练进行在线练习，要求熟练掌握“相框制作”的操作。

◆**制作步骤**

（1）打开素材，对红色相框使用钢笔工具进行勾边，复制到新建文件中，将白色区域删除，如图 4-45 和图 4-46 所示。

■图 4-45 打开素材

■图 4-46 复制到文件中

（2）处理画框边缘不完整的图形，将其修复好，如图 4-47 和图 4-48 所示。

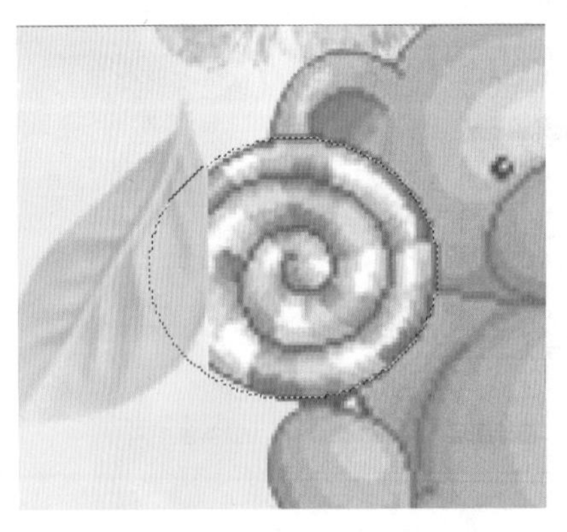

■图 4-47 选择对象

■图 4-48 修复后的效果

（3）单击“图层”面板下方的第三个按钮，建立图层蒙版。选择渐变工具，设置黑色到透明的渐变，线性模式，按住 Shift 键，从右到左拉射线，如图 4-49 和图 4-50 所示。

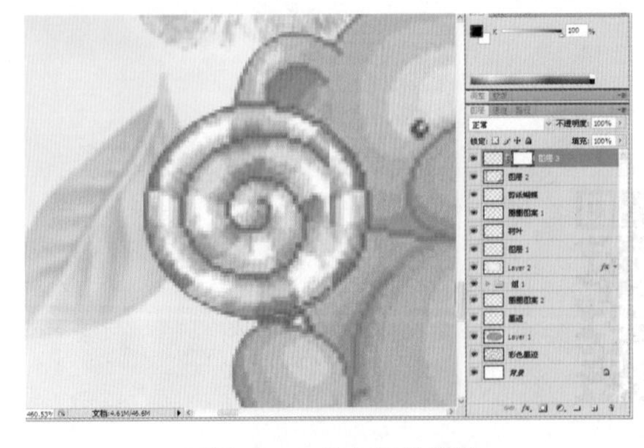

■图 4-49 建立图层蒙版

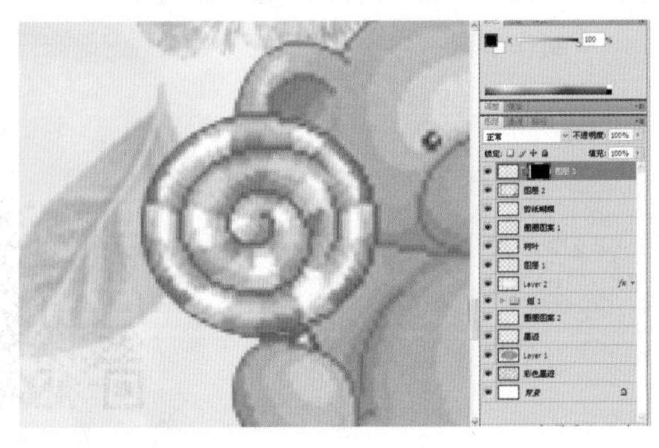

■图 4-50 渐变蒙版效果

（4）按住空格键切换成抓手工具，将图像移动到心形图像处，用同样的方法修复心形，将其调整放置到合适位置，如图 4-51 和图 4-52 所示。

■图 4-51　放大心形

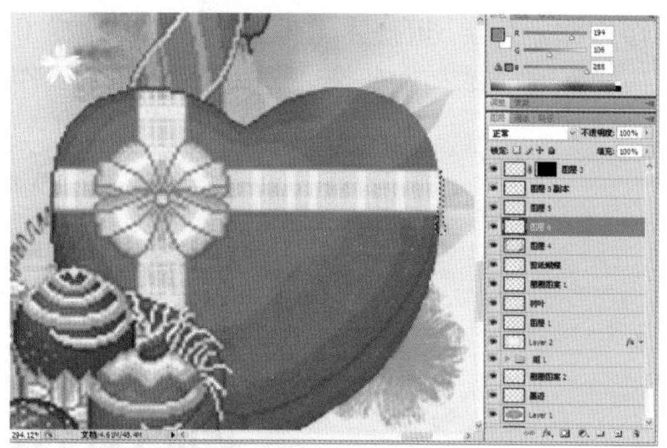

■图 4-52　心形修复效果

（5）合并相框图层，调整相框大小，如图 4-53 所示。

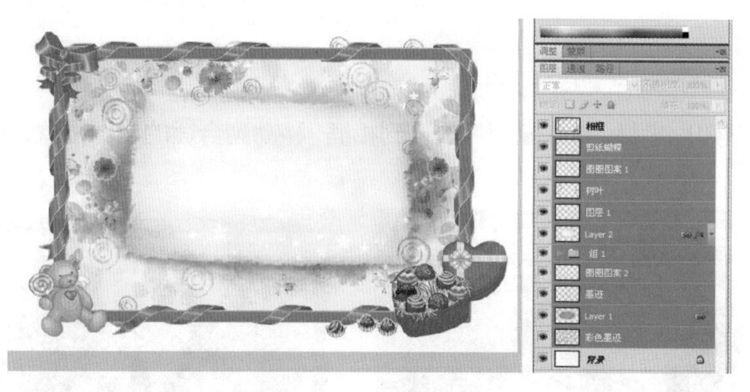

■图 4-53　相框效果

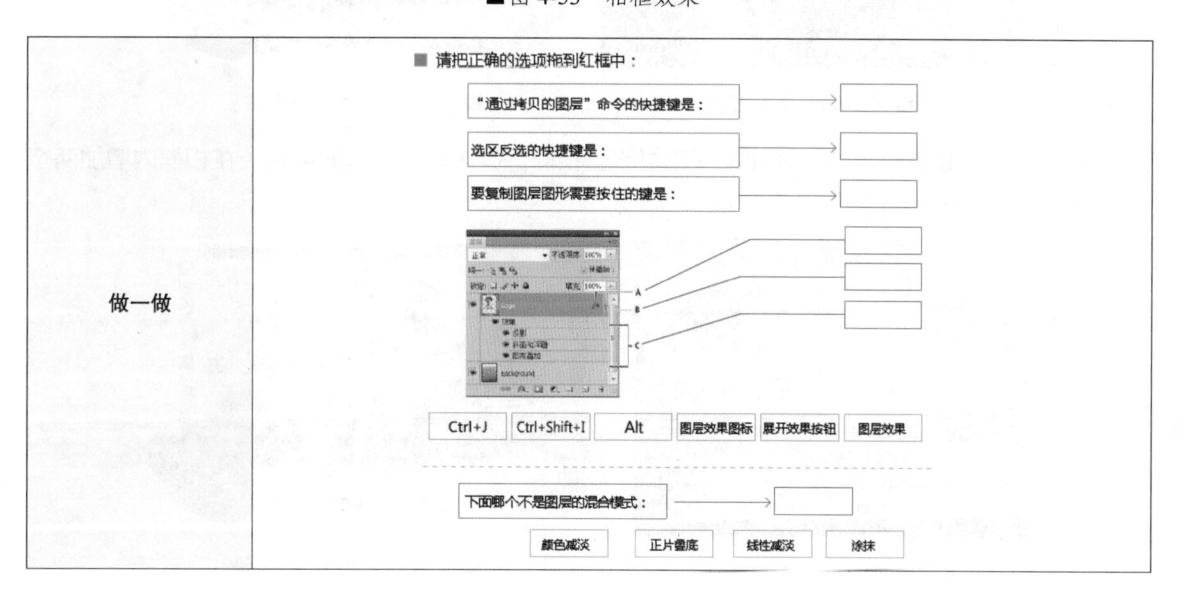

任务 3　相片置入

本任务主要学习素材的移动复制、人物照片的变换、装饰物的制作（信笺、蝴蝶）、相框光影效果制作方法。在学习的过程中可结合“做一做”的知识点进行思考，并使用“做一做”模拟训练进行在线练习，要求熟练掌握“相片置入”的操作。

◆制作步骤

（1）打开女孩照片素材，将人像照片放入到相框，移动到合适的构图位置，如图 4-54 和图 4-55 所示。

■图 4-54　选择素材

■图 4-55　移到合适位置

（2）打开蝴蝶素材，将便笺图案移动复制到相框，放在右边合适的位置，在相框内增加两个装饰物品，如图 4-56 和图 4-57 所示。

■图 4-56　打开蝴蝶素材

■图 4-57　移到合适位置

（3）将蝴蝶图案移动复制过来，如图 4-58 和图 4-59 所示。

■图 4-58　选择蝴蝶图案

■图 4-59　移到合适位置

（4）自由变换蝴蝶大小，将其放在靠左边眼睛的头发上并给它做一个投影，增强立体感，如图 4-60 和图 4-61 所示。

■图 4-60　自由变换蝴蝶大小

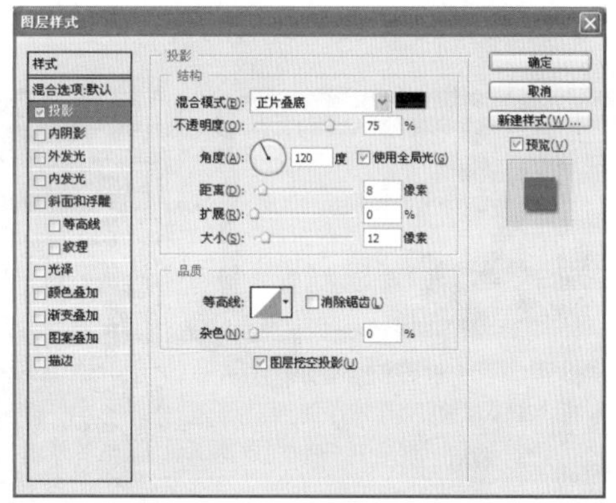

■图 4-61　“投影”参数设置

（5）在相框上制作出玻璃效果。先在“相框”图层下面新建一个图层，将相框之外的所有图层合并，但要保留原图层（盖印图层的快捷键是 Ctrl+Alt+Shift+E），这样做的目的是可以随时修改每个图层，如图 4-62 和图 4-63 所示。

■图 4-62　新建一个图层

■图 4-63　合并图层

（6）使用矩形选框工具框选玻璃区域，填充白色，如图 4-64 和图 4-65 所示。

■图 4-64　框选玻璃区域

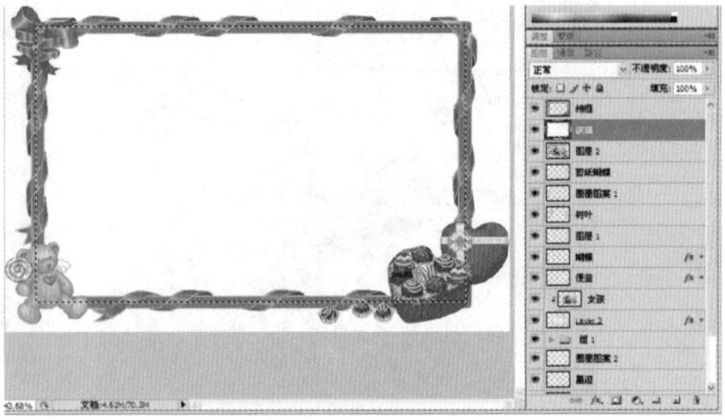

■图 4-65　填充白色

（7）取消选区，新建蒙版，设置前后背景为黑白。选择渐变工具，设置黑色到透明的渐变（左上向右下拖出射线）。用画笔工具在蒙版上进行涂抹，使之出现玻璃高光效果（切换前后背景色涂抹），如图 4-66 和图 4-67 所示。

■图 4-66　新建蒙版

■图 4-67　渐变蒙版效果

（8）在"图层 3"进行色相 / 饱和度的调整，设置参数为 0、0、-16，将明度调暗，如图 4-68 和图 4-69 所示。

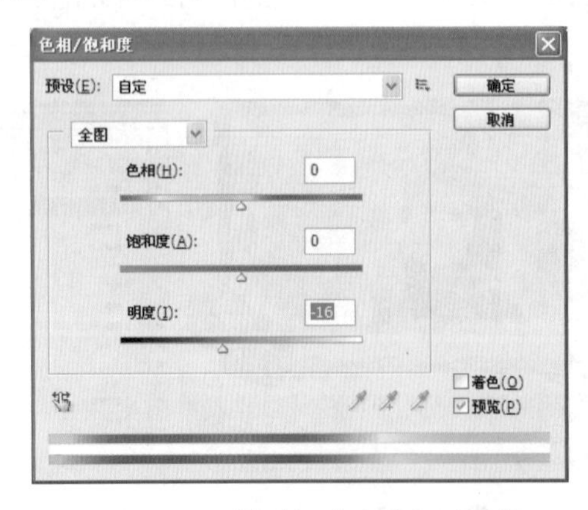

■图 4-68　"色相 / 饱和度"对话框

■图 4-69　调整明度后的效果

（9）激活相框图层设置外发光效果同，如图 4-70 和图 4-71 所示。

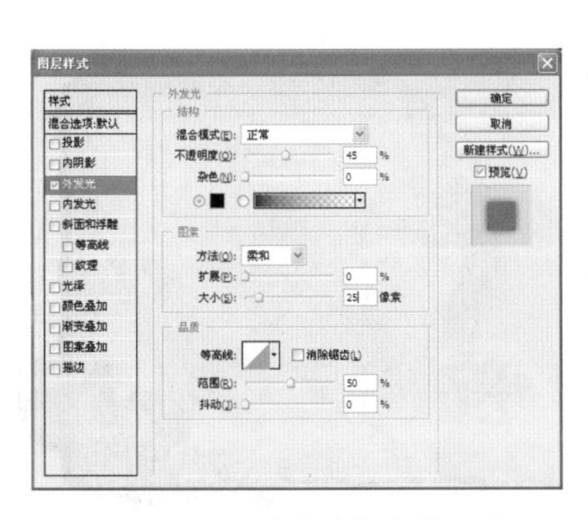

■图 4-70　“外发光”参数设置

■图 4-71　外发光效果

（10）将外发光之外的阴影部分用橡皮擦工具去除掉，如图 4-72 和图 4-73 所示。

■图 4-72　创建选区

■图 4-73　擦除后效果

（11）制作相框投影效果。在“图层 4”上盖印所有图层，使用魔棒工具选中白边，按 Delete 键删除白边区域，如图 4-74 和图 4-75 所示。

■图 4-74　在“图层 4”上盖印所有图层

■图 4-75　删除白边区域

（12）载入相框选区，填充黑色，向下放在“图层2”下面，向右下移动位置，如图4-76和图4-77所示。

■图 4-76　选区填充黑色

■图 4-77　向右下移动后的效果

（13）给它进行高斯模糊处理，设置高斯参数为 10。设置透明度为 60%，图层混合模式为“正常”，完成整个相框的制作，如图 4-78 和图 4-79 所示。

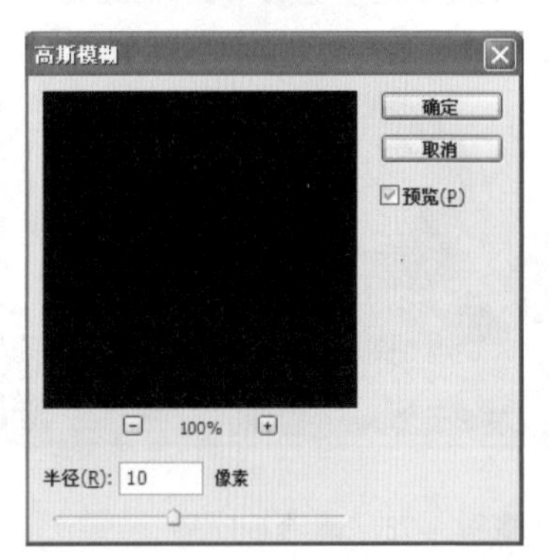

■图 4-78　“高斯参数”对话框

■图 4-79　最终效果

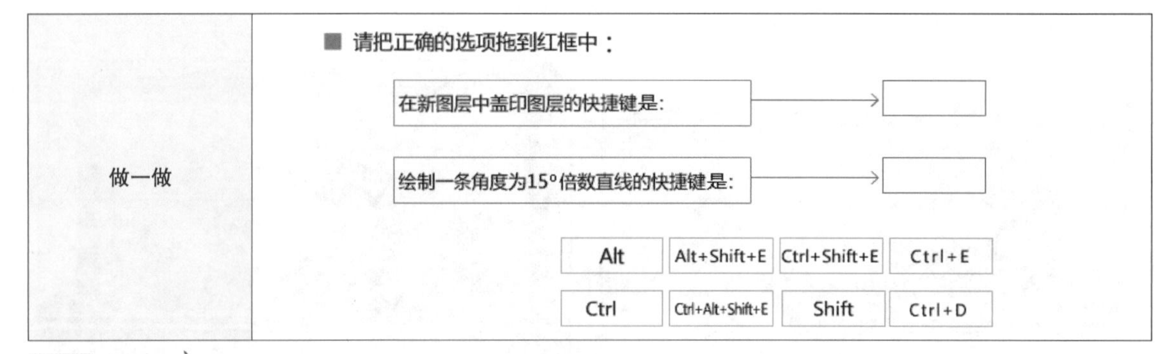

 拓展训练

请使用 Photoshop 软件完成“海底世界图像效果”“相框效果”的制作，完成后请按要求提交作品原文件，如图 4-80 和图 4-81 所示。

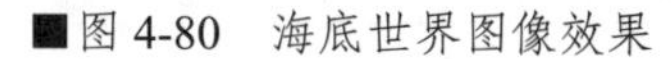
■图 4-80　海底世界图像效果　　■图 4-81　相框效果制作

课后测试

① Photoshop 处理图像都是在图层、路径、通道等面板中进行，下面（　　）是创建新图层的图标。

A.　　B.　　C.　　D.

② Photoshop 提供了各种效果（如阴影、发光和斜面）来更改图层内容的外观，图层效果与图层内容链接。其中 C 是（　　）。

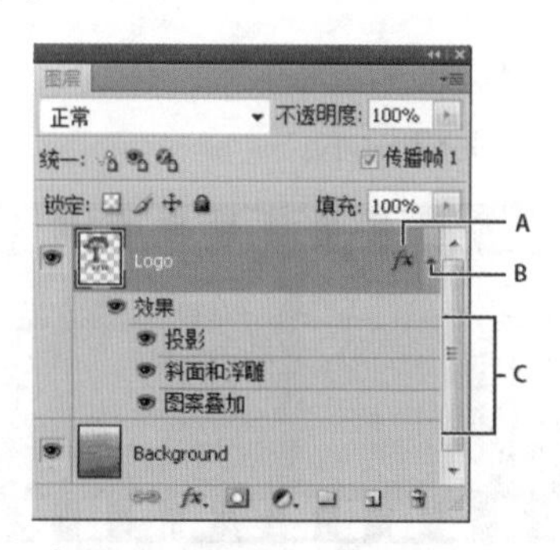

A. 图层效果图标　B. 单击以展开和显示图层效果　C. 图层效果

③ 在 Photoshop 中的空白区域，双击可以实现（　　）。

A. 新建一个空白文档　B. 新建一幅图像

C. 打开一幅图像　D. 只能打开一幅扩展名为 .psd 的文件

④ 若要进入快速蒙版状态，应该（　　）。

A. 建立一个选区　B. 选择一个 Alpha 通道

C. 单击工具箱中的快速蒙版图标　D. 单击“编辑”→“快速蒙版”命令

⑤ 移动图层中的图像时，如果每次需移动 10 个像素的距离，应（　　）。

A. 按住 Alt 键的同时按箭头键　B. 按住 Tab 键的同时按箭头键

C. 按住 Ctrl 的同时按箭头键　D. 按住 Shift 键的同时按箭头键

⑥ 打开“图层”面板的快捷键是（　　）。

A. F6　B. F7　C. F8　D. F9

⑦ 下列（　　）不属于在“图层”面板中可以调节的参数。

A. 透明度　B. 编辑锁定　C. 显示隐藏当前图层　D. 图层的大小

⑧ Alpha 通道相当于（　　）位的灰度图。

A. 4　　B. 8　　C. 16　　D. 32

⑨ 在“图层”面板中，按住（　　）键的同时单击垃圾桶图标，可直接将选中的通道删除。

A. Shift　　B. Alt　　C. Ctrl　　D. Space

⑩ 如要对当前图层进行锁定透明像素用前景色填充，则按（　　）组合键。

A. Ctrl+Shift+Del　　B. Ctrl+Alt+Del

C. Alt+Shift+Del　　D. Ctrl+Alt+Shift+Del

项目九　毛发图像合成

课前学习工作页

（1）打开图像，修改文件大小为 1024×768 像素，分辨率为 72dpi，颜色模式为 RGB 的文件，并运用通道反转制作胶片效果，如图 4-82 所示。

■图 4-82　用通道反转制作胶片效果

（2）扫一扫二维码观看相关视频，并完成下面的题目：

扫一扫观看毛发图像合成视频

① 要将新通道做反相处理，快捷键是（　　）。

A. Ctrl+I　　B. Ctrl+M　　C. Ctrl+U　　D. Ctrl+J

② 在 Photoshop 中，打开“色阶”对话框的快捷键是（　　）。

A. Ctrl+I　　B. Ctrl+M　　C. Ctrl+L　　D. Ctrl+J

③ 在使用图层蒙版时，要将前后背景恢复到（　　），才能进行蒙版的操作。

A. 黑白　　B. 彩色　　C. 红蓝　　D. 蓝绿

④ 在 Photoshop 中 RGB 模式是基于自然界中 3 种基色光的混合原理，所以 RGB 模式产生颜色的方法又被称为（　　）。

A. 减色法　　B. 饱和度　　C. 色相　　D. 加色法

⑤ 要载入图层的选区，按住（　　）键，单击该层缩览图即可。

A. Shift　　B. Alt　　C. Ctrl　　D. Tab

⑥ 在“通道”面板中，图标表示的是（　　）。

A. 创建新通道　　B. 删除通道　　C. 将通道作为选区载入　　D. 将选区存储为通道

课堂学习任务

运用提供的素材进行毛发图像合成处理，并设计为化妆品广告招贴，效果如图 4-83 所示。

■图 4-83　毛发图像合成效果

学习目标与重点和难点

学习目标	能运用通道的“色调调整”命令抽取复杂图像并进行图像合成。
学习重点和难点	（1）“通道”面板的操作（重点）。 （2）在通道中运用反相、色阶等色调调整命令抽取较复杂的图像进行图像合成（难点）。

任务 1 制作思路

在本项目中，需要招贴素材和人物照片，通过对通道进行反相、色阶调整，设置白场和黑场的处理，以及在图层中设置正片叠底的模式操作，将人物抽取出来，最后对画面进行合成达到样张的图像效果，如图 4-84 所示。

■图 4-84 制作思路图

任务 2 抽取人物

本任务主要学习如何在通道中将通道进行图像调整处理、设置白场、设置黑场、抽取图像并修饰处理图像的方法。在学习的过程中可结合“做一做”的知识点进行思考，并使用“做一做”模拟训练进行在线练习，要求熟练掌握“抽取人物”的操作。

◆**制作步骤**

（1）打开人物素材图像，在“通道”面板中选择比较清晰的绿色通道，如图 4-85 和图 4-86 所示。

■图 4-85 人物素材

■图 4-86 绿色通道效果

（2）复制通道。在复制的通道中做反相处理，白色代表要保留的内容，黑色代表要舍弃的内容，如图 4-87 和图 4-88 所示。

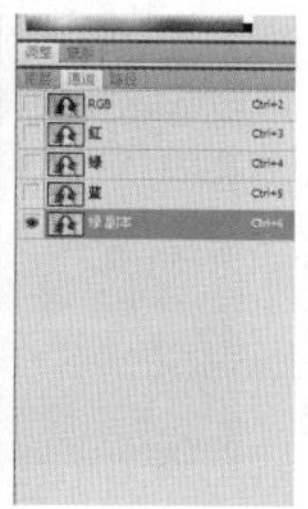

■图 4-87　复制通道

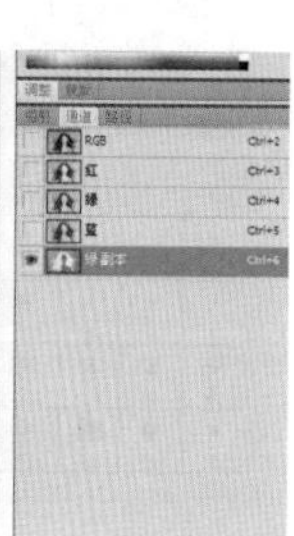

■图 4-88　反相处理

（3）使用多边形工具将头发之内的区域选中，如图 4-89 和图 4-90 所示。

■图 4-89　选中头发区域

■图 4-90　整体效果

（4）选择完成后载入选区，设置前景色为白色，填充白色，如图 4-91 和图 4-92 所示。

■图 4-91　载入选区

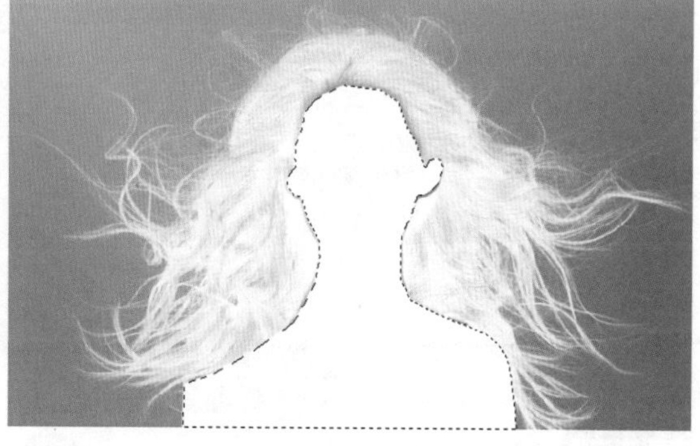

■图 4-92　填充白色

（5）取消选区，设置画笔属性，把要保留的部分涂白（头发边缘以内的部分涂白），如图 4-93 和图 4-94 所示。

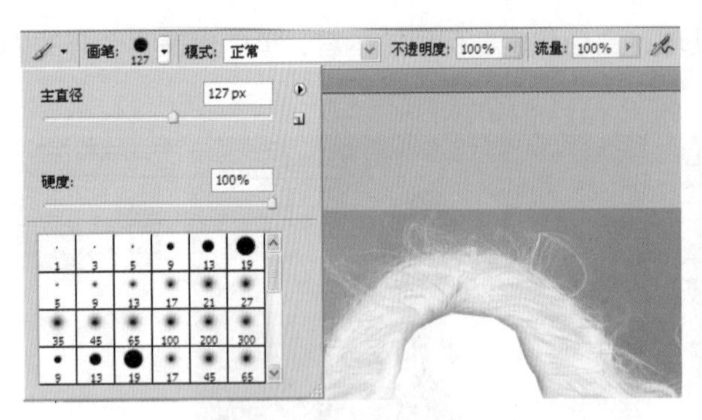

■图 4-93　设置画笔属性

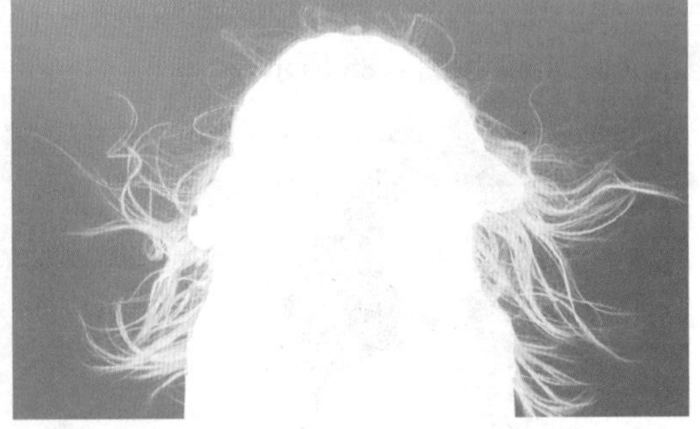

■图 4-94　涂白效果

（6）打开“色阶”对话框，设置白场（选择设置白场工具，用吸管吸取头发边缘的浅灰色部分，人物就变成了白色）。再设置黑场（选择设置黑场工具，单击背景上的灰色部分，背景上的深灰部分变成黑色，可根据效果多点几下鼠标）。要保留的内容都变成了白色，要舍弃的内容都变成了黑色，如图 4-95 和图 4-96 所示。

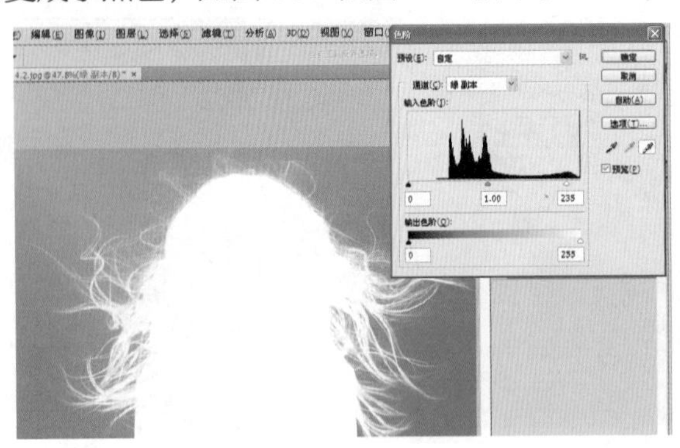

■图 4-95　设置白场

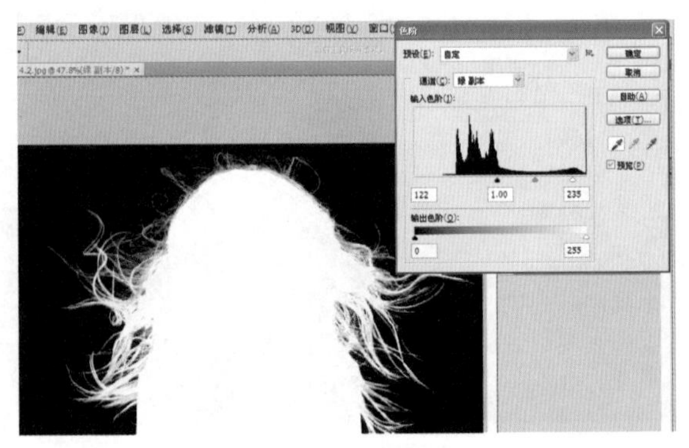

■图 4-96　设置黑场

（7）按住 Ctrl 键的同时单击通道的缩览图，载入通道选区。激活“图层”面板，选择“背景”图层，复制选区，如图 4-97 和图 4-98 所示。

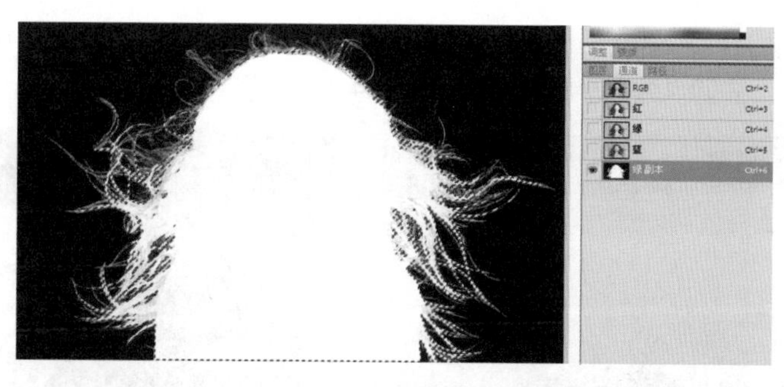

■图 4-97　通道选区载入

■图 4-98　复制选区

（8）人物被抠取出来，接下来处理边缘部分发灰、发白的地方。复制“图层 1”，设置图层混合模式为“正片叠底”，如图 4-99 和图 4-100 所示。

■图 4-99　复制“图层 1”

■图 4-100　正片叠底效果

（9）选择橡皮擦工具，设置一个比较大的柔焦画笔。擦除头发边缘之外的其他的部分，露出下面完整的人物部分，去除头发边缘的白边，如图 4-101 和图 4-102 所示。

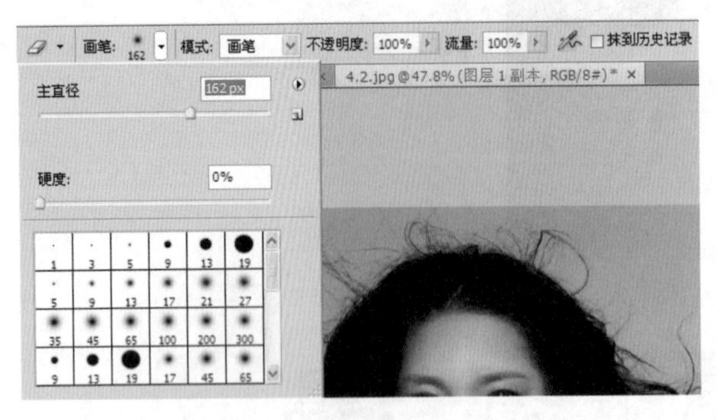

■图 4-101　橡皮擦属性设置

■图 4-102　擦除头发边缘效果

（10）合并图层，完成人物的抠取工作，如图 4-103 和图 4-104 所示。

■图 4-103　选择图层

■图 4-104　合并图层

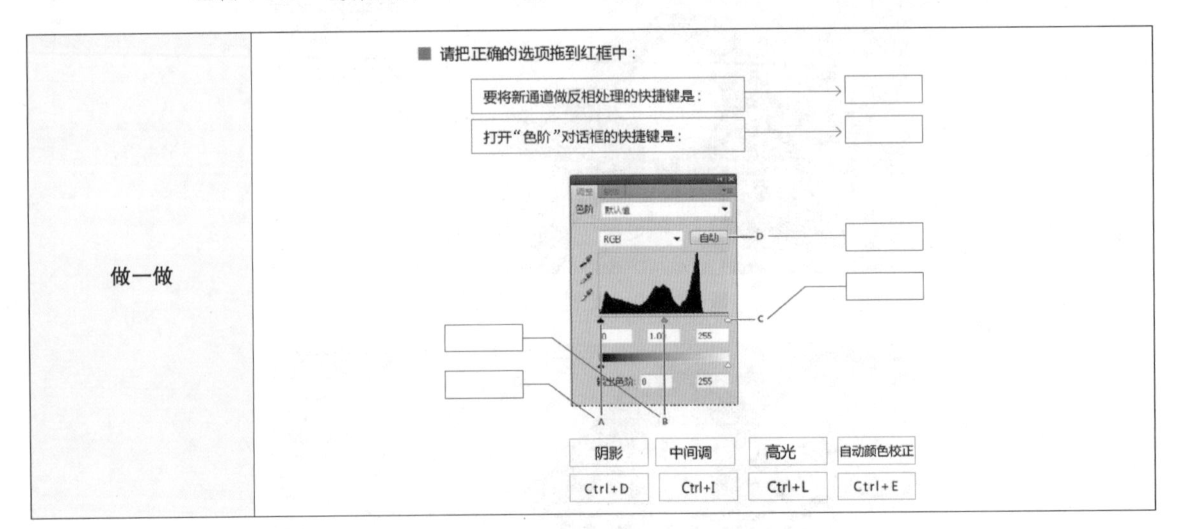

任务 3　人物应用

本任务主要学习如何将通道转成选区抽取图像及色调修饰、抽取图像的方法。在学习的过程中可结合“做一做”的知识点进行思考，并使用“做一做”模拟训练进行在线练习，要求熟练掌握“人物应用”的操作。

◆**制作步骤**

（1）打开化妆品招贴素材图像，选择移动工具，把处理好的人物移动到文件中，如图 4-105 和图 4-106 所示。

■图 4-105　素材图像

■图 4-106　移动人物到背景中

（2）自由变换图形，将其缩放到合适的大小，如图 4-107 和图 4-108 所示。

■图 4-107　自由变换图形

■图 4-108　缩放大小

（3）合并“红花图案”图层组，如图 4-109 和图 4-110 所示。

■图 4-109　选择“红花图案”图层组

■图 4-110　合并“红花图案”图层组

（4）将其放置在人物层上，处理人物效果。单击“图层”面板下方的第三个图标，建立蒙版，如图 4-111 和图 4-112 所示。

■图 4-111　调整图层顺序

■图 4-112　建立蒙版

（5）载入人物选区，恢复前后背景为黑白，如图 4-113 和图 4-114 所示。

（6）设置好笔触大小、硬度等，在人物额头部进行涂抹，将花纹擦除掉，如图 4-115 和图 4-116 所示。

（7）激活人物图层，新建蒙版。选择渐变工具，由下到上拖出射线，完成由人物到背景的渐变效果，如图 4-117 和图 4-118 所示。

■图 4-113　载入人物选区

■图 4-114　恢复前后背景为黑白

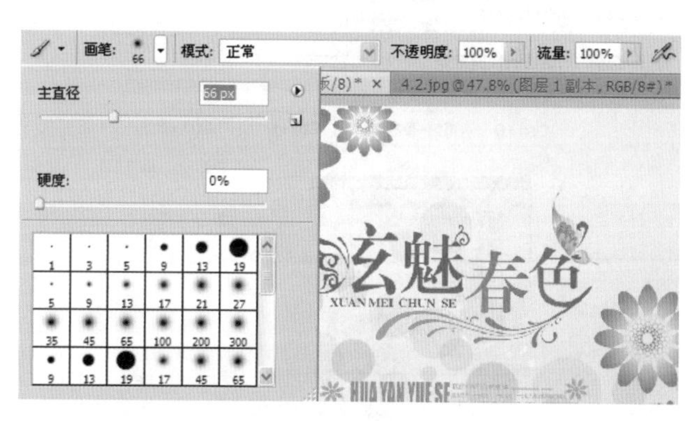

■图 4-115　笔触设置

■图 4-116　涂抹效果

■图 4-117　新建蒙版

■图 4-118　渐变蒙版效果

（8）最后为“图层 1”增加一个照片滤镜，使人物变得冷一些，与背景色调一致，合成效果完成，如图 4-119 和图 4-120 所示。

■图 4-119　照片滤镜参数　　■图 4-120　合成后的效果

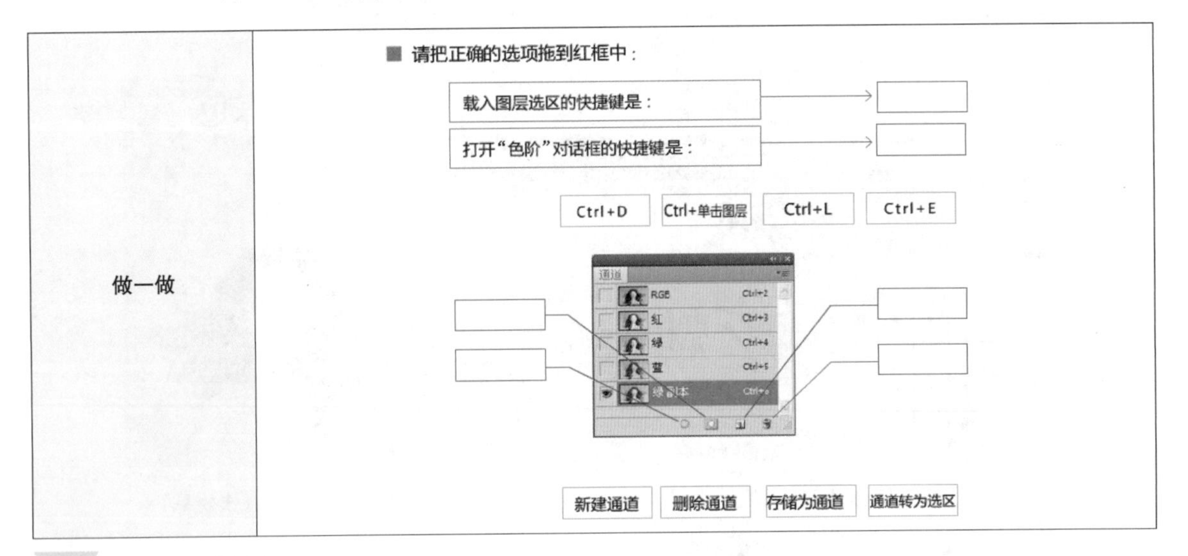

拓展训练

（1）请使用 Photoshop 软件完成“化妆品广告招贴制作”，完成后请按要求提交作品原文件，如图 4-121 所示。

■图 4-121　化妆品广告招贴制作

课后测试

①按住Ctrl键在Photoshop中的空白区域双击可以实现（　　）。

A. 新建一个空白文档　　B. 新建一幅图像

C. 打开一幅图像　　D. 只能打开一幅扩展名为.psd的文件

②色彩深度是指在一个图像中（　　）的数量。

A. 颜色　　B. 饱和度　　C. 亮度　　D. 灰度

③在通道中进行头发丝的抽出操作用到了“色阶调整”命令设置黑场和白场，下图中A表示（　　）。

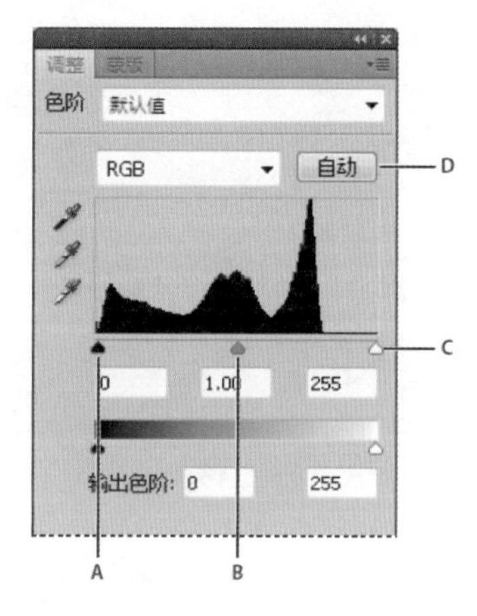

（设置黑场）　（设置白场）

A. 阴影　　B. 中间调　　C. 高光　　D. 应用自动颜色校正

④在使用图层蒙版时，要将前后背景恢复到（　　），才能进行蒙版的操作。

A. 黑白　　B. 彩色　　C. 红蓝　　D. 蓝绿

⑤在“通道”面板中，图标表示的是（　　）。

A. 创建新通道　　B. 删除通道

C. 将通道作为选区载入　　D. 将选区存储为通道

⑥Alpha通道最主要的用途是（　　）。

A. 保存图像色彩信息　　B. 创建新通道

C. 用来存储和建立选择范围　　D. 为路径提供的通道

⑦ 若想使各颜色通道以彩色显示，应选择下列（　　）命令设定。

A. 显示与光标　　B. 图像高速缓存　　C. 透明度与色域　　D. 单位与标尺

⑧ 当将 CMYK 模式的图像转换为多通道模式时，产生的通道名称是（　　）。

A. 青色、洋红、黄色、黑色　　B. 青色、洋红、黄色

C. 四个名称都是 Alpha 通道　　D. 四个名称都是 Black（黑色通道）

⑨ 当图像偏蓝时，使用变化功能应当给图像增加（　　）颜色。

A. 蓝色　　B. 绿色　　C. 黄色　　D. 洋红

⑩ 如果扫描的图像不够清晰，可用下列（　　）滤镜弥补。

A. 噪音　　B. 风格化　　C. 锐化　　D. 扭曲

文字特效制作

文字特效制作模块包括浮雕字制作、火焰字制作、金属字制作 3 个项目，通过学习，能熟练操作 Photoshop 软件，并能运用 Photoshop 进行文字特效制作。

“浮雕字制作”：学习运用不同滤镜技术进行图形变换、效果修饰、制作浮雕文字特效。

“火焰字制作”：学习运用“滤镜”和“颜色表”命令，制作火焰字文字特效。

“金属字制作”：学习综合运用滤镜技术制作金属字效果。

项目十　浮雕字制作

课前学习工作页

（1）新建一个 1024×768 像素，背景颜色为白色，分辨率为 72dpi，颜色模式为 RGB 的文件，并运用光照滤镜制作“荷花光照效果”，如图 5-1 所示。

■图 5-1　“荷花光照效果”

（2）扫一扫二维码观看相关视频，并完成下面的题目：

扫一扫观看浮雕字制作视频

① 在 Photoshop 中，“最大值”滤镜属于以下（　　）滤镜的子滤镜。

A. 风格化　　B. 艺术效果　　C. 纹理　　D. 其他

② 在 Photoshop 中，“扩散”滤镜属于以下（　　）滤镜的子滤镜。

A. 风格化　　B. 艺术效果　　C. 纹理　　D. 其他

③ 在 Photoshop 中，“添加杂色”滤镜属于以下（　　）滤镜的子滤镜。

A. 艺术效果　　B. 杂色　　C. 纹理　　D. 素描

④ 在 Photoshop 中，常常用到“将通道选区载入”命令，其快捷方法是按住（　　）键单击相关通道。

A. Ctrl　　B. Shift　　C. Alt　　D. Tab

⑤ 在 Photoshop 中，处理图像时，为了方便观看图像效果，常常用到隐藏选区命令，其快捷键为（　　），按 Ctrl+H 组合键将隐藏选区，方便光照时观察效果。

A. Ctrl+H　　B. Alt+A　　C. Alt+H　　D. Ctrl+A

⑥ 在 Photoshop 中，“渲染”命令在以下（　　）菜单中。

A. 艺术效果　　B. 图像　　C. 纹理　　D. 滤镜

课堂学习任务

运用提供的素材制作浮雕字效果，并完成婚纱照的广告设计，效果如图 5-2 所示。

■图 5-2　完成效果

学习目标与重点和难点

学习目标	（1）能按要求进行字体属性设置。 （2）能运用高斯、最大值、扩散、杂色等滤镜，进行浮雕效果制作。 （3）能在图层中调整光照滤镜，进行浮雕字效果修饰。
学习重点和难点	（1）图层文字的选区载入到通道中并进行填色（重点）。 （2）运用高斯、最大值、扩散、杂色滤镜效果进行文字效果变换（重点）。 （3）调整光照滤镜进行效果修饰（重点）。 （4）设置高斯、最大值、扩散、杂色滤镜面板进行通道变换（难点）。 （5）设置光照滤镜面板，进行效果修饰，制作浮雕字立体效果（难点）。

任务 1　文字输入

本任务主要学习如何输入文字字体安装及文字属性的设置方法。在学习的过程中可结合“做一做”的知识点进行思考，并运用提供的素材按要求边学边做，要求熟练掌握“文字输入”的操作。

◆**制作步骤**

（1）选择横排文字工具，在工具选项栏中单击图标，打开“字符”和“段落”面板，将字体设置为“方正黄草简体”，字号为 130，字间距为 320，单击图像窗口输入“我心永恒”，如图 5-3 所示。

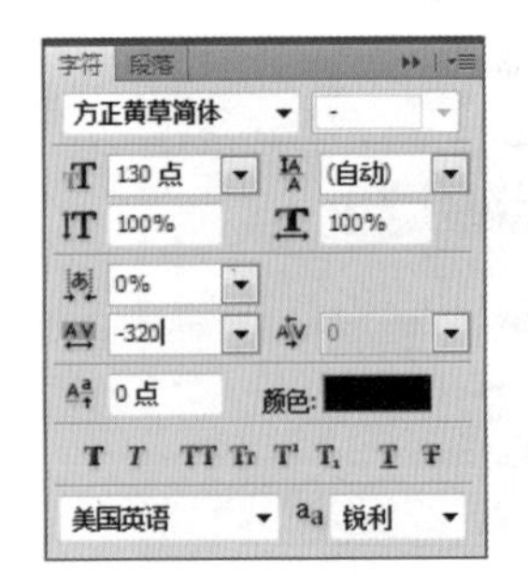

■图 5-3　制作文字效果

（2）选择移动工具，对文字进行垂直和水平翻转的自由变换，如图 5-4 和图 5-5 所示。

■图 5-4　自由变换文字　　■图 5-5　垂直和水平翻转文字

（3）双击完成操作，右击“图层”面板中的文字图层选择“栅格化图层”命令。再次自由变换文字，进行扭曲操作，将文字移到与心适配的位置，如图 5-6 和图 5-7 所示。

（4）载入文字选区，创建新通道，如图 5-8 和图 5-9 所示。

（5）将选区填充为白色。载入心形选区，在 Alpha1 通道中填充白色，如图 5-10 和图 5-11 所示。

■图 5-6　选择"扭曲"命令

■图 5-7　扭曲效果

■图 5-8　载入选区

■图 5-9　创建新通道

■图 5-10　将文字填充为白色

■图 5-11　将心形填充为白色

做一做	（1）请将命令与快捷键匹配起来： 自由变换 → ［　　］　　Alt+Delete 填充背景色 → ［　　］　　Ctrl+T 填充前景色 → ［　　］　　Ctrl+Delete （2）请把下图所用的字体名称拖到右边框中：［　　］ 我心永恒 方正粗活意简体 迷你简黄草 方正中倩简体

任务 2　滤镜运用

本任务主要学习会如何在通道中运用高斯模糊滤镜、最大值滤镜、扩散滤镜制作浮雕字效果的方法。在学习的过程中可结合“做一做”的知识点进行思考，并运用提供的素材按要求边学边做，要求熟练掌握“滤镜运用”的操作。

◆ **制作步骤**

（1）复制通道 Alpha1 并命名称 Alpha2，在通道 Alpha2 中进行高斯模糊，模糊参数为“2”，如图 5-12 和图 5-13 所示。

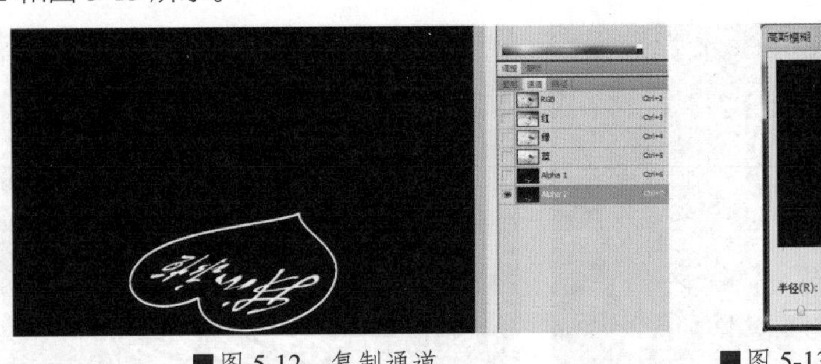

■图 5-12　复制通道

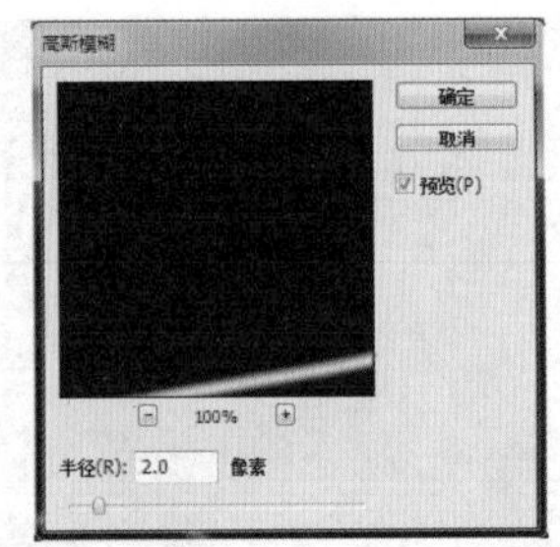

■图 5-13　“高斯模糊”对话框

（2）复制通道 Alpha2 并命名为 Alpha3，单击“滤镜”→“其他”→“最大值”命令，设置最大值半径 3。再在通道 Alpha3 中进行第三次滤镜处理，单击“滤镜”→“风格化”→“扩散”命令，模式设置为变亮优先。第四次滤镜处理，单击“滤镜”→“杂色”→“添加杂色”命令，设置数量为 30、分布为高斯分布，如图 5-14 ~ 图 5-16 所示。

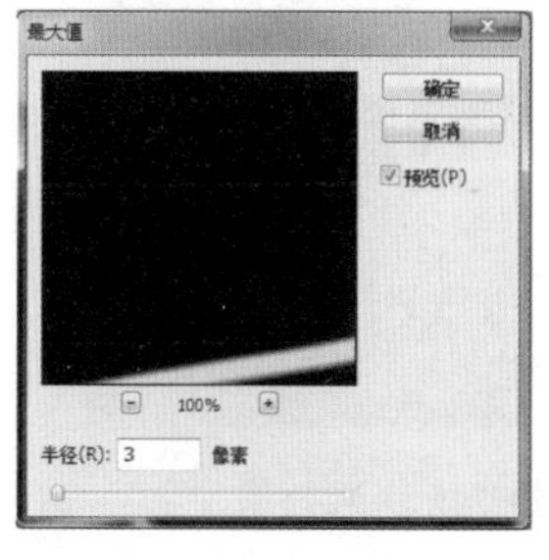

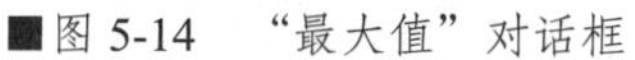

■图 5-14　“最大值”对话框

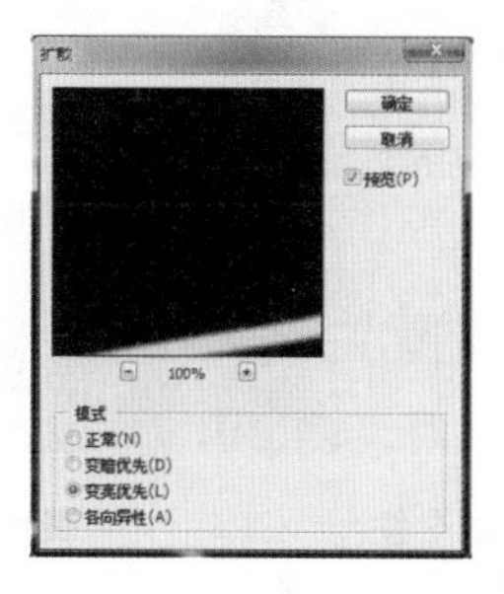

■图 5-15　“扩散”对话框

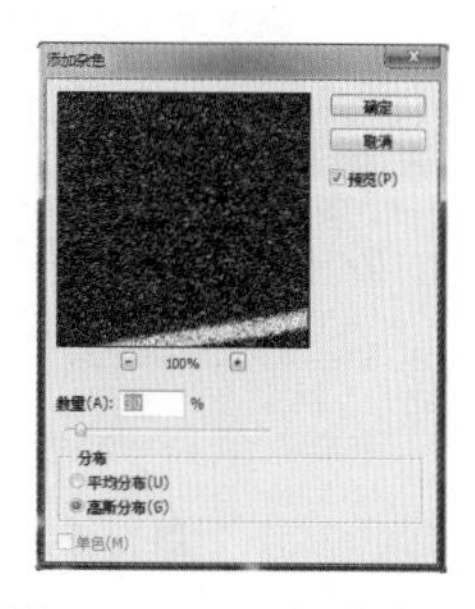

■图 5-16　“添加杂色”对话框

（3）将通道 Alpha2 选区载入通道 Alpha3 中，填充灰色（R60、G60、B60），如图 5-17 和图 5-18 所示。

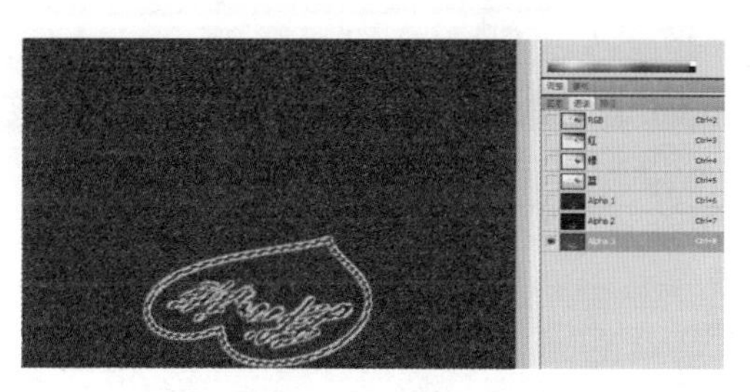

■图 5-17　载入通道

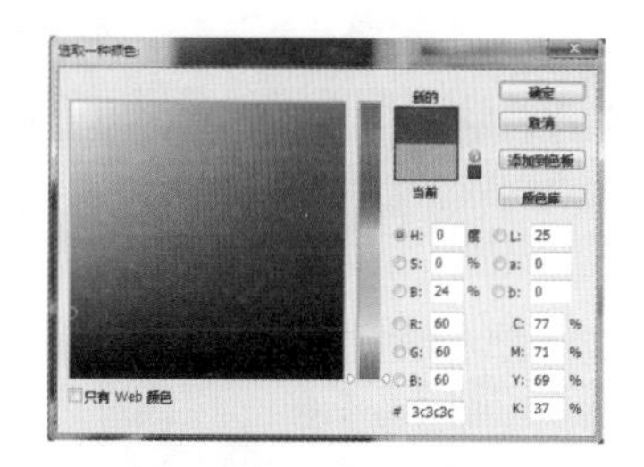

■图 5-18　颜色参数

（4）取消选区，得到通过滤镜（高斯、最大值、扩散、添加杂色）处理的效果，如图 5-19 所示。

■图 5-19　滤镜处理后的效果

（5）隐藏文字图层，打开沙滩素材，如图 5-20 和图 5-21 所示。

■图 5-20　隐藏文字图层

■图 5-21　沙滩素材

（6）将沙滩图像粘贴到画面中。自由变换沙滩图形，将图形垂直移动到底部对齐的位置，如图 5-22 和图 5-23 所示。

■图 5-22　粘贴沙滩图像

■图 5-23　自由变换沙滩效果

<table>
<tr><td rowspan="8">做一做</td><td colspan="5">■ 请把在“浮雕字”案例中使用到的“滤镜”命令匹配起来：</td></tr>
<tr><td>滤镜</td><td>⇨</td><td>模糊</td><td>⇨</td><td></td></tr>
<tr><td>滤镜</td><td>⇨</td><td>其他</td><td>⇨</td><td></td></tr>
<tr><td>滤镜</td><td>⇨</td><td>风格化</td><td>⇨</td><td></td></tr>
<tr><td>滤镜</td><td>⇨</td><td></td><td>⇨</td><td>添加杂色</td></tr>
<tr><td colspan="5"></td></tr>
<tr><td>扩散</td><td colspan="3">纹理</td><td>光照</td></tr>
<tr><td>杂色</td><td colspan="3">高斯</td><td>最大值</td></tr>
</table>

任务 3　效果修饰

本任务主要学习导入沙滩图形、光照设置、处理心形外的沙滩效果修饰方法。在学习的过程中可结合“做一做”的知识点进行思考，并运用提供的素材按要求边学边做，要求熟练掌握“效果修饰”的操作。

◆**制作步骤**

（1）激活通道 Alpha3，将通道 Alpha3 选区载入，如图 5-24 和图 5-25 所示。

■图 5-24　单击“载入选区”命令

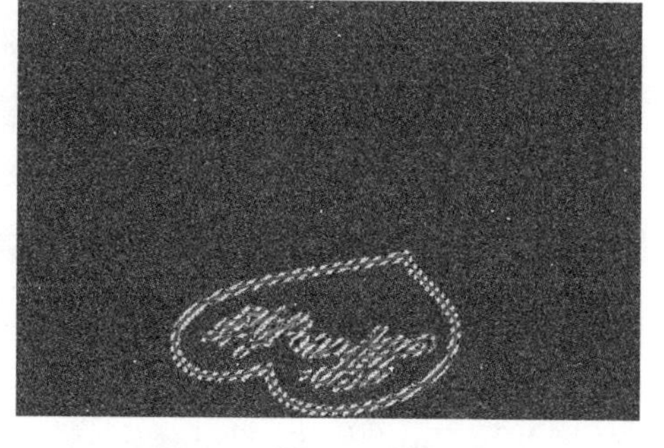

■图 5-25　选区效果

（2）激活“图层 2”，按 Ctrl+H 组合键隐藏选区，方便光照时观察效果，如图 5-26 和图 5-27 所示。

■图 5-26　激活“图层 2”的效果

■图 5-27　隐藏选区效果

（3）单击“滤镜”→“渲染”命令，打开“光照效果”对话框（光照类型设置为点光，调节光照范围大小，纹理通道，选择通道 Alpha3，设置强度为 67、聚焦为 69、环境为 -25、凸起为 100），如图 5-28 和图 5-29 所示。

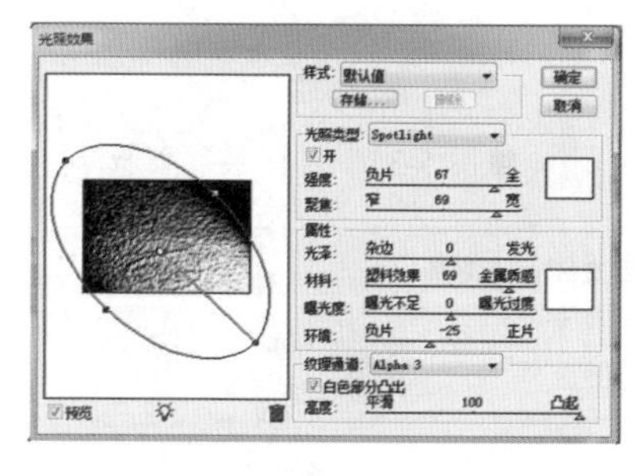

■图 5-28　“光照效果”对话框

■图 5-29　光照效果

（4）进行第二次光照，目的使画面文字浮雕效果更明显，如图 5-30 和图 5-31 所示。

（5）显示通道 Alpha3，取消选区，如图 5-32 和图 5-33 所示。

（6）用蒙版处理心形以外的沙滩图层，完成整个效果修饰的处理，如图 5-34 所示，“图层”面板如图 5-35 所示。

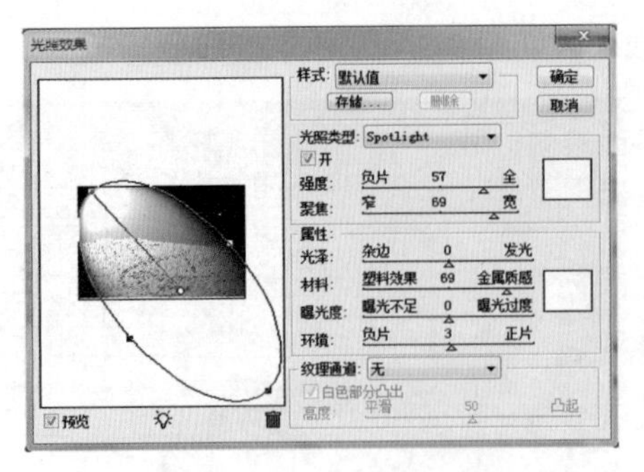

■图 5-30　光照效果参数

■图 5-31　光照效果

■图 5-32　显示通道 Alpha3

■图 5-33　取消选区

■图 5-34　最终效果

■图 5-35　“图层”面板

做一做	（1）请将光照滤镜中光照类型的中英文名称匹配起来： Directiona ——→ [　　]　　点光 Omni ——→ [　　]　　平行光 Spotlight ——→ [　　]　　全光 （2）请将下图所示的灰色RGB值拖到右边框中：[　　] R:255 G:255 B:50 R:160 G:160 B:160 R:160 G:160 B:100

拓展训练

使用 Photoshop 软件完成泥土字效果制作，完成后请按要求提交作品原文件，如图 5-36 所示。

■图 5-36　泥土字效果

课后测试

① 要得到预览图中的效果，如何调节风滤镜面板。方法：风，方向：（　　）。

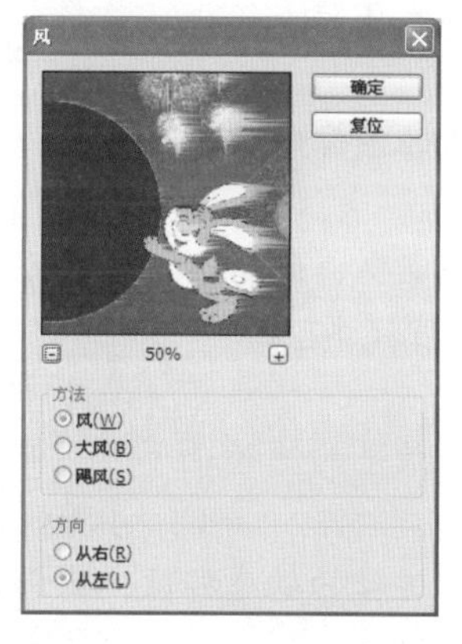

A. 从左　　B. 从右　　C. 从上　　D. 从下

② 波纹滤镜在选区上创建波状起伏的图案，像水池表面的波纹，选项包括波纹的数量和大小。根据预览图效果，调节波纹数量（86），大小调节到（　　）。

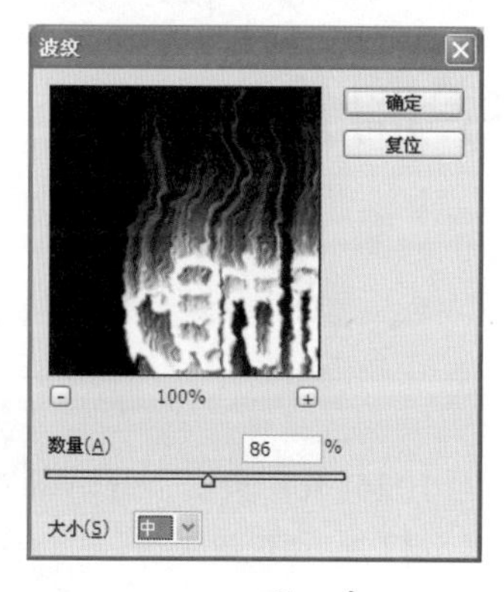

A. 中　　B. 右　　C. 上　　D. 大

③ 本案例中，要将火焰上色，需调整图像模式，按（　　）/ 索引模式 / 颜色表的顺序填充。

A. 灰度模式　　B. 索引模式　　C. 颜色表　　D. 色阶

④ 灰度模式在图像中使用不同的灰度级。灰度图像中的每个像素都有一个0(　　)色到255(白色）之间的亮度值。

A. 黑色　　B. 彩色　　C. 灰色　　D. 红色

⑤ 颜色表中，黑体显示基于不同颜色的面板，这些颜色是黑体辐射物被加热时发出的，按顺序从（黑色）到（红色）、（橙色）、（黄色）和（　　），常应用于制作火焰等图像效果。

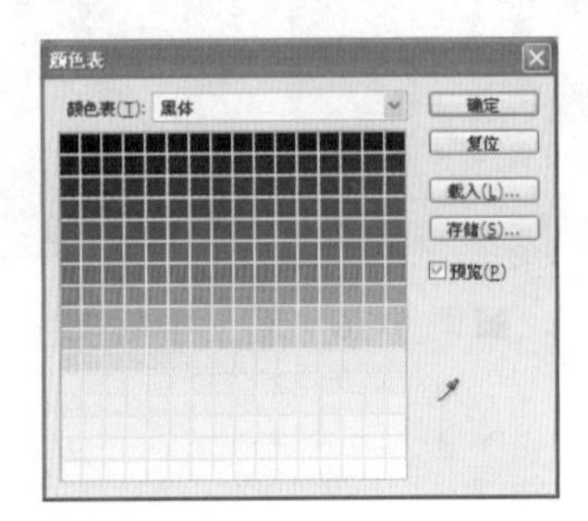

A. 黑色　　B. 彩色　　C. 灰色　　D. 白色

⑥ 下列（　　）格式不支持无损失压缩。

A. PNG　　B. JPEG　　C. PSD　　D. GIF

⑦ 下列（　　）格式用于网页中的图像制作。

A. EPS　　B. DCS 2.0　　C. TIFF　　D. JPEG

⑧ 在 Photoshop 中（　　）是最重要、最精彩、最不可缺少的一部分，是一种特殊的软件处理模块，也是一种特殊的图像效果处理技术。

A. 图层　　B. 蒙版　　C. 工具　　D. 滤镜

⑨ 下列可以使图像产生立体光照效果的滤镜是（　　）。

A. 风　　B. 等高线　　C. 浮雕效果　　D. 照亮边缘

⑩ 为了确定磁性套索工具对图像边缘的敏感程度，应调整下列（　　）数值。

A. 容差　　B. 边对比度　　C. 颜色容差　　D. 套索宽度

项目十一　火焰字制作

课前学习工作页

（1）打开图像，修改文件大小为1024×768像素、分辨率为72dpi、颜色模式为RGB的文件，并尝试运用风滤镜、波纹滤镜制作图5-37所示的效果。

风滤镜

风滤镜　　波纹滤镜

波纹滤镜

■图 5-37　用风滤镜、波纹滤镜制作文字效果

（2）扫一扫二维码观看相关视频，并完成下面的题目：

扫一扫观看火焰字特效制作视频

① 在 Photoshop 中，选择已选区域以外的对象时通常运用“反选”命令，“反选”命令快捷键是（　　）。

A. Ctrl+Alt+I　　B. Ctrl+Shift+I　　C. Ctrl+Alt+A　　D. Ctrl+Shift+A

② 在 Photoshop 中使用“风”滤镜，若重复执行上一次滤镜效果时其快捷键是（　　）。

A. Ctrl+I　B. Ctrl+B　C. Ctrl+F　D. Ctrl+A

③ 单击“图像”→“模式”→“颜色表”命令，首先要改变图像的颜色模式为（　　）模式才能进行。

A. RGB 模式　　B. 位图模式　　C. 灰度模式　　D. 索引颜色模式

④ 在 Photoshop 中要执行制作火焰效果时，在“颜色表”中选择（　　）系列颜色。

A. 灰度　　B. 色普　　C. 黑色　　D. 系统

⑤ 在 Photoshop 中，“波纹”滤镜属于以下（　　）滤镜的子滤镜。

A. 风格化　　B. 扭曲　　C. 纹理　　D. 艺术效果

⑥ 在 Photoshop 中，“风”滤镜属于以下（　　）滤镜的子滤镜。

A. 风格化　　B. 扭曲　　C. 纹理　　D. 艺术效果

课堂学习任务

运用提供的素材制作火焰字效果，并完成新年贺卡的设计，效果如图 5-38 所示。

■图 5-38　新年贺卡的火焰字效果

学习目标与重点和难点

学习目标	（1）能运用“风”滤镜、“波纹”滤镜制作出火焰燃烧的形状。 （2）能使用颜色表命令为火焰着色。 （3）能运用图层合成的模式完成背景的混合效果制作。
学习重点和难点	（1）“风”滤镜、“波纹”滤镜的运用（重点）。 （2）颜色表命令的设置（重点）。 （3）根据图像效果设置“风”滤镜、“波纹”滤镜制作火焰外形（难点）。

任务 1 轮廓绘制

本任务主要学习如何进行文字素材调整、执行“风”滤镜进行火苗制作的方法；用“波纹”滤镜进行火焰扭动效果制作的方法。在学习的过程中可结合“做一做”的知识点进行思考，并运用提供的素材按要求边学边做，要求熟练掌握“轮廓绘制”的操作。

◆**制作步骤**

（1）打开背景素材，选择魔棒工具，单击白色区域将白色背景选中。然后反选，将文字选中，减选下面多的选区，如图 5-39 所示。

■图 5-39 反选文字并减选选区

（2）存储选区，命名为“1”，方便再次调用。恢复前后背景为黑白（按 D 键），剪切图层（Shift+Ctrl+J），将文字层复制到新的“图层 1”（背景保留白色），如图 5-40 所示。

■图 5-40　将文字层复制到新图层

（3）将背景填充为黑色，将文字选区载入填充白色。取消选区，将艺术文字放在合适的位置，如图 5-41 和图 5-42 所示。

（4）制作出火焰的焰苗。单击“图像”→“图像旋转”→“90 度顺时针转动”命令，在弹出的对话框中单击“风”滤镜命令，设置方法为“风”、方向为“从左”，如图 5-43 和图 5-44 所示。

■图 5-41　背景填充

■图 5-42　文字填充为白色

■图 5-43　图像旋转

（5）从图像上看火焰的焰苗不够大，将“风”滤镜重复 3 次（按 Ctrl+F 组合键），将图像转回到原来的位置，如图 5-45 和图 5-46 所示。

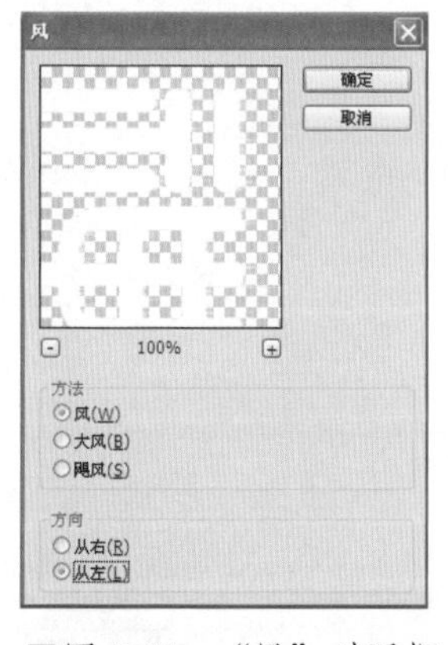

■图 5-44　“风”对话框

■图 5-45　“风”滤镜效果

■图 5-46　图像旋转

（6）分别单击“滤镜”→“扭曲”/“波纹”命令，设置数量为 157、大小为“中”，如图 5-47 和图 5-48 所示。

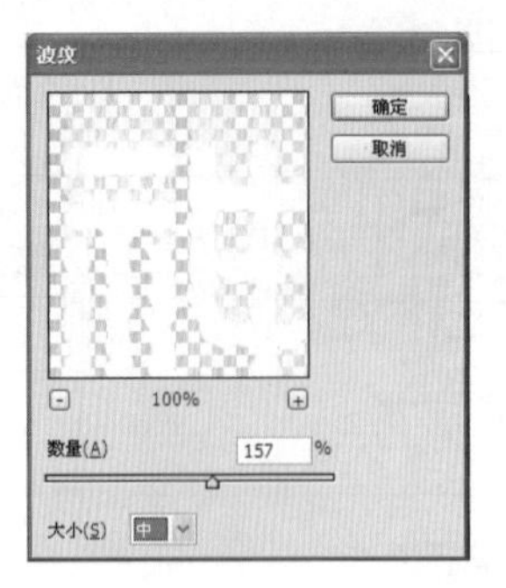

■图 5-47 “波纹”对话框

■图 5-48 波纹滤镜效果

做一做	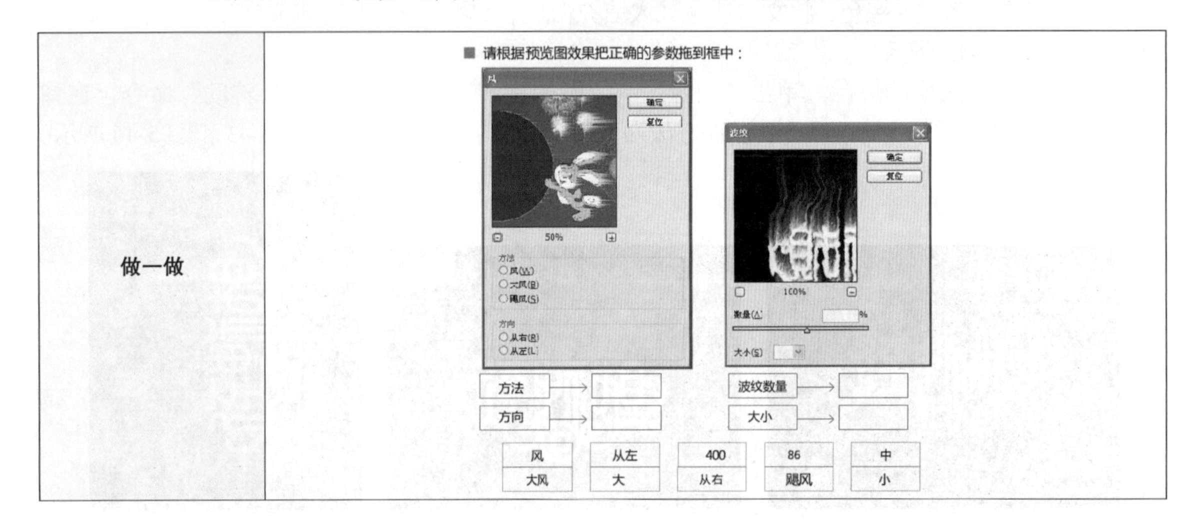

任务 2　火焰上色

本任务主要学习如何用灰度模式、索引模式颜色进行火焰上色的方法。在学习的过程中可结合“做一做”的知识点进行思考，并运用提供的素材按要求边学边做，要求熟练掌握“火焰上色”的操作。

◆制作步骤

（1）单击“图像”→“模式”→“灰度”命令，再执行“图像”→“模式”→“索引”命令，如图 5-49 和图 5-50 所示。

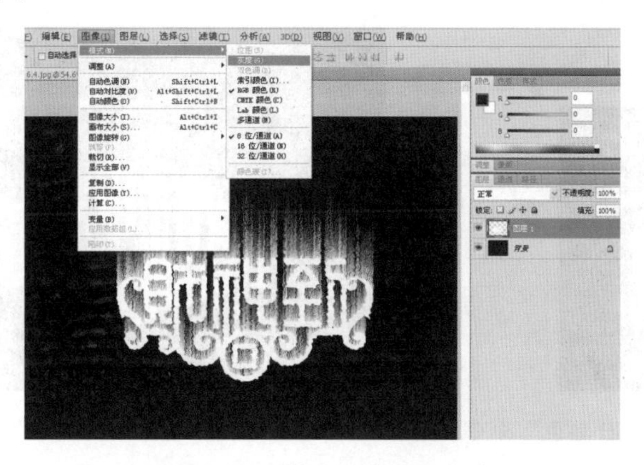

■图 5-49　单击“灰度”命令

■图 5-50　单击“模式颜色”命令

（2）单击“图像”→“模式”→“颜色表”命令，在“颜色表”对话框中，设置为黑体，火焰即刻出现。载入选区，选择刚才存储的选区“1”，如图 5-51 和图 5-52 所示。

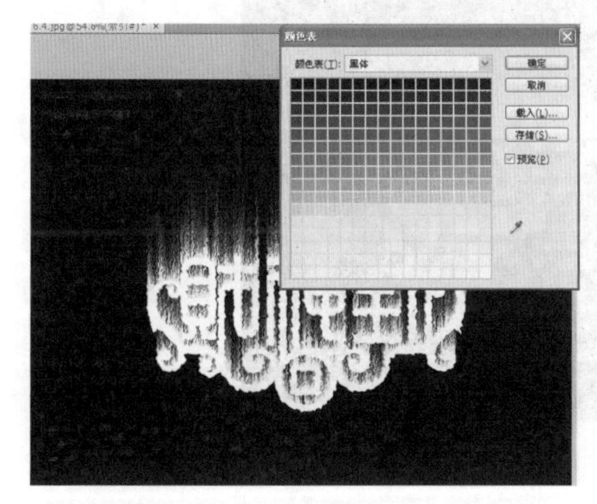

■图 5-51　“颜色表”对话框

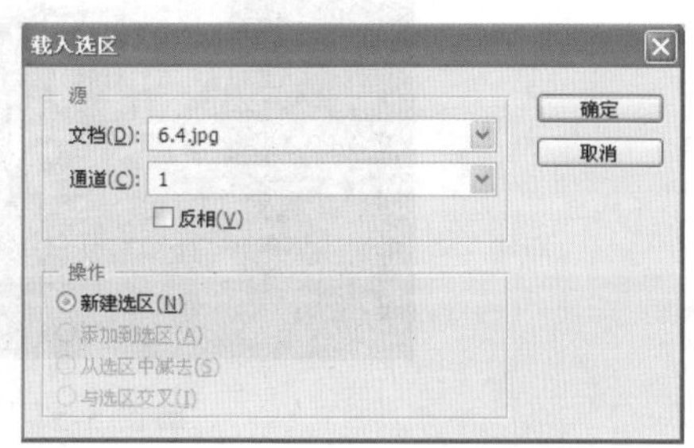

■图 5-52　“载入选区”对话框

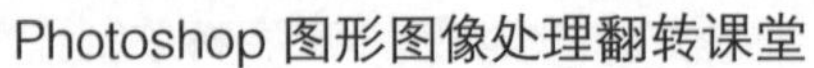

（3）单击“图像”→“模式”→“RGB 颜色”模式，改变显示模式才能新建图层，如图 5-53 和图 5-54 所示。

■图 5-53　单击“RGB 颜色”命令

■图 5-54　新建图层

（4）选择“图层 1”，填充黑色，取消选区，将其移动到合适的位置，如图 5-55 和图 5-56 所示。

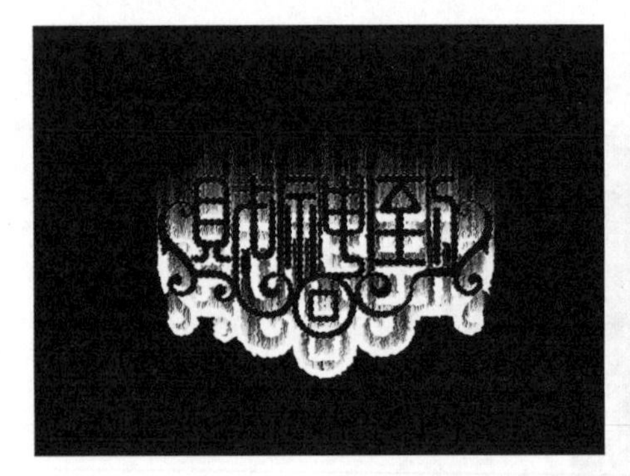

■图 5-55　填充黑色

■图 5-56　移动到合适位置

（5）自由变换“图层 1”，由中心向内收缩图形（快捷键为 Alt+Shift），如图 5-57 所示。

■图 5-57　变换后的效果

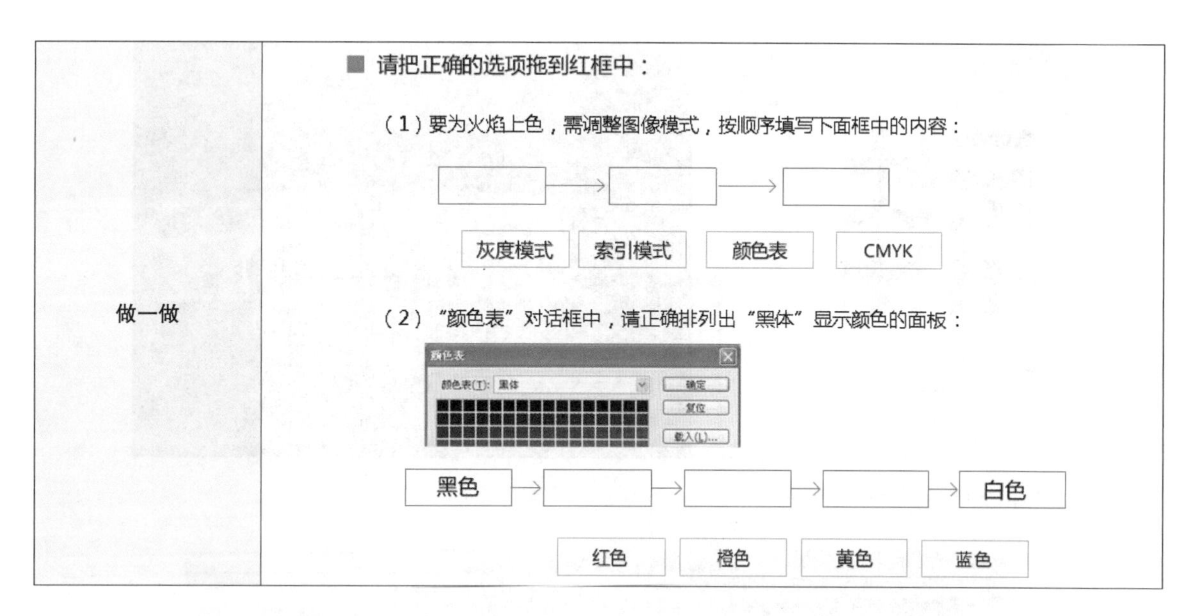

做一做	■ 请把正确的选项拖到红框中： （1）要为火焰上色，需调整图像模式，按顺序填写下面框中的内容： □ → □ → □ 灰度模式　索引模式　颜色表　CMYK （2）“颜色表”对话框中，请正确排列出“黑体”显示颜色的面板： 颜色表 颜色表(T): 黑体 确定 复位 载入(L)... 黑色 → □ → □ → □ → 白色 红色　橙色　黄色　蓝色

任务 3　火焰效果应用

本任务主要学习如何设置“液化”滤镜、“波纹”滤镜制作火焰字效果的方法。在学习的过程中可结合“做一做”的知识点进行思考，并运用提供的素材按要求边学边做，要求能熟练掌握“火焰效果应用”的操作。

◆制作步骤

（1）进行焰苗拉伸使之更形象。单击“滤镜”→“液化”命令，如图 5-58 和图 5-59 所示。

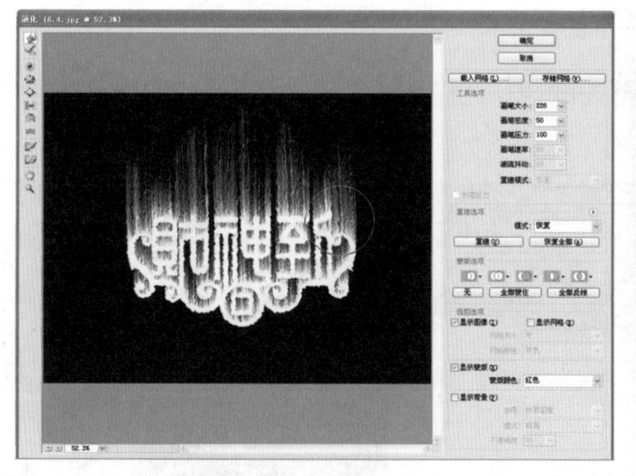

■图 5-58　“液化”对话框

■图 5-59　液化效果

（2）选择“图层 1”，单击“滤镜”→“扭曲”→“波纹”命令，使得文字与火焰波纹相适配，完成整个火焰图像效果的制作，如图 5-60 和图 5-61 所示。

（3）打开素材背景，拖出火焰图像窗口，方便对它的移动复制（双击“背景”图层，将其转成一般图层，按住 Ctrl 键选中两个图层，移动到刚才打开的素材背景窗口中）。自由变换图形，将其缩放到合适大小，如图 5-62 所示。

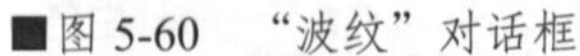

■图 5-60 “波纹”对话框

■图 5-61 波纹滤镜效果

■图 5-62 自由变换大小

（4）激活“图层 1”，将其图层混合模式调整为滤色。选择缩放工具，框选小兔子手的位置，如图 5-63 和图 5-64 所示。

■图 5-63 滤色混合模式效果

■图 5-64 放大小兔子手部

（5）兔子的手被挡住了，要将手放在前面。先隐藏“图层 1”“图层 2”是为了方便操作，激活“背景”图层，将小兔子被遮挡的手指部分用钢笔工具勾出边。将路径转成选区，复制图层，如图 5-65 和图 5-66 所示。

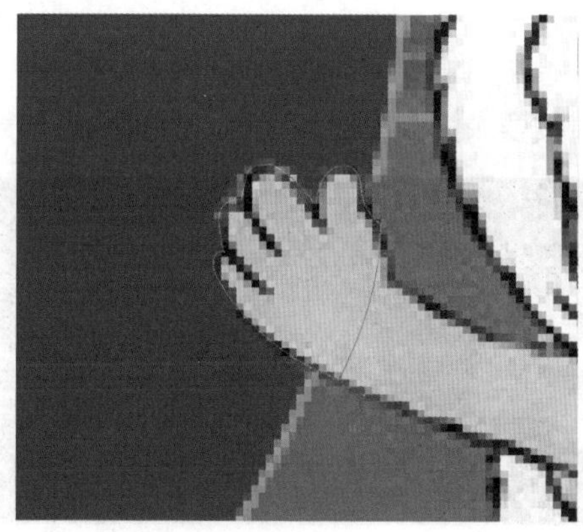
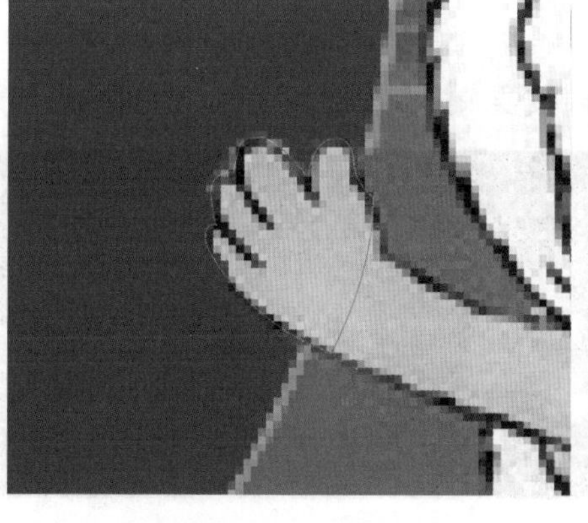

■图 5-65　勾画路径

■图 5-66　复制图层

（6）将其放在最上层，显示刚才隐藏的“图层 1”“图层 2”。完成火焰效果的应用，如图 5-67 和图 5-68 所示。

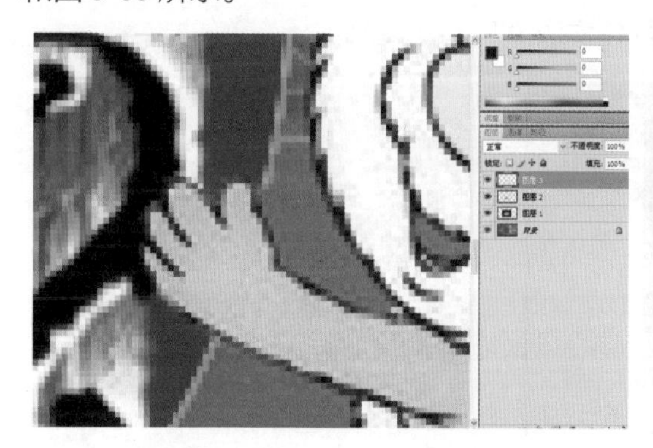

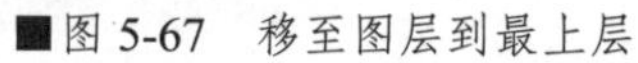

■图 5-67　移至图层到最上层

■图 5-68　最终效果

做一做	■ 请把正确的选项拖到红框中： 1. 灰度模式在图像中使用不同的灰度级。灰度图像中的每个像素都有一个 0 ～ 255之间的亮度值： 0 代表什么颜色 ⟶ □ 255 代表什么颜色 ⟶ □ 黑色　白色　灰色　红色 选择多个连续的图层要按的快捷键是： ⟶ □ 选择多个不连续的图层要按的快捷键是： ⟶ □ Shift　Ctrl　Alt　Tab

拓展训练

请使用Photoshop软件完成火焰字效果制作，完成后请按要求提交作品原文件，如图5-69所示。

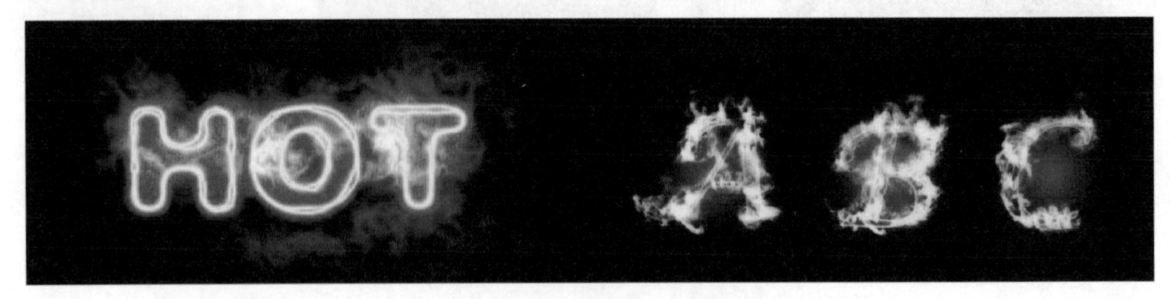

■图 5-69　HOT、ABC 火焰字效果

课后测试

① 要得到预览图中的效果，如何设置“风”对话框方法为风，方向为（　　）。

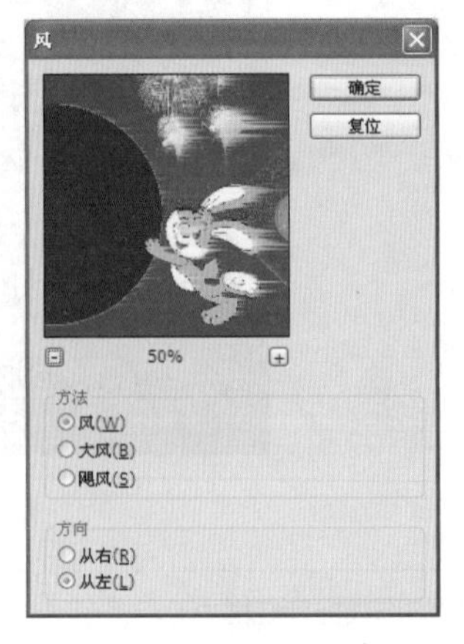

A. 从左　　　　B. 从右　　　　C. 从上　　　　D. 从下

② 在选区上创建波状起伏的图案，像水池表面的波纹，“波纹”对话框中包括波纹的数量和大小。根据预览图效果，调节波纹数量为86，大小应为（　　）。

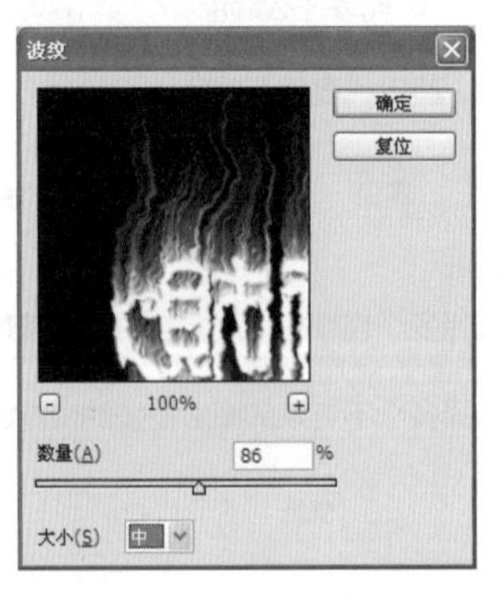

A. 中　　　　B. 右　　　　C. 上　　　　D. 大

③ 要将火焰上色，需调整图像模式，按（　　）→索引模式→颜色表的顺序调查。

A. 灰度模式　　B. 索引模式　　C. 颜色表　　D. 色阶

④ 灰度模式在图像中使用不同的灰度级。灰度图像中的每个像素都有一个 0（　　）色到 255（白色）之间的亮度值。

A. 黑色　　B. 彩色　　C. 灰色　　D. 红色

⑤ “颜色表”对话框中，黑体显示基于不同颜色的面板，这些颜色是黑体辐射物被加热时发出的，按顺序从（黑色）到（红色）、（橙色）、（黄色）和（　　），常应用于制作火焰等图像效果。

A. 黑色　　B. 彩色　　C. 灰色　　D. 白色

⑥ 要选择多个连续的图层，先单击第一个图层，然后按住（　　）键单击最后一个图层。

A. Tab　　B. Alt　　C. Ctrl　　D. Shift

⑦ 要选择多个不连续的图层，按住（　　）键并在“图层”面板中单击这些图层。

A. Shift　　B. Alt　　C. Ctrl　　D. Tab

⑧ 在 Photoshop 中，投影可以在图层的下面产生阴影，投影可分别设定混合模式、不透明度、（　　）、模糊、密度以及距离等。

A. 蒙版　　B. 路径　　C. 角度　　D. 专色

⑨ 在 Photoshop 中，对彩色图像的个别通道执行“色阶”和“曲线”命令以修改图像中的色彩平衡时，（　　）命令对在通道内的像素值分布可进行最精确的控制。

A. 色相　　B. 曲线　　C. 替换颜色　　D. 饱和度

⑩ 在 Photoshop 中，（　　）格式支持 256 种颜色。

A. JPEG　　B. GIF　　C. TIFF　　D. PSD

项目十二　金属字制作

课前学习工作页

（1）新建一个 1024×768 像素、背景颜色为白色、分辨率为 72dpi、颜色模式为 RGB 的文件，并运用浮雕制作文字“图形图像处理翻转课堂”的立体效果，如图 5-70 所示。

圖形圖像處理翻轉課堂

■图 5-70　立体效果

（2）扫一扫二维码观看相关视频，并完成下面的题目：

扫一扫观看金属效果视频

① 在 Photoshop 中，选择已选区域以外的对象时，通常运用“反选”命令，“反选”命令快捷键是（　　）。

② 在 Photoshop 中，“高斯模糊”滤镜属于（　　）滤镜的子滤镜。

A. 风格化　　B. 模糊　　C. 纹理　　D. 艺术效果

③ 在 Photoshop 中，“浮雕效果”滤镜属于（　　）滤镜的子滤镜。

A. 风格化　　B. 扭曲　　C. 纹理　　D. 艺术效果

④ 在 Photoshop 中，“收缩选区”命令属于（　　）命令的子命令。

A. 变换选区　　B. 修改　　C. 扩大选取　　D. 羽化

⑤ 在 Photoshop 中，“扩展选区”命令属于（　　）命令的子命令。

A. 变换选区　　B. 羽化　　C. 扩大选取　　D. 修改

课堂学习任务

运用提供的素材制作金属字效果，并完成邀请函的设计，效果如图 5-71 所示。

■图 5-71　金属字效果

学习目标与重点和难点

学习目标	（1）能处理底纹文字素材、Logo 素材、图案素材并进行背景制作。 （2）能调整 Logo、处理“函”字素材，完成图文制作。 （3）能在通道中综合运用“高斯模糊”滤镜和“浮雕”滤镜及“曲线”命令完成金属字特效制作。
学习重点和难点	（1）“高斯模糊”“浮雕”及“曲线”对话框的调节（重点）。 （2）在通道中综合运用“高斯浮雕”滤镜和“曲线”命令（难点）。

任务 1　背景制作

本任务主要学习进行底纹文字素材处理、Logo 素材处理、图案素材处理的制作方法。在学习的过程中可结合“做一做”的知识点进行思考，并运用提供的素材按要求边学边做，要求能熟练掌握“背景制作”的操作。

■ 任务 1

◆**制作步骤**

（1）新建文件，设置大小为 39.5 厘米 ×12 厘米，分辨率为 300 像素 / 英寸，单击“确定”按钮，如图 5-72 所示。

（2）填充背景颜色为深红色，前景色为 R164、G0、B0，如图 5-73 和图 5-74 所示。

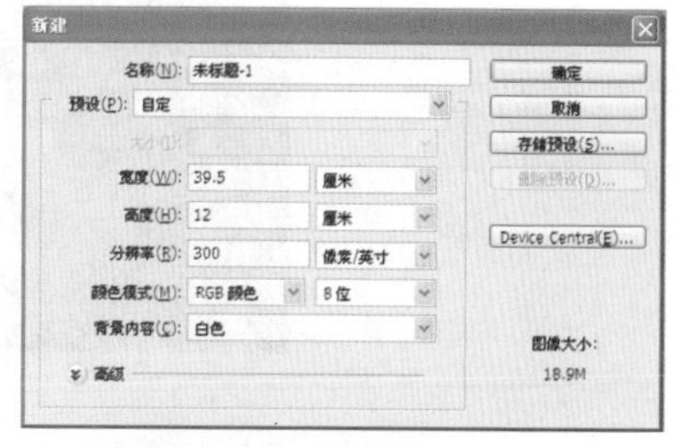

■图 5-72　新建文件设置

■图 5-73　设置前景色

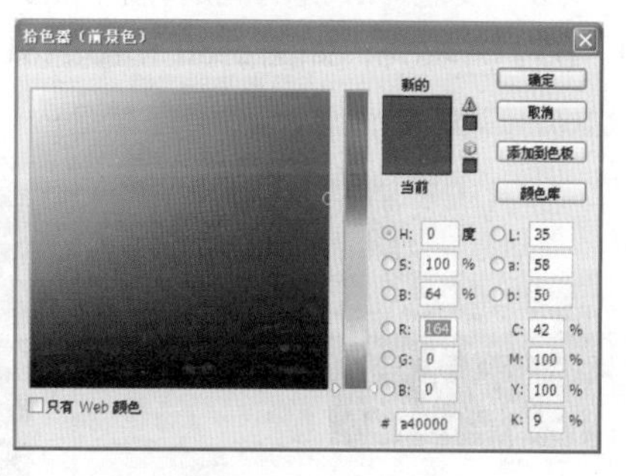

■图 5-74　背景颜色

（3）打开素材，用魔棒工具选中英文字，将其复制并粘贴到新建的文件中。显示标尺，拖出辅助线并放在中轴线位置，如图 5-75 和图 5-76 所示。

JING LI JIA JU

■图 5-75　打开素材

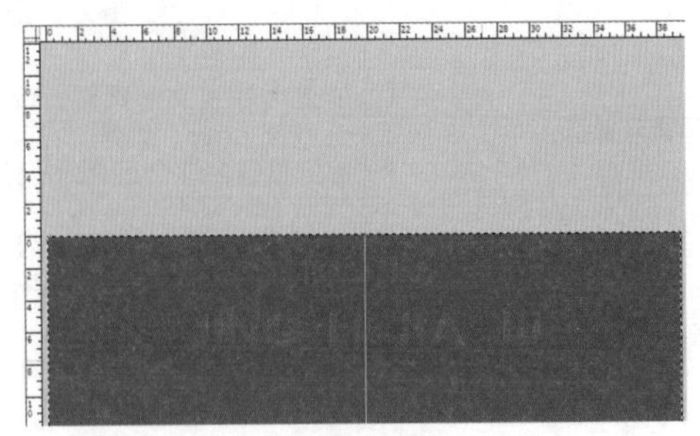

■图 5-76　粘贴到背景中

（4）取消标尺显示，将文字移放到合适的位置。打开素材 2，使用魔棒工具选中 Logo，如图 5-77 和图 5-78 所示。

■图 5-77　移动文字位置

JINGLI
景丽家居

■图 5-78　选中 Logo

（5）执行复制 / 粘贴命令，将 Logo 放置在左页面的中心位置，如图 5-79 所示。

■图 5-79　粘贴到背景中

（6）按住 Ctrl 键的同时单击“图层 2”的缩览图，将 Logo 载入选区。设置前景色为（R180、G0、B5）并填充，如图 5-80 和图 5-81 所示。

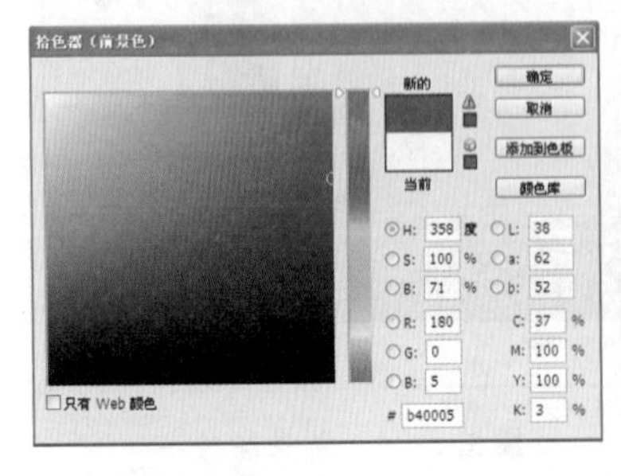

■图 5-80　设置前景色

■图 5-81　填充颜色值

（7）打开素材 3，使用魔棒工具选中图案，将其复制进来并放置在合适的位置，如图 5-82 和图 5-83 所示。

■图 5-82　打开素材

■图 5-83　将素材复制到背景中

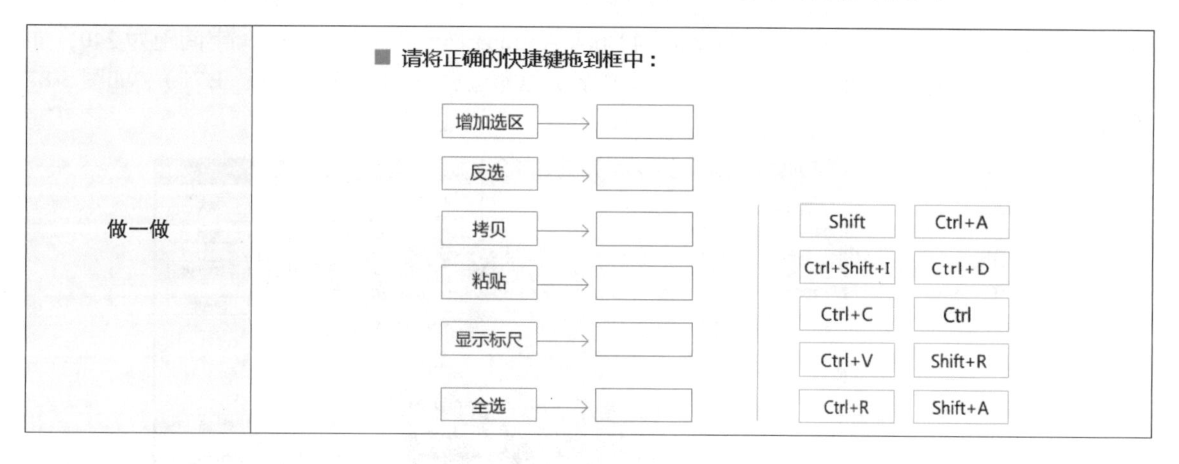

任务 2　图文处理

本任务主要学习如何进行 Logo 调整、文字设计、“函”字素材处理、装饰图形设计。在学习的过程中可结合“做一做”的知识点进行思考，并运用提供的素材按要求边学边做，要求熟练掌握“图文处理”的操作。

◆**制作步骤**

（1）制作邀请函正面效果。现将 Logo 复制一个并移动到右边，填充白色，如图 5-84 所示。

■图 5-84　Logo 填充白色

（2）选择横排文字工具，设置“字符”面板，字体为黑体，字号大小为 12.02，字间距为 60，加粗，输入中文字，如图 5-85 和图 5-86 所示。

■图 5-85 “字符”面板

■图 5-86 输入中文字

（3）在“字符”面板中继续设置字体为 Book Antiqua，字号大小为 66.5，字间距为 240，加粗，输入英文 Invitation；将字母 V 选中，设置文字颜色为土黄色（R207、G169、B71），如图 5-87 和图 5-88 所示。

■图 5-87 字符面板

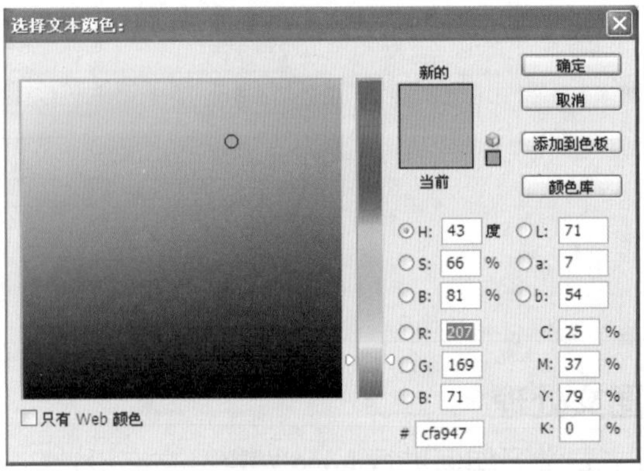

■图 5-88 设置颜色

（4）将字母 a 和 o 分别改为土黄色，如图 5-89 所示。

■图 5-89 修改字母颜色

（5）选中后面的英文字将其改小，设置为大小为 35.5，如图 5-90 和图 5-91 所示。

■图 5-90　选中英文

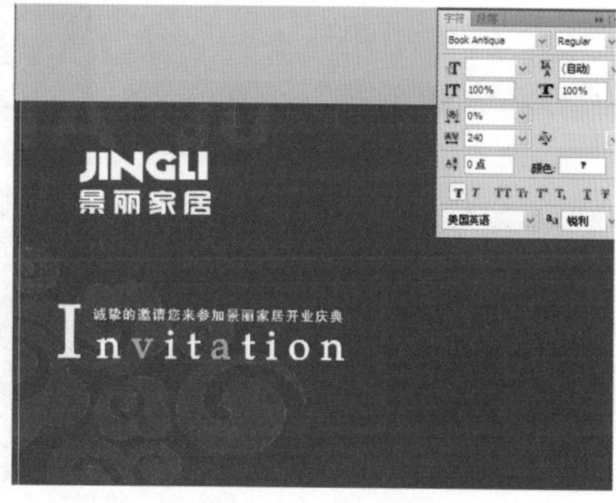

■图 5-91　修改字号

（6）设置文字图层样式，添加“投影”和“斜面和浮雕”效果，如图 5-92 和图 5-93 所示。

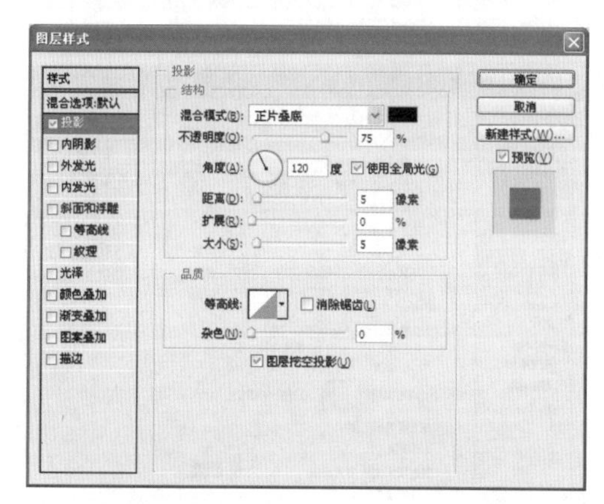

■图 5-92　“投影”参数设置

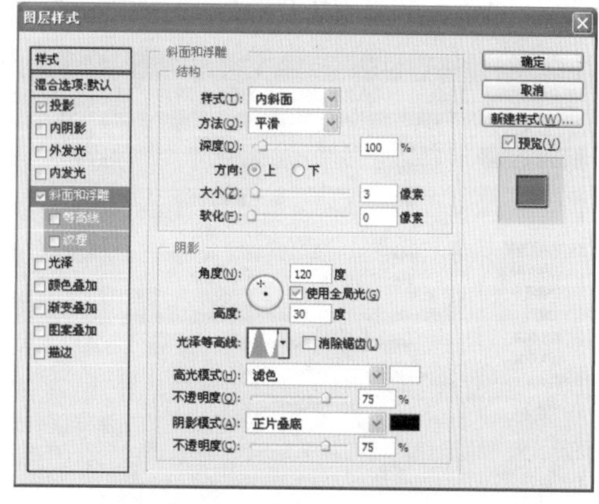

■图 5-93　“斜面和浮雕”参数设置

（7）接下来制作金属字最下面的图案。打开素材 5，使用魔棒工具选中文字，将其粘贴到图像窗口，如图 5-94 和图 5-95 所示。

■图 5-94　打开素材

■图 5-95　粘贴文字

（8）使用椭圆工具绘制椭圆，填充设置好的颜色，如图 5-96 和图 5-97 所示。

■图 5-96　设置颜色值

■图 5-97　填充颜色

（9）双击该图层，调出“图层样式”对话框，分别设置“投影”“斜面和浮雕”和“描边”参数，如图 5-98 ~ 图 5-101 所示。

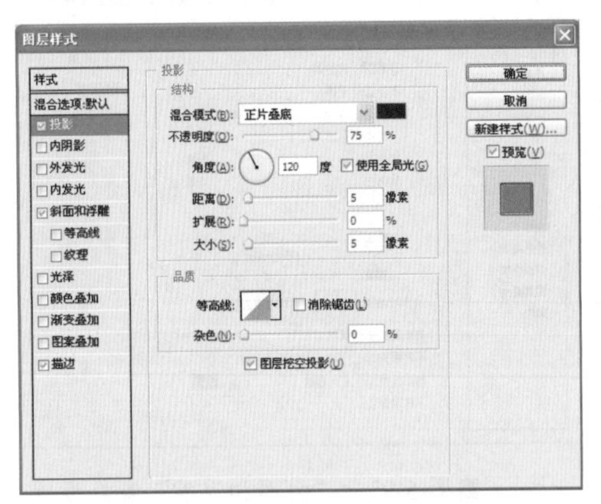

■图 5-98　“投影”参数设置

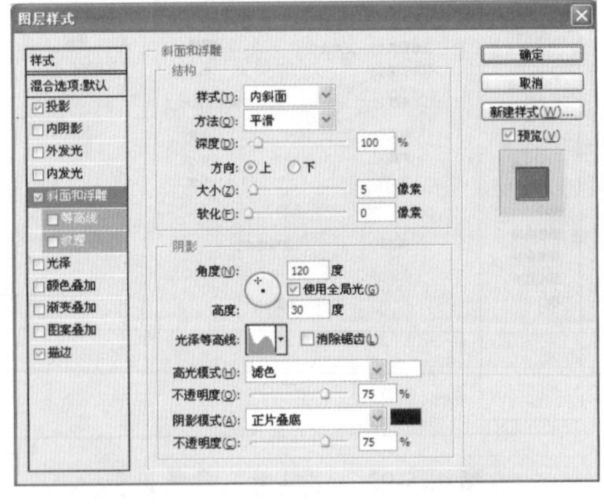

■图 5-99　“斜面和浮雕”参数设置

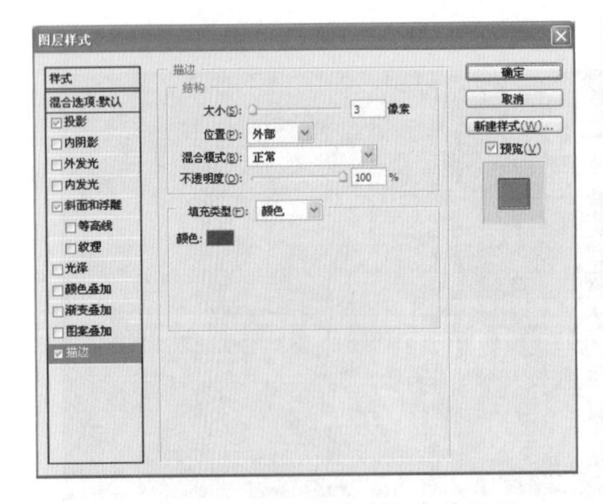

■图 5-100　“描边”参数设置

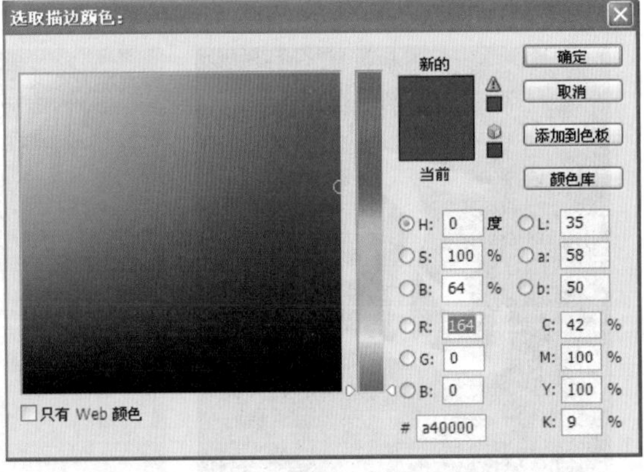

■图 5-101　描边的颜色设置

（10）在英文字上下用画笔分别画出 2 个土黄颜色的装饰线（新建“图层 6”，设置好前景土黄色，设置铅笔为 2 像素，硬度为 100%，按住 Shift 键绘制 2 条线），如图 5-102 所示。

■图 5-102　绘制装饰线

（11）将“函”字和圆形图层链接，移动到合适的位置。制作右边折页翻开的图标，如图 5-103 和图 5-104 所示。

■图 5-103　链接图层

■图 5-104　制作折页翻开的图标

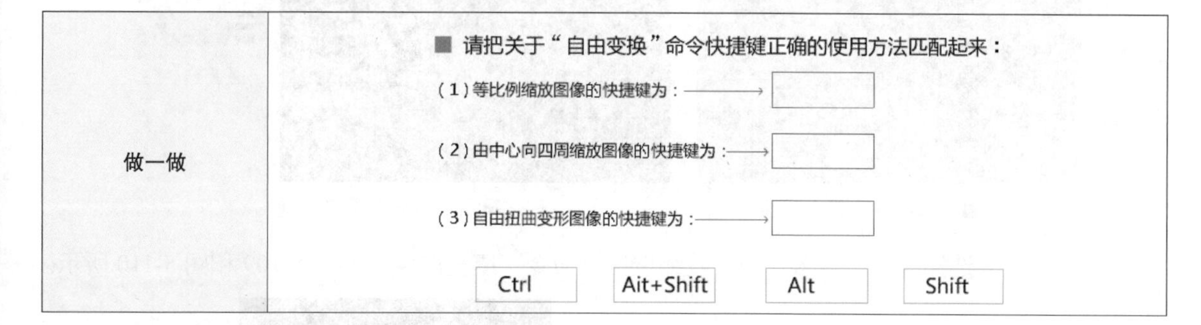

做一做	■ 请把关于“自由变换”命令快捷键正确的使用方法匹配起来： （1）等比例缩放图像的快捷键为：→ □ （2）由中心向四周缩放图像的快捷键为：→ □ （3）自由扭曲变形图像的快捷键为：→ □ Ctrl　Ait+Shift　Alt　Shift

任务 3　特效制作

本任务主要学习导入“邀请”文字素材、在通道中处理素材、在图层中处理素材的方法。在学习的过程中可结合“做一做”的知识点进行思考，并运用提供的素材按要求边学边做，要求熟练掌握“特效制作”的操作。

◆**制作步骤**

（1）接下来制作金属字特效。打开素材文字“邀请”，使用魔棒工具选中文字，将其复制并粘贴到图像窗口，如图 5-105 和图 5-106 所示。

■图 5-105　打开素材文字

■图 5-106　粘贴文字

（2）载入文字选区，在“通道”面板中新建通道 Alpha1，如图 5-107 和图 5-108 所示。

■图 5-107　载入选区

■图 5-108　新建通道

（3）单击“选择”→“修改”→“收缩选区”命令，填充白色，如图 5-109 和图 5-110 所示。

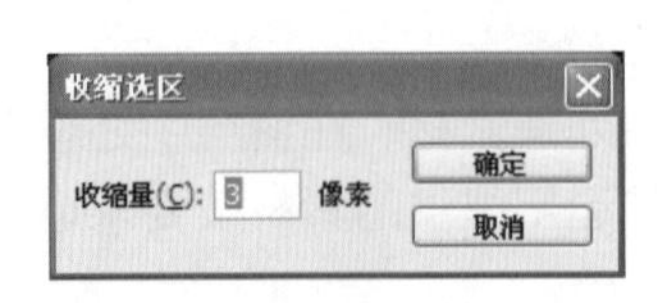

■图 5-109　设置收缩量为 33

■图 5-110　将文字填空白色

（4）单击“选择”→“修改”→“扩展”命令，填充白色，如图 5-111 和图 5-112 所示。

■图 5-111　设置扩展量为 10

■图 5-112　填充白色

（5）单击“滤镜”→“模糊”→“高斯模糊”命令，如图 5-113 和图 5-114 所示。

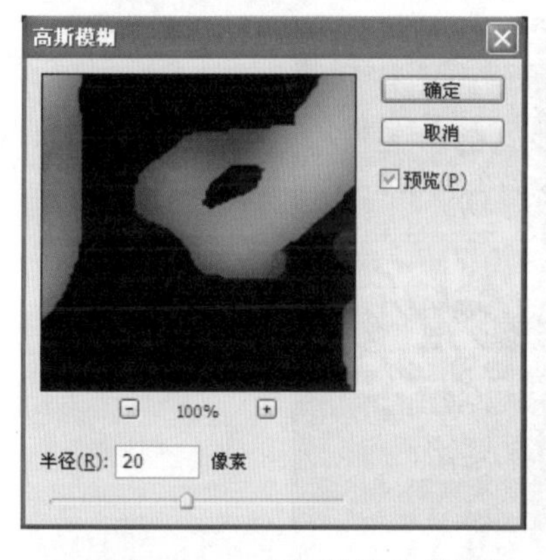

■图 5-113　高斯模糊参数设置

■图 5-114　高斯模糊效果

（6）单击“滤镜”→“风格化”→“浮雕效果”命令，如图 5-115，效果如图 5-116 所示。

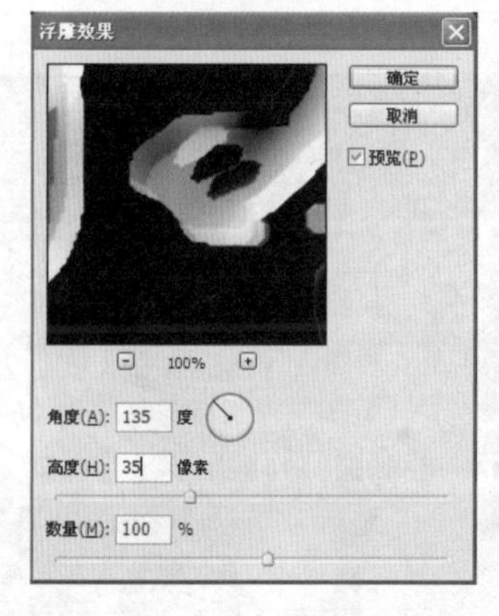

■图 5-115　浮雕效果参数设置

■图 5-116　浮雕效果

（7）调出“曲线”对话框，设置好参数，如图 5-117 和图 5-118 所示。

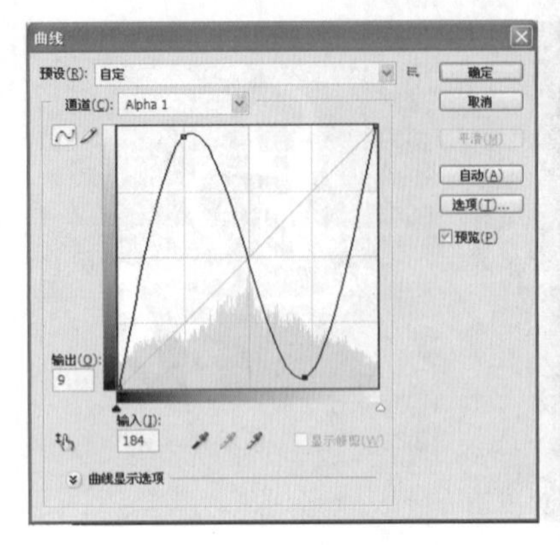

■图 5-117　曲线参数设置

■图 5-118　曲线效果

（8）复制通道中的“邀请”文字，粘贴到图层中，如图 5-119 所示。

■图 5-119　粘贴“邀请”文字

（9）接下来给金属字上色。单击“图像”→“调整”→“色相/饱和度”命令，如图 5-120 和图 5-121 所示。

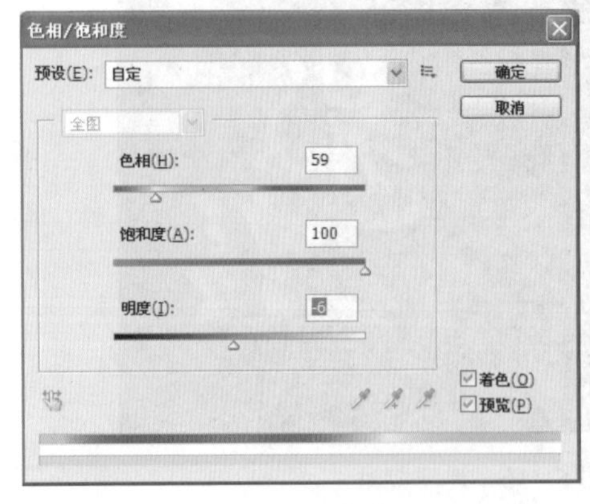

■图 5-120　色相 / 饱和度参数设置

■图 5-121　色相 / 饱和度效果

（10）最后，为金属字添加“投影”图层样式，如图 5-122 和图 5-123 所示。

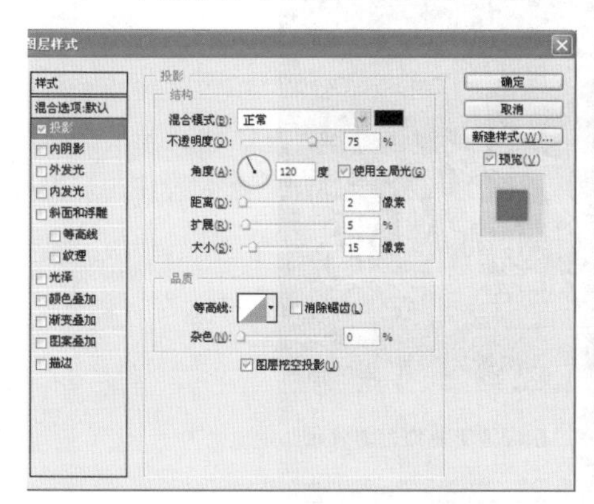

■图 5-122 “投影”参数设置　　■图 5-123 投影效果

（11）显示完整图像完成金属字的制作，如图 5-124 所示。

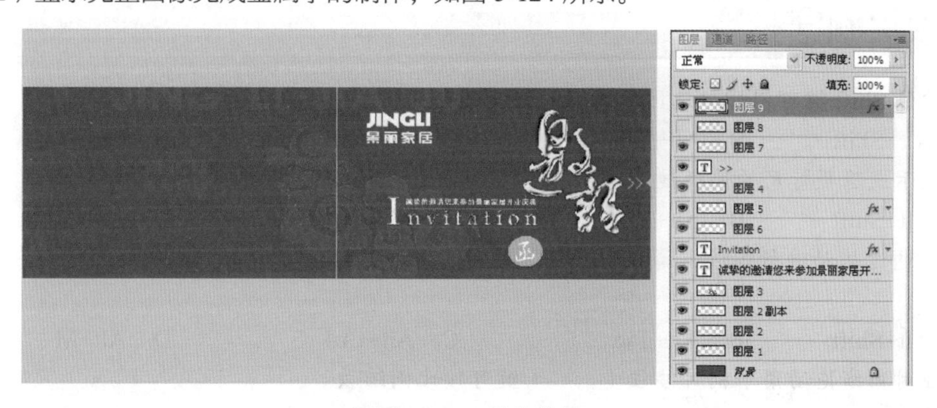

■图 5-124 最终效果

拓展训练

请使用 Photoshop 软件完成“恭贺新春”金属字的制作，如图 5-128 所示，完成后请按要求提交作品原文件。

■图 5-125　“恭贺新春”金属字制作

课后测试

① 按住 Shift 键可以增加选区，粘贴的快捷键为（　　）。

A．Alt+Shift　　B．Alt+Tab　　C．Alt+Ctrl　　D．Ctrl+V

② 显示或隐藏标尺的快捷键为（　　）。

A．Alt+Shift　　B．Alt+Tab　　C．Alt+Ctrl　　D．Ctrl+R

③ 要通过拖动进行缩放，请拖动手柄。拖动角手柄时按住（　　）键可按比例由中心向四周缩放。

A．Alt+Shift　　B．Alt+Tab　　C．Alt+Ctrl　　D．Alt+M

④ 在对角线拖动角手柄时按住（　　）键可按比例缩放。

A．Shift　　B．Alt　　C．Ctrl　　D．Tab

⑤ 本项目制作金属字效果，用到了（　　）和（　　）滤镜。

A．高斯模糊　　B．浮雕效果　　C．动感模糊　　D．波纹

⑥ 在 Photoshop 中，如果一张照片的扫描结果不够清晰，可用（　　）滤镜弥补。

A．中间值　　B．USM 锐化　　C．风格化　　D．去斑

⑦ 在 Photoshop 中，构成位图图像的最基本单位是（　　）。

A．颜色　　B．像素　　C．图层　　D．通道

⑧ 用于印刷的彩色图像要求图像的分辨率为（　　）。

A．300ppi　　B．300dpi　　C．72ppi　　D．1200ppi

⑨ 在 Photoshop 中，对彩色图像的个别通道执行色阶和曲线命令以修改图像中的色彩平衡时，（　　）命令对在通道内的像素值分布可进行最精确的控制。

A．色相　　B．曲线　　C．替换颜色　　D．饱和度

⑩ 在 Photoshop 中，投影可以在图层的下面产生阴影，投影可分别设定混合模式、不透明度、（　　）、模糊、密度以及距离等。

A．蒙版　　B．路径　　C．角度　　D．专色

图像特效制作

图像特效制作模块包括水晶效果制作、木纹纹理制作、霓虹灯效果制作三个项目，通过学习，能运用 Photoshop 对图像进行图像特效制作。

“水晶效果制作”：学习运用“基底凸现”滤镜、“珞璜”滤镜、“波浪”滤镜等不同的滤镜技术进行图形变换，设置图层混合模式，建立蒙版遮盖，设置明度进行效果修饰制作水晶效果。

“木纹纹理制作”：学习运用“云彩”滤镜、“海绵”滤镜等制作木纹底色，能运用“旋转扭曲”滤镜、调整颜色曲线制作木纹机理，最后合成木纹纹理效果。

“霓虹灯效果制作”：学习综合运用“高斯模糊”滤镜和“计算”命令创建通道 Alpha、色调调整等的通道处理，最后填充七彩渐变、曲线调整图像完成霓虹灯效果制作。

项目十三　水晶效果制作

课前学习工作页

（1）打开一个图像，文件大小修改为1024×768像素、分辨率为72dpi、颜色模式为RGB的文件，并尝试运用基底凸现滤镜、颜色/饱和度和色阶等命令制作雕刻效果的荷花，如图6-1所示。

■图6-1　用基底凸现滤镜、颜色饱和度和色阶等命令制作雕刻效果

（2）扫一扫二维码观看相关视频，并完成下面的题目：

扫一扫观看水晶效果制作视频

① 在Photoshop中，常常运用钢笔工具来勾画路径，再将路径转成选区，其快捷键是（　　）。

A. Ctrl+Enter　　B. Alt+Shift　　C. Alt+Ctrl　　D. Alt

② 在Photoshop中，“基底凸现滤镜”滤镜属于（　　）滤镜的子滤镜。

A. 风格化　　B. 素描　　C. 纹理　　D. 艺术效果

③ 在Photoshop中，“波浪”滤镜属于（　　）滤镜的子滤镜。

A. 风格化　　B. 扭曲　　C. 纹理　　D. 艺术效果

④ 在Photoshop中，“路璜”滤镜属于（　　）滤镜的子滤镜。

A. 风格化　　B. 素描　　C. 光照　　D. 艺术效果

⑤ 在Photoshop中，调整图像颜色常用到“自动色阶”命令，其快捷键是（　　）。

A. Ctrl+Shift+L　　B. Ctrl+Shift+B　　C. Ctrl+Shift+U　　D. Ctrl+Shift+I

课堂学习任务

运用提供的素材制作水晶冰块效果，并完成水果广告设计，效果如图 6-2 所示。

■图 6-2　完成效果

学习目标与重点和难点

学习目标	（1）能按要求绘制立方体，填充立方体进行水晶轮廓绘制。 （2）能运用基底凸现滤镜、"珞璜"滤镜、"波浪"滤镜进行冰块效果制作。 （3）能调整冰块图形以及其他素材进行效果修饰。
学习重点和难点	（1）绘制立方体路径，填充立方体（重点）。 （2）运用"基底凸现"滤镜、"珞璜"滤镜、"波浪"滤镜进行水晶效果制作（难点）。 （3）调整冰块图形以及其他素材进行效果修饰（重点）。

任务 1　立方体轮廓绘制

本任务主要学习如何绘制立方体路径、填充立方体的制作方法。在学习的过程中可结合"做一做"的知识点进行思考，并运用提供的素材按要求边学边做，要求熟练掌握"轮廓绘制"的操作。

◆制作步骤

■ 任务 1

（1）新建大小为 20 厘米 ×15 厘米、像素为 150 像素 / 英寸的文件，并新建“图层 1”，如图 6-3 和图 6-4 所示。

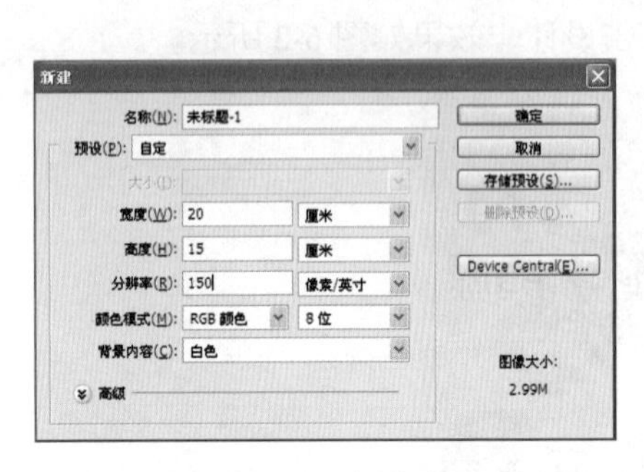

■图 6-3　新建文件

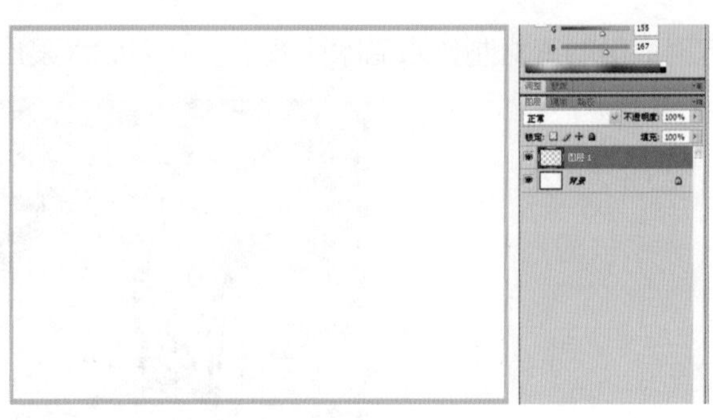

■图 6-4　新建“图层 1”

（2）绘制一个有圆角的立方体（选择圆角矩形工具，在工具选项栏中激活路径图标，设置圆角的半径为 20，按住 Shift 键，绘制出一个正方形路径。自由变换后调整成平行四边形效果。），如图 6-5 所示。

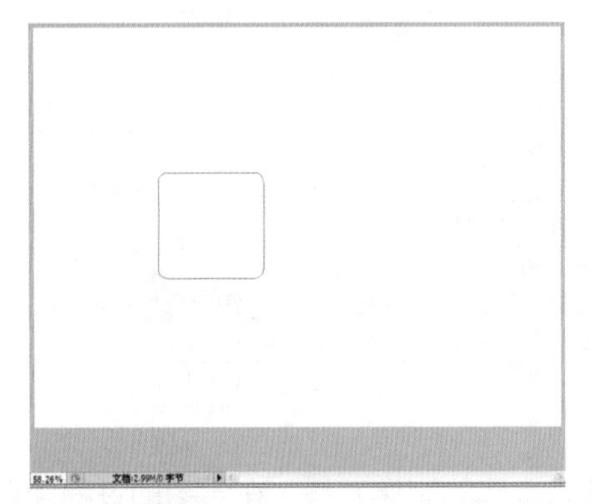

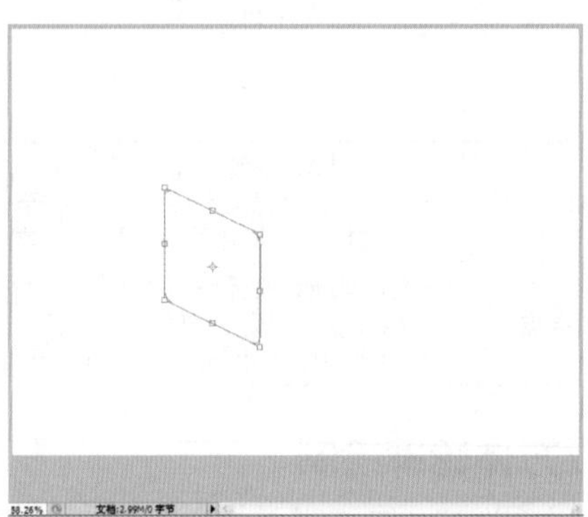

■图 6-5　制作平行四边形效果

（3）复制一个路径（使用路径选择工具选中路径，按住 Alt 键即可），然后右击该路径，单击“水平翻转”命令，如图 6-6 和图 6-7 所示。

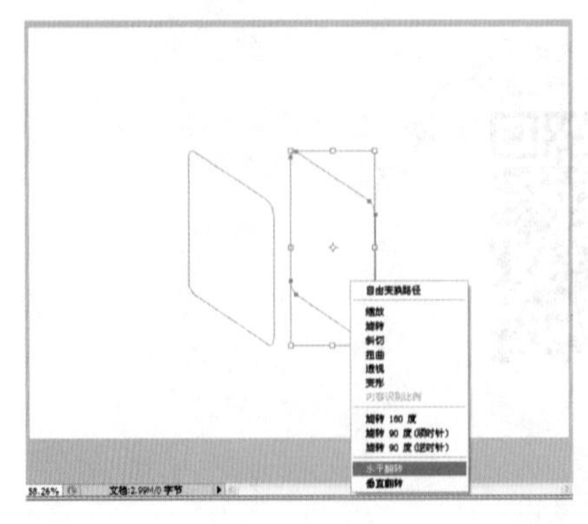

■图 6-6　单击“水平翻转”命令

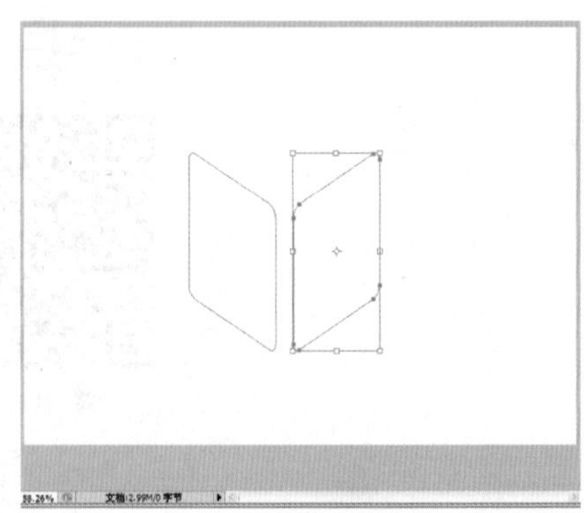

■图 6-7　水平翻转效果

（4）再右击，单击扭曲，将鼠标指针放置在中间结点位置并移动右边的立方体侧面到合适的位置，如图 6-8 和图 6-9 所示。

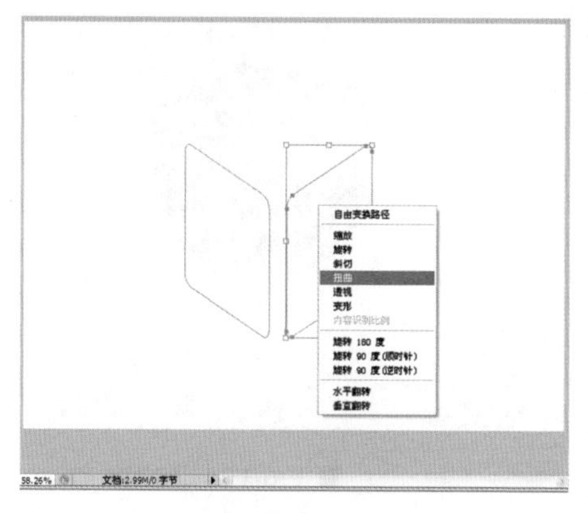

■图 6-8　单击“扭曲”命令

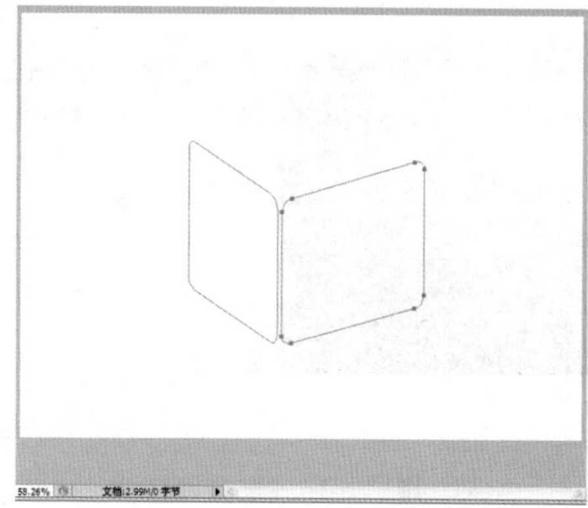

■图 6-9　扭曲效果

（5）复制一个路径，放置在立方体顶部，变换路径到合适的位置，如图 6-10 和图 6-11 所示。

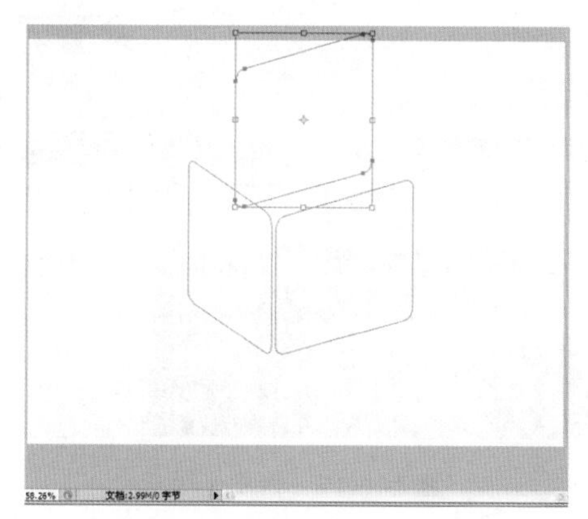

■图 6-10　复制路径

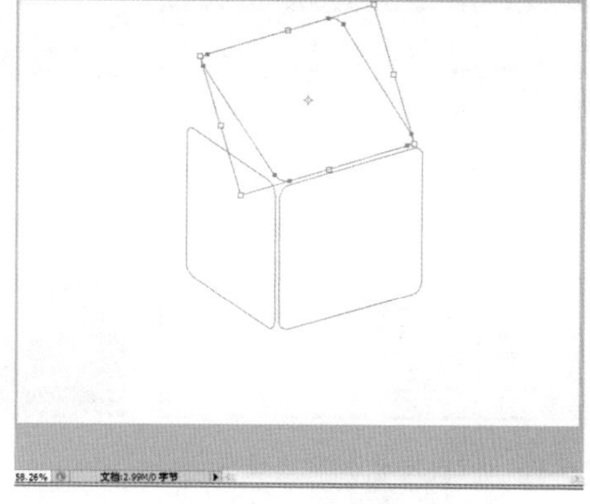

■图 6-11　变换路径效果

（6）右击路径，单击“扭曲”命令，将鼠标指针放置在中间结点位置调整到合适位置，如图 6-12 和图 6-13 所示。

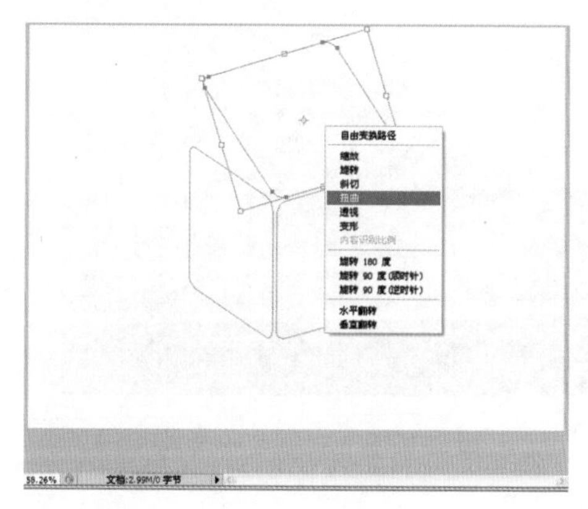

■图 6-12　单击“扭曲”命令

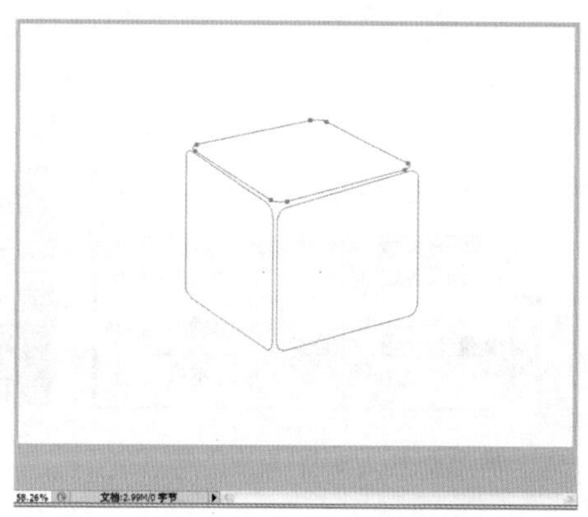

■图 6-13　扭曲效果

（7）将路径转成选区并填充红色（R230、G30、B26），如图 6-14 和图 6-15 所示。

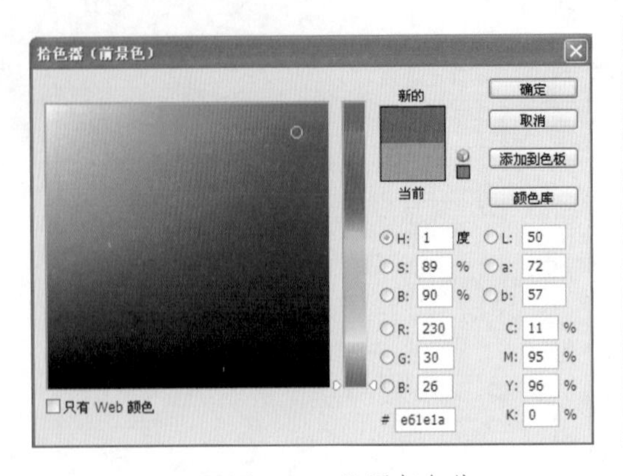

■图 6-14　设置颜色值

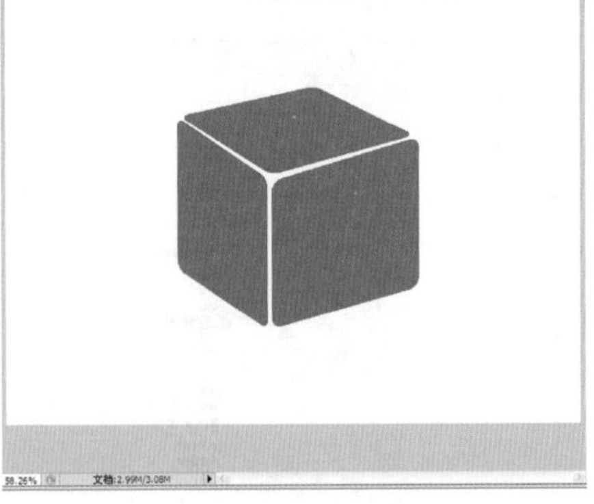

■图 6-15　填充红色

（8）在“图层 1”中双击，调出“图层样式”对话框，设置内发光效果。激活“背景”图层，填充浅蓝到深蓝的渐变，如图 6-16 和图 6-17 所示。

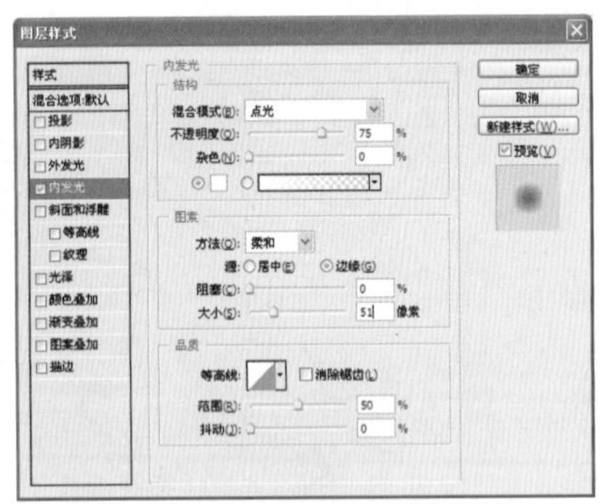

■图 6-16　“内发光”参数设置

■图 6-17　内发光效果

（9）激活“图层 1”，将立方体载入选区。单击“选择”→“修改”→“收缩”选区命令，如图 6-18 和图 6-19 所示。

■图 6-18　收缩选区参数

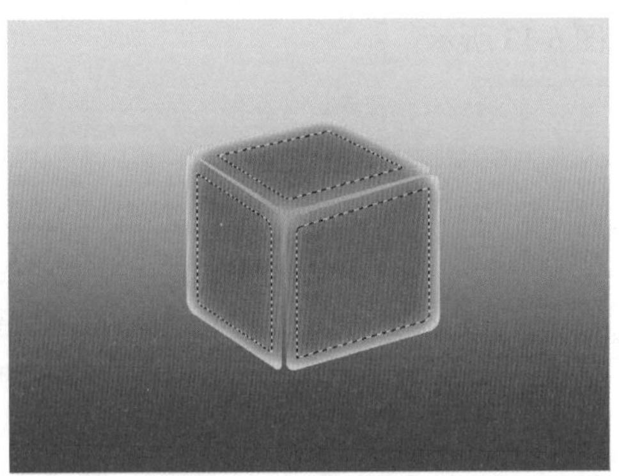

■图 6-19　收缩选区效果

（10）将选区羽化 10，如图 6-20 和图 6-21 所示。

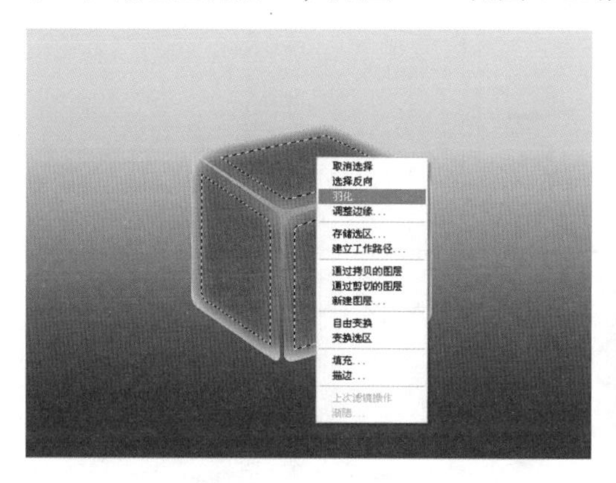

■图 6-20　单击“羽化”命令

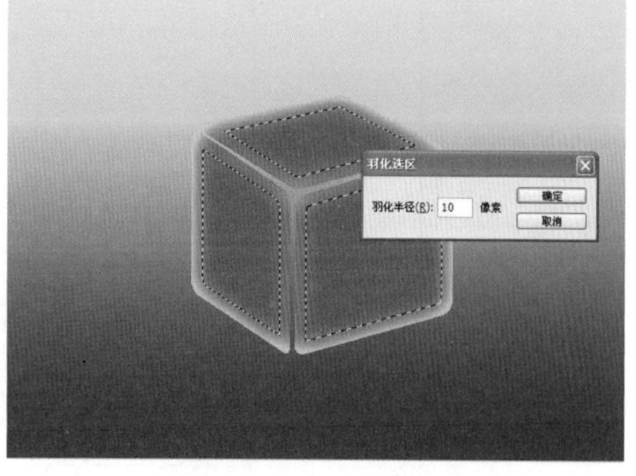

■图 6-21　设置羽化参数

（11）新建“图层 2”，设置前景色为（R255、G134、B23），如图 6-22 和图 6-23 所示。

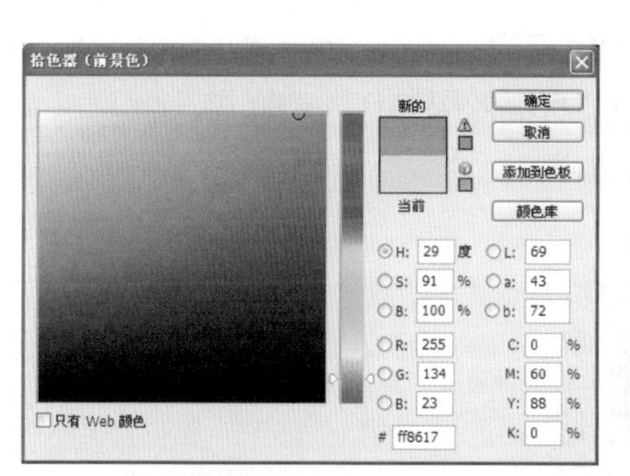

■图 6-22　设置颜色值

■图 6-23　填充效果

（12）合并“图层 1”和“图层 2”，如图 6-24 所示。

■图 6-24　合并图层

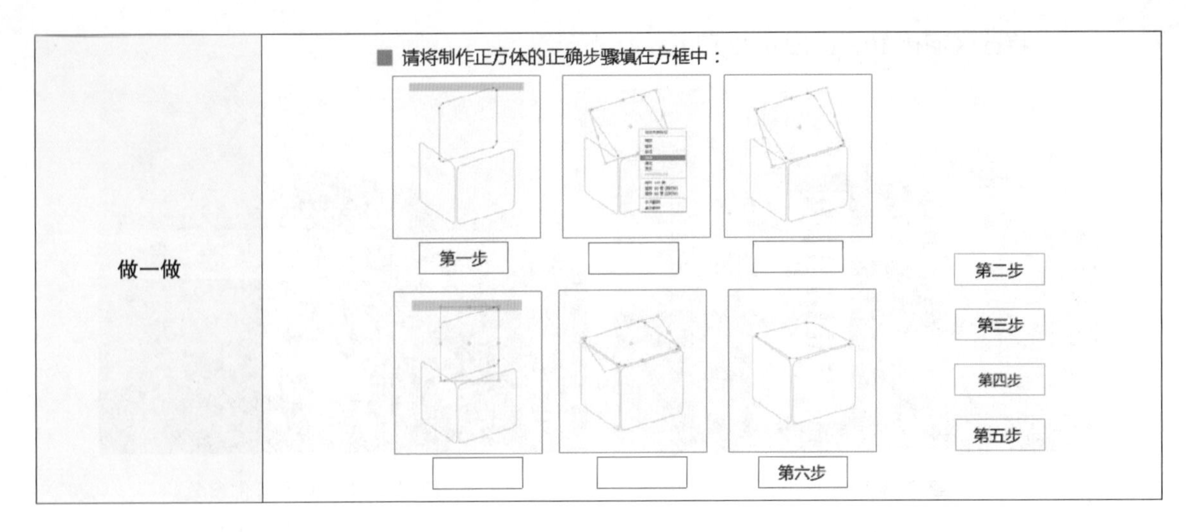

任务 2　水晶效果制作

本任务主要学习应用“基底凸现”滤镜、“珞璜”滤镜、“波浪”滤镜制作水晶的方法，掌握应用图层混合模式进行冰块的效果修饰的方法。在学习的过程中可结合“做一做”的知识点进行思考，并运用提供的素材按要求边学边做，要求熟练掌握“水晶效果制作”的操作。

◆制作步骤

（1）复制“图层 2”，并打开“色相 / 饱和度”对话框，调整参数为 -35、0、0，如图 6-25 和图 6-26 所示。

■图 6-25　“色相 / 饱和度”对话框

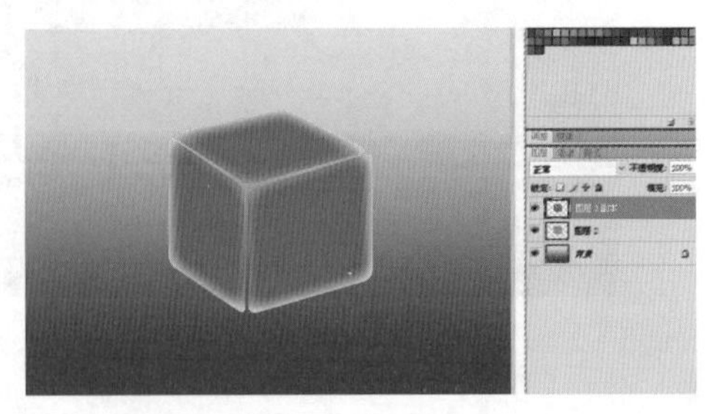

■图 6-26　色相 / 饱和度效果

（2）选择矩形选框工具，框选立方体，范围不要太大，合适就行。恢复前后背景色为黑白，单击“滤镜”→“素描”→“基底凸现”命令，设置数值14、1、左，如图6-27和图6-28所示。

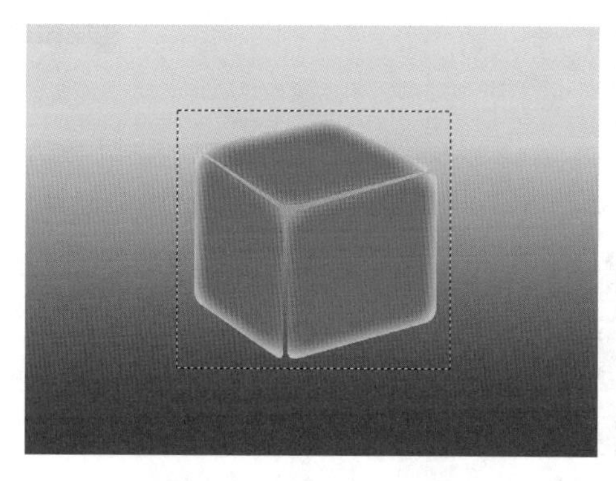

■图6-27　框选立方体

■图6-28　“基底凸现”对话框

（3）单击“滤镜”→“素描”→“珞璜”命令，设置参数并调整自动色阶（按Ctrl+Shift+L组合键），完成后取消选区，如图6-29和图6-30所示。

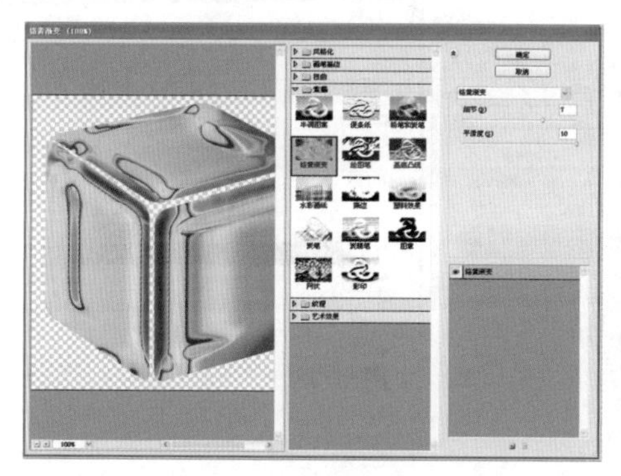

■图6-29　珞璜数值

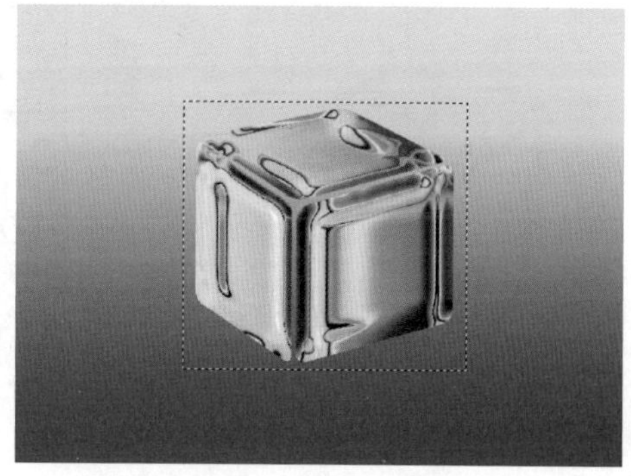

■图6-30　珞璜效果

（4）单击“滤镜”→“扭曲”→“波浪”命令，设置参数为15、62、127、1、1、100、100，如图6-31和图6-32所示。

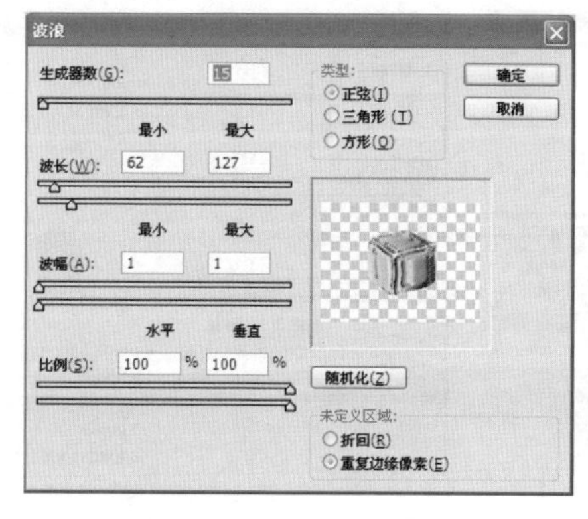

■图6-31　波浪参数

■图6-32　波浪效果

（5）调整上下图层位置，选择“图层 2”，重复波浪滤镜（按 Ctrl+F 组合键），使之与下面的图形吻合，如图 6-33 和图 6-34 所示。

■图 6-33　调整上下图层位置

■图 6-34　重复波浪滤镜效果

（6）调整图层，对刚才做的珞璜渐变的图层进行色阶调整，如图 6-35 和图 6-36 所示。

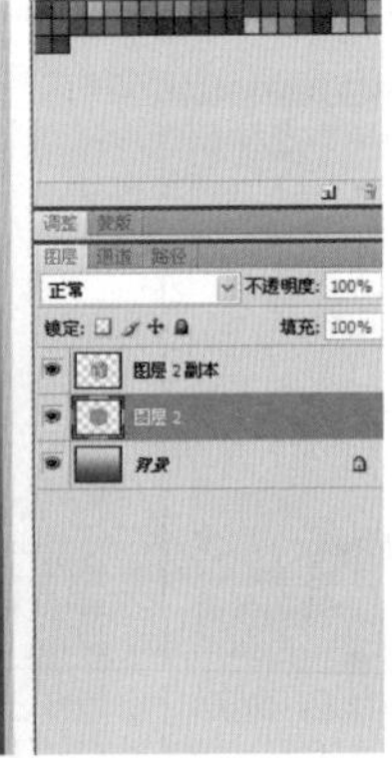

■图 6-35　调整并选择图层

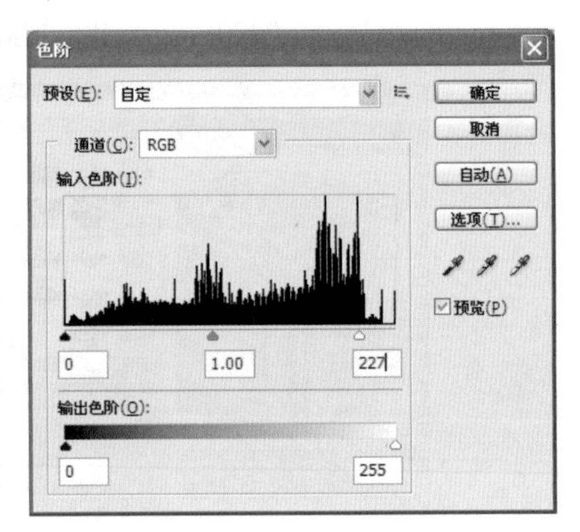

■图 6-36　色阶参数设置

（7）复制副本图层，单击“滤镜”→“扭曲”→“波浪”命令，设置参数为 100、62、127、1、1、100、100，如图 6-37 和图 6-38 所示。

■图 6-37　复制图层

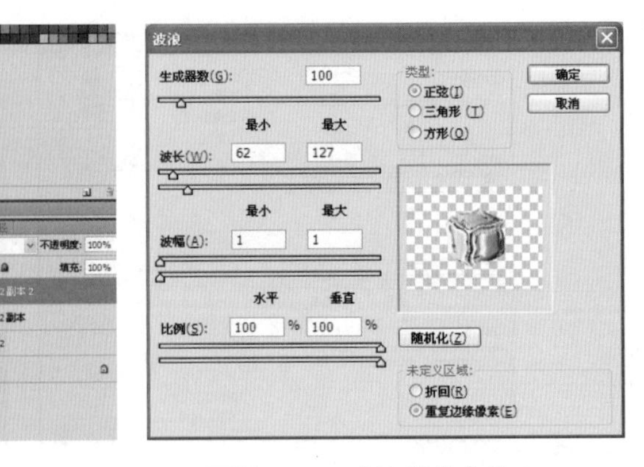

■图 6-38　波浪滤镜参数 1

（8）再执行一次，参数设置为400、34、132、1、1、100、100，按住Ctrl键，导入下面图层的选区，如图6-39和图6-40所示。

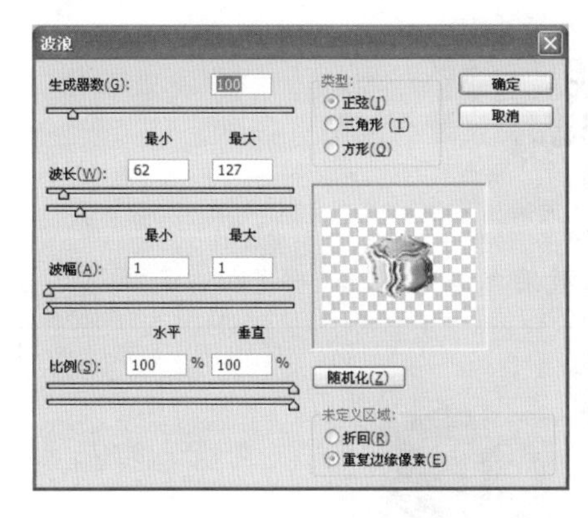

■图6-39　波浪滤镜参数2

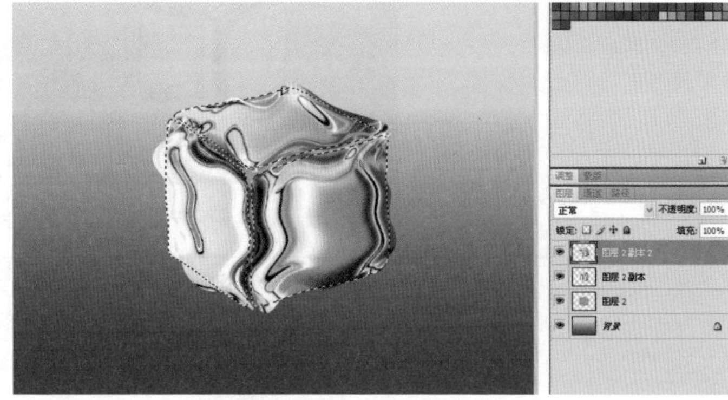

■图6-40　波浪滤镜效果

（9）单击“建立蒙版”按钮，设置图层混合模式为“叠加”，如图6-41和图6-42所示。

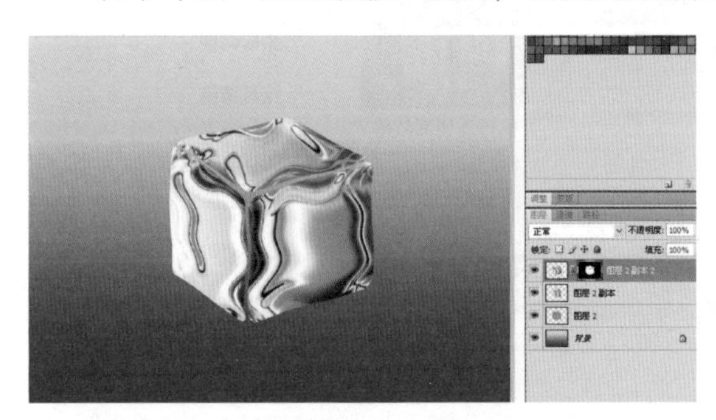

■图6-41　建立蒙版

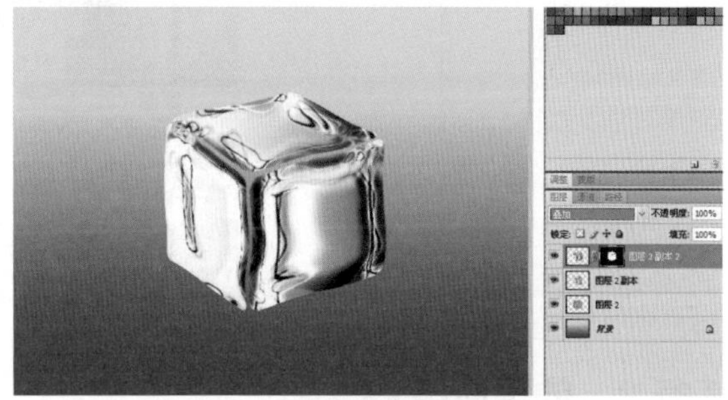

■图6-42　“叠加”混合模式效果

（10）更改“图层2副本”图层的混合模式为“线性光”，合并“背景”层上面的3个图层，如图6-43和图6-44所示。

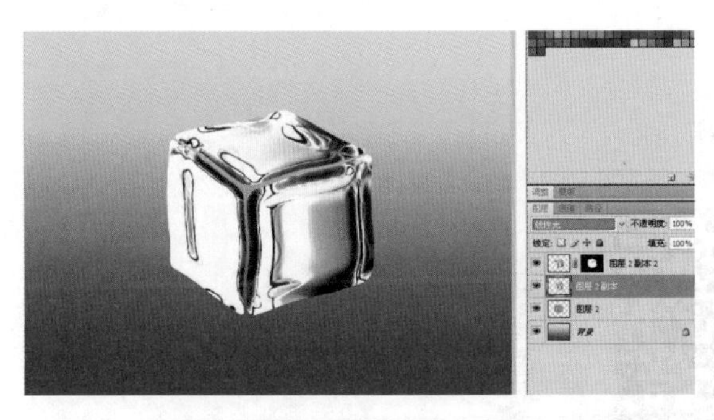

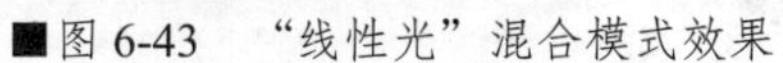

■图6-43　“线性光”混合模式效果

■图6-44　合并图层

（11）设置图层混合模式为“明度”，完成水晶冰块的制作，如图6-45所示。

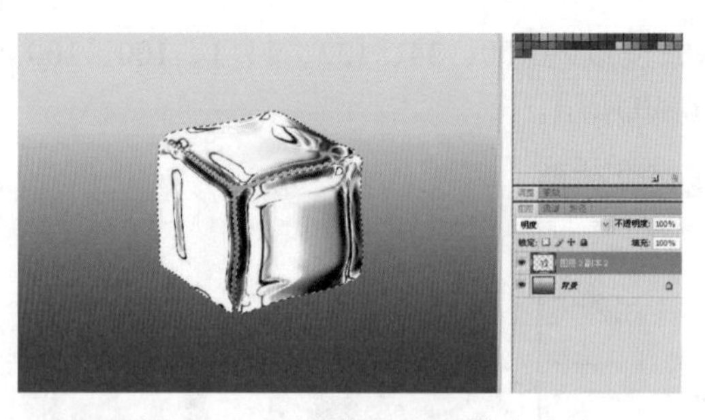

■图 6-45 “明度”混合模式效果

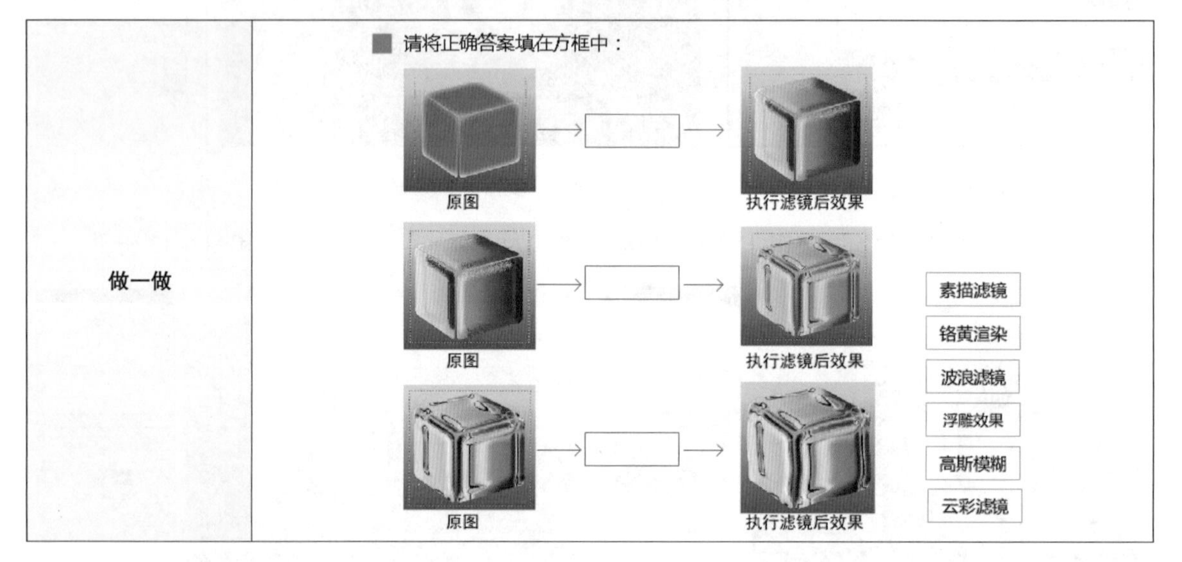

任务 3 效果应用

本任务主要学习如何进行调整冰块素材、水果素材处理、文字素材处理、Logo 素材处理的方法。在学习的过程中可结合“做一做”的知识点进行思考，并运用提供的素材按要求边学边做，要求熟练掌握“效果应用”的操作。

◆**制作步骤**

（1）双击界面灰色工作区，打开素材文件，将冰块粘贴进来，如图 6-46 和图 6-47 所示。

■图 6-46　打开素材

■图 6-47　粘贴素材

（2）设置图层混合模式为明度，如图 6-48 所示。

■图 6-48　“明度”混合模式效果

（3）移动复制出三个冰块。双击灰色工作区打开水果素材，如图 6-49 和图 6-50 所示。

■图 6-49　复制冰块

■图 6-50　水果素材

（4）载入选区，将所需图像粘贴到图像窗口中，缩放到合适的大小，如图 6-51 和图 6-52 所示。

■图 6-51　粘贴素材

■图 6-52　调整素材大小

（5）打开文字素材，将文字复制到水果图像文件中，自由变换并放到合适的位置，如图 6-53 和图 6-54 所示。

■图 6-53　文字素材

■图 6-54　粘贴文字

（6）打开 Logo 素材，将其复制到水果文件中，调整好大小，即完成加有水晶冰块的果缤纷饮料的招贴设计，如图 6-55 和图 6-56 所示。

■图 6-55　粘贴 Logo 素材

■图 6-56　调整素材大小

做一做	■ 请将正确答案填在方框中： （1）要选择多个不连续的图层快捷键为：——→ □ （2）要选择多个连续的图层快捷键为：——→ □ （3）运用直线工具，按住Shift 键可方便绘制：——→ □ （4）由中心向四周等比例缩放图像的快捷键为：→ □	Ctrl Ctrl+D Ait+Shift Shift 10°倍数直线 15°倍数直线

拓展训练

请使用Photoshop软件完成“冰块效果制作”，如图6-57所示，完成后请按要求提交作品原文件。

■图 6-57　冰块效果制作

课后测试

① 按住(　　)键可绘制出一个正方形路径，按住Alt+Shift组合键可由中心绘制一个正圆路径。

A. Shift　　B. Alt+Shift　　C. Alt+Ctrl　　D. Alt

② 下面效果图由左到右的效果使用了（　　）滤镜中基底凸现变换图像，使之呈现浮雕的雕刻状和突出光照下变化各异的表面。图像的暗区呈现前景色，而浅色使用背景色。调节数值，得到样张效果。

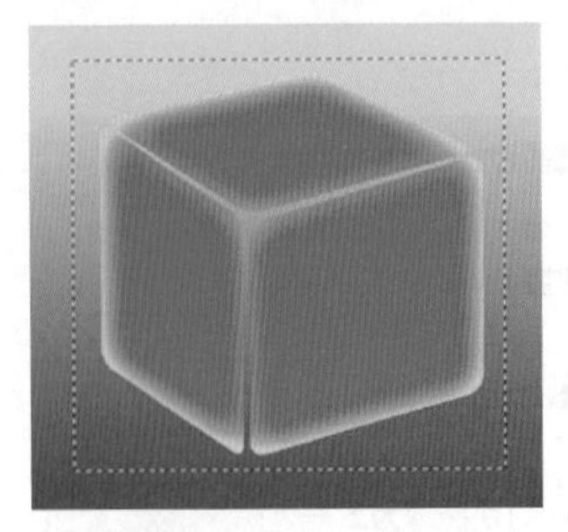 

A. 素描　　B. 高斯　　C. 光照　　D. 浮雕

③ 下面效果图由左到右的效果使用了(　　)滤镜来渲染图像，就好像它具有擦亮的铬黄表面。高光在反射表面上是高点，阴影是低点。调节珞璜滤镜面板，得到样张效果。

A. 素描　　B. 高斯　　C. 光照　　D. 铬黄

④ 下面效果图由左到右的效果使用了（　　）滤镜。

 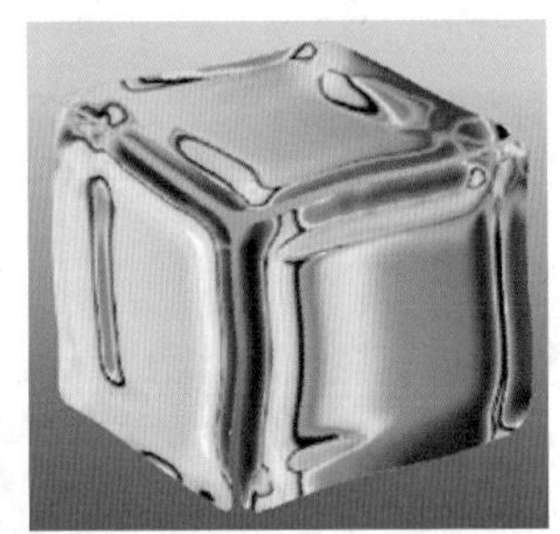

A. 波浪　　B. 高斯　　C. 光照　　D. 铬黄

⑤ 在 Photoshop 中，（　　），可在色板中改变工具箱中的背景色。

A. 按住 Alt 键，并单击鼠标

B. 按住 Ctrl 键，并单击鼠标

C. 按住 Shift 键，并单击鼠标

D. 按住 Shift+Ctrl 键，并单击鼠标

⑥ 在 Photoshop 的颜色拾取器中，对颜色默认的描述方式是（　　）。

A. RGB　　B. HSB　　C. Lab　　D. CMYK

⑦ 在 Photoshop 中 CMYK 颜色模式是一种印刷模式，在印刷中代表四种颜色的油墨，CMYK 模式产生颜色的方法被称为（　　）。

A. 加色法　　B. 减色法　　C. 色相　　D. 饱和度

⑧ 在 Photoshop 中，PDF 格式支持 RGB、CMYK、索引颜色、灰度、位图和（　　）色彩模式。

A. PICT　　B. PNG　　C. Lab　　D. TGA

⑨ 在 Photoshop 中，用铅笔工具可画出棱角比较突出的曲线或直线，画出的颜色为（　　）。

A. 背景色　　B. 前景色　　C. 渐变色　　D. 填充色

⑩ 在 Photoshop 中，橡皮擦工具可将图像原本的颜色擦除至工具箱中的（　　），并可将图像还原到“历史”面板中图像的任何一种状态。

A. 渐变色　　B. 前景色　　C. 背景色　　D. 填充色

项目十四　木纹纹理制作

课前学习工作页

（1）打开一个图像，大小修改为 1024×768 像素、分辨率为 72dpi、颜色模式为 RGB 的文件，并尝试运用“云彩”滤镜制作天空效果，如图 6-58 所示。

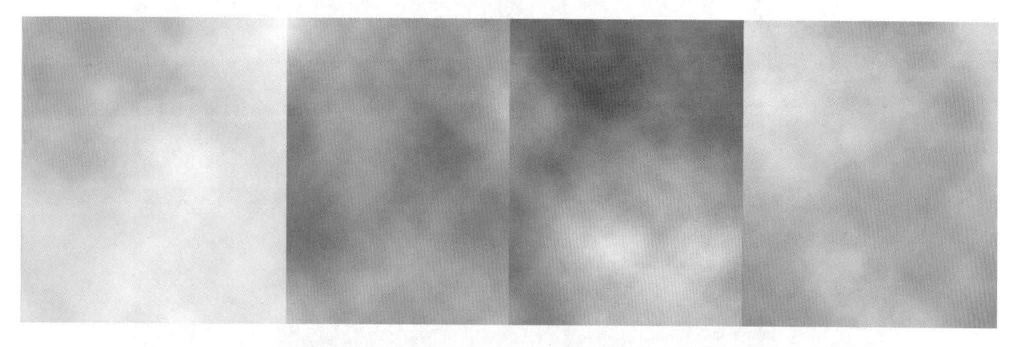

■图 6-58　用“云彩”滤镜制作天空效果

（2）扫一扫二维码观看相关视频，并完成下面的题目：

扫一扫观看木纹纹理制作视频

① 在 Photoshop 中，“云彩”滤镜属于（　　）滤镜的子滤镜。

A. 风格化　　B. 渲染　　C. 纹理　　D. 艺术效果

② 在 Photoshop 中，运用“云彩”滤镜的天空效果，天空颜色主要与（　　）颜色有关。

A. 图像颜色　　B. 图像颜色模式　　C. 前景色和背景色　　D. “云彩”滤镜参数

③ 在 Photoshop 中，“海绵”滤镜属于（　　）滤镜的子滤镜。

A. 风格化　　B. 渲染　　C. 纹理　　D. 艺术效果

④ 在木纹纹理制作案例中，用到了高斯模糊滤镜、动感模糊滤镜、云彩滤镜、海绵滤镜和(　　)滤镜。

A. 旋转扭曲滤镜　　B. 光照滤镜　　C. 最大值滤镜　　D. 锐化滤镜

⑤ 在 Photoshop 中，常常运用曲线调整画面色调，曲线调整的快捷键是（　　）。

A. Ctrl+M　　B. Ctrl+B　　C. Ctrl+L　　D. Ctrl+U

课堂学习任务

运用提供的素材制作木纹纹理效果，并完成果茶叶广告设计，效果如图 6-59 所示。

■图 6-59　完成效果

学习目标与重点和难点

学习目标	（1）能运用“云彩”滤镜、“海绵”滤镜、色调调整制作木纹底色、运用“旋转扭曲”滤镜、曲线颜色调整制作木纹机理制作出木纹纹理效果。 （2）能进行 Logo 素材处理，树叶素材处理、木纹素材处理完成纹理应用。
学习重点和难点	（1）运用“云彩”滤镜、“海绵”滤镜等制作木纹底色（重点）。 （2）运用“旋转扭曲”滤镜、调整颜色曲线制作木纹机理（重点）。 （3）综合运用“云彩”滤镜、“海绵”滤镜、“旋转扭曲”滤镜等滤镜制作木纹纹理（难点）。

任务 1　素材准备

在本案例中，需要茶壶素材、花纹图案素材、木纹特效图案、树叶图像、Logo，在 Photoshop 软件中进行云彩滤镜、海绵滤镜、旋转扭曲滤镜等特效制作以及混合模式的设置，制作出木纹纹理效果。如图 6-60 所示。

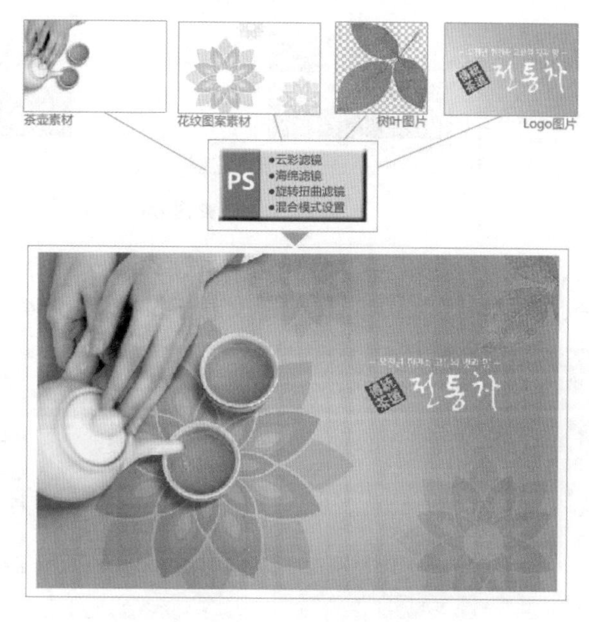

■图 6-60　素材相关准备

任务 2　纹理制作

本任务主要学习应用“云彩”滤镜、“海绵”滤镜、“旋转扭曲”滤镜制作木纹底色和肌理的方法。在学习的过程中可结合“做一做”的知识点进行思考，并运用提供的素材按要求边学边做，要求能熟练掌握“素材导入与分类管理”的操作。

◆**制作步骤**

（1）新建文件，设置如图 6-61 所示。设置前景色为 R206、G144、B105，背景色为 R234、G193、B163，如图 6-62 所示。

■图 6-61　新建文件参数

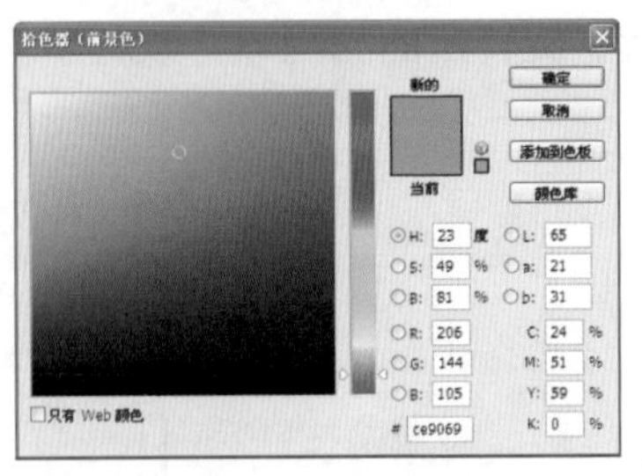

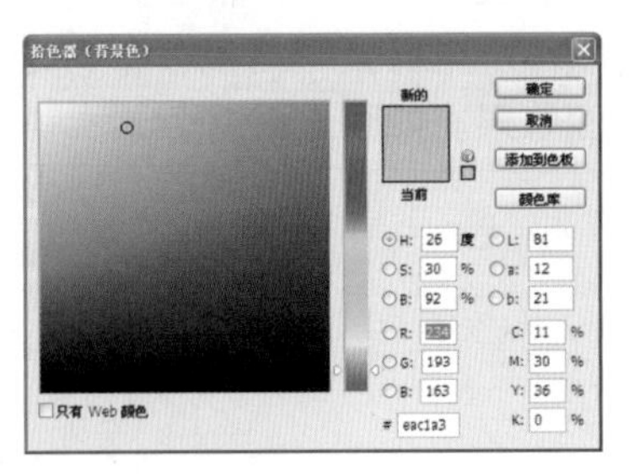

■图 6-62　前景色值

（2）新建“图层 1”，单击“滤镜”→“渲染”→“云彩效果”命令，再单击“滤镜”→“艺术效果”→“海绵”命令，设置参数为 10、25、15，如图 6-63 和图 6-64 所示。

■图 6-63　云彩效果

■图 6-64　海绵滤镜参数

（3）设置好亮度和对比度，单击“滤镜”→“模糊”→“动感滤镜”命令，如图 6-65 和图 6-66 所示。

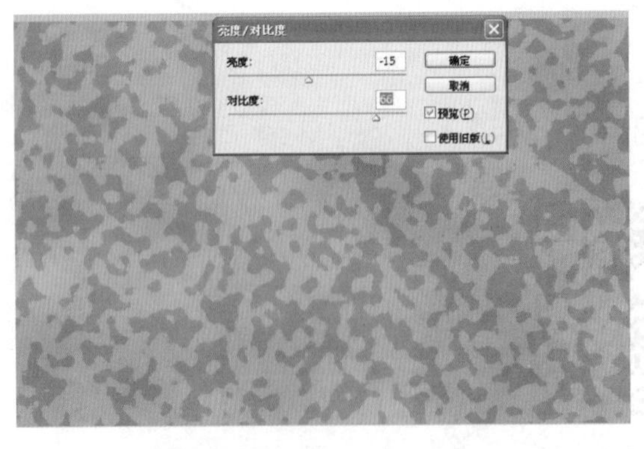

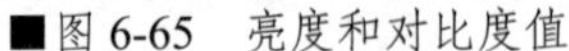

■图 6-65　亮度和对比度值

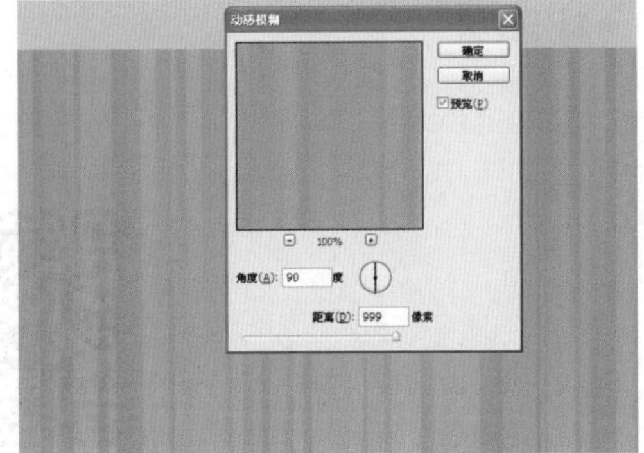

■图 6-66　动感滤镜参数

（4）使用加深工具（设置范围为阴影）将暗部加深，使画面的纹理更加明显，如图 6-67 和图 6-68 所示。

■图 6-67　暗部加深效果 1

■图 6-68　暗部加深效果 2

（5）单击“滤镜”→“扭曲”→“旋转扭曲”命令，制作一个结纹，如图 6-69 和图 6-70 所示。

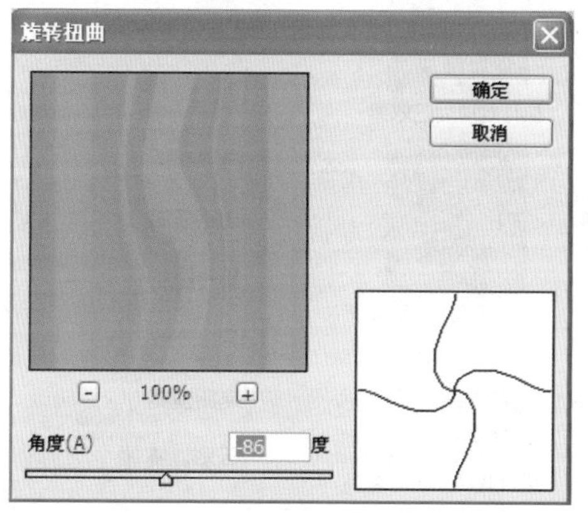

■图 6-69　“旋转扭曲”对话框

■图 6-70　旋转扭曲效果

（6）重复刚才的“扭曲”命令（按 Ctrl+F 组合键），再框选右边，单击“滤镜”→“扭曲”→“旋转扭曲”命令，如图 6-71 和图 6-72 所示。

■图 6-71　重复扭曲效果

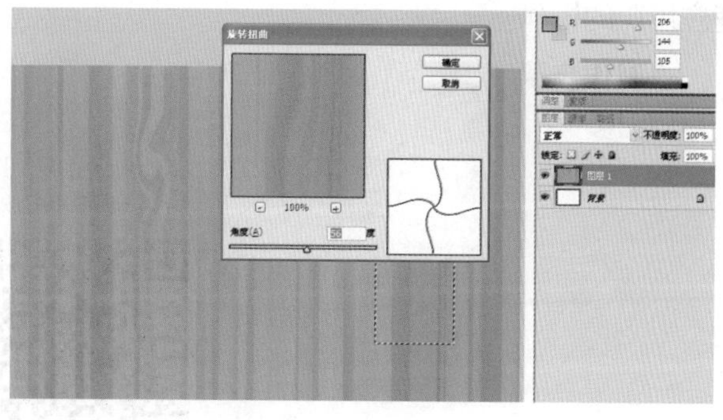

■图 6-72　旋转扭曲参数

（7）打开“曲线”对话框，微调整个画面，完成木纹纹理的制作，如图 6-73 和图 6-74 所示。

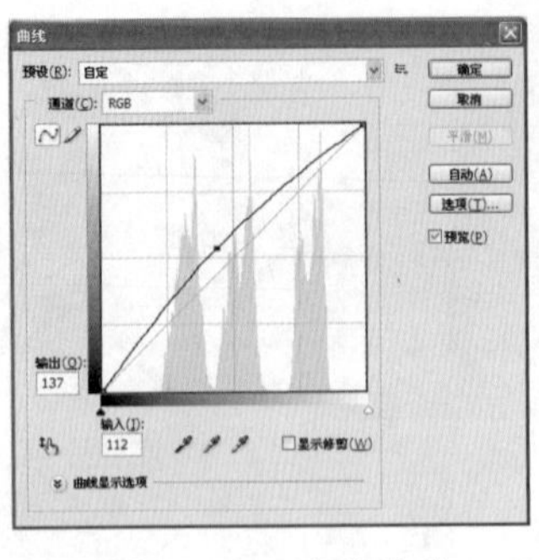

■图 6-73　曲线参数

■图 6-74　曲线调整效果

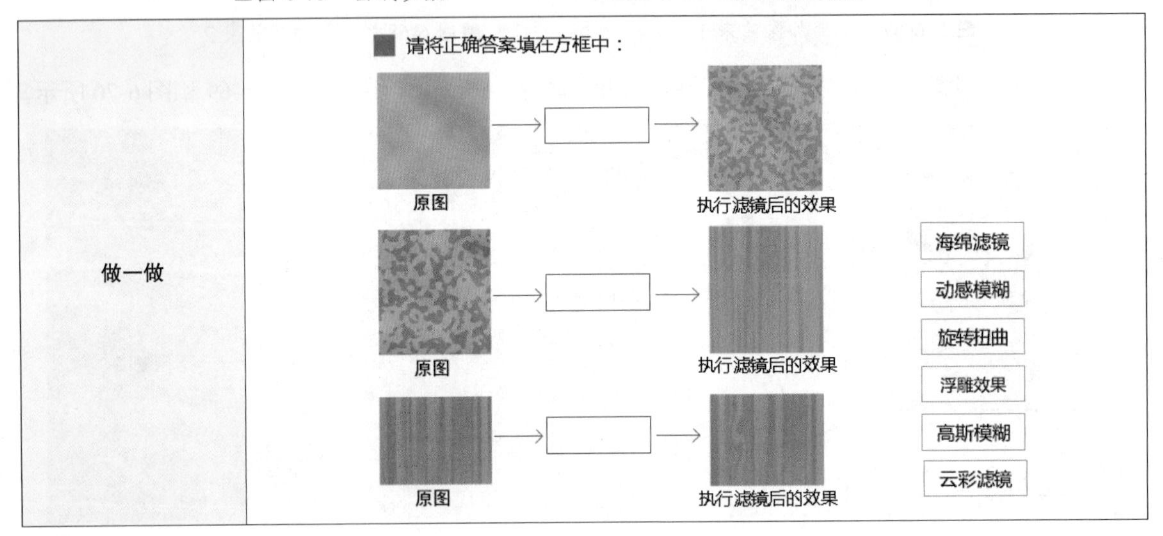

任务 3　纹理应用

本任务主要学习如何进行 Logo 素材处理、树叶素材处理、木纹素材处理的方法。在学习的过程中可结合“做一做”的知识点进行思考，并运用提供的素材按要求边学边做，要求熟练掌握“纹理应用”的操作。

◆制作步骤

（1）接下来进行纹理的运用。打开背景素材和 Logo 素材，如图 6-75 和图 6-76 所示。

■图 6-75　背景素材

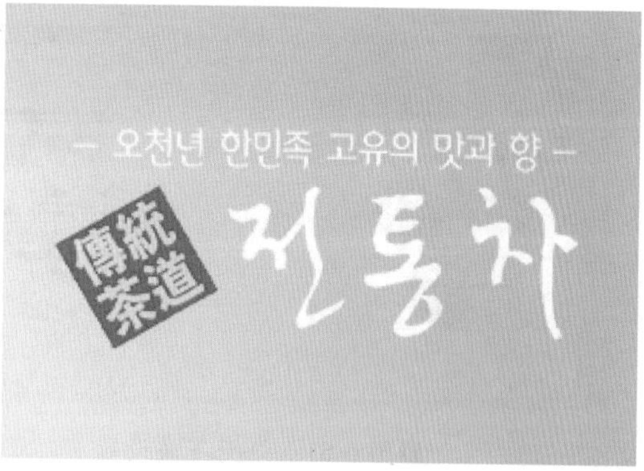

■图 6-76　Logo 素材

（2）这是一张 PSD 素材，有图层，直接选中 Logo 图层，将其载入选区，复制并粘贴图案到图像窗口中，如图 6-77 和图 6-78 所示。

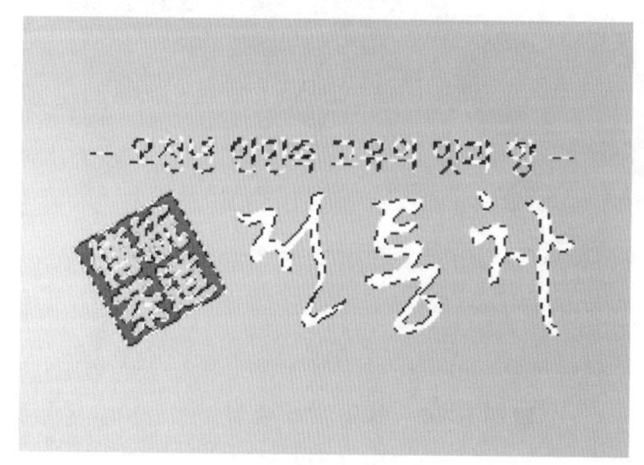

■图 6-77　载入选区

■图 6-78　粘贴图案

（3）设置前景色 R252、G247、B212，背景色为 R198、G182、B114，在“背景”层上新建“图层 2”，并为它做个褐色的渐变，Logo 图案才能显示出来，如图 6-79 和图 6-80 所示。

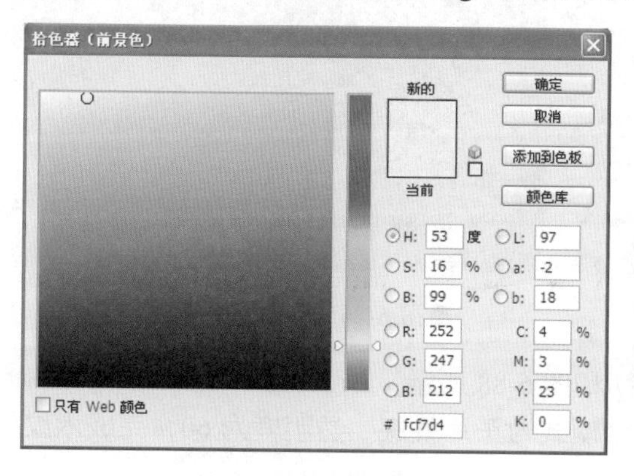

■图 6-79　前景色参数

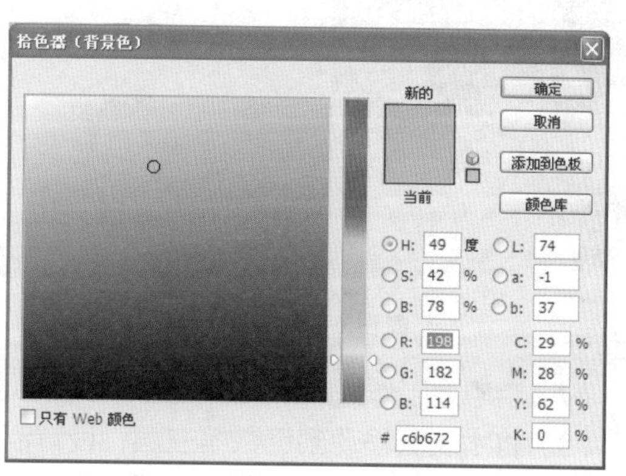

■图 6-80　背景色参数

（4）选择渐变工具，进行浅黄到深黄的径向渐变，如图 6-81 和图 6-82 所示。

■图 6-81　渐变工具设置

■图 6-82　径向渐变效果

（5）打开树叶素材，将其复制过来，如图 6-83 和图 6-84 所示。

■图 6-83　树叶素材

■图 6-84　粘贴树叶素材

（6）打开图案花纹素材，将其复制到茶叶的图像窗口，如图 6-85 和图 6-86 所示。

■图 6-85　花纹素材

■图 6-86　粘贴花纹素材

（7）将刚才制作好的木纹放上去，如图 6-87 和图 6-88 所示。

（8）将木纹层移动到倒数第三层，设置混合模式为正片叠底、透明度为 60，完成木纹效果的运用，如图 6-89 和图 6-90 所示。

■图 6-87　已制作完成的木纹

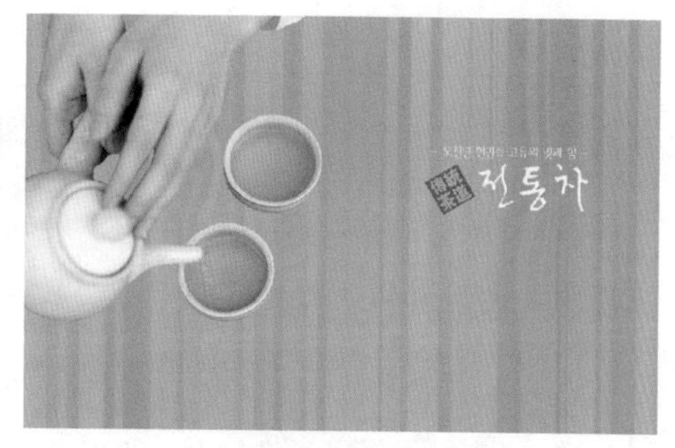

■图 6-88　合成效果

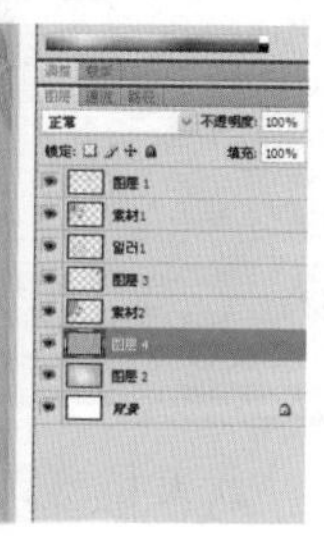

■图 6-89　移动木纹层

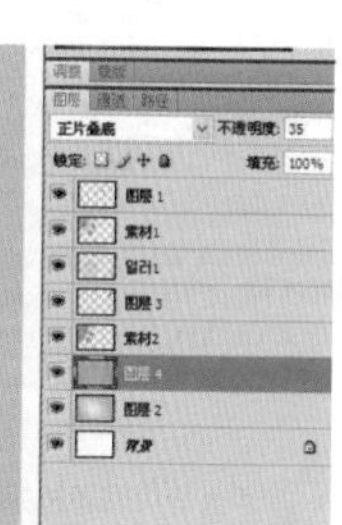

■图 6-90　更改混合模式和透明度

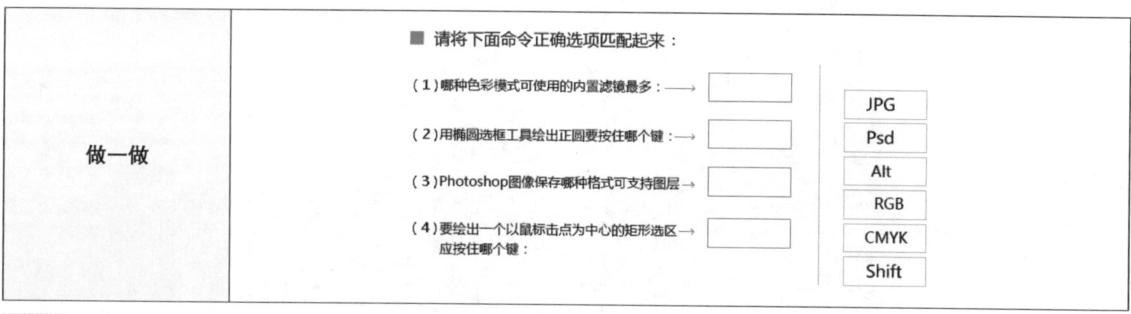

做一做

■ 请将下面命令正确选项匹配起来：

（1）哪种色彩模式可使用的内置滤镜最多：→
（2）用椭圆选框工具绘出正圆要按住哪个键：→
（3）Photoshop图像保存哪种格式可支持图层→
（4）要绘出一个以鼠标击点为中心的矩形选区→应按住哪个键：

JPG
Psd
Alt
RGB
CMYK
Shift

拓展训练

要求使用Photoshop软件完成“文字”木纹效果，完成后按要求提交作品原文件，如图6-91所示。

■图 6-91　“文字”木纹效果

课后测试

① 在木纹纹理制作案例中，用到了高斯模糊滤镜、动感模糊滤镜、云彩滤镜、海绵滤镜和(　　)滤镜特效。

A. 旋转扭曲滤镜　B. 光照滤镜　C. 最大值滤镜　D. 锐化滤镜

② 下图中由左到右的效果使用了(　　)滤镜。

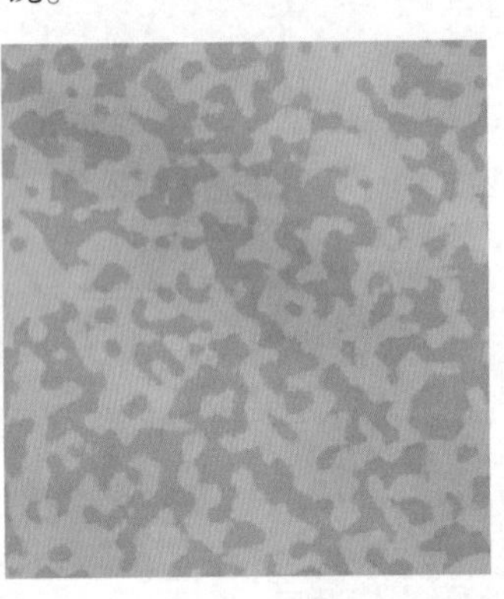

A. 海绵滤镜　B. 光照滤镜　C. 最大值滤镜　D. 锐化滤镜

③ 下图中由左到右的效果使用了(　　)滤镜。

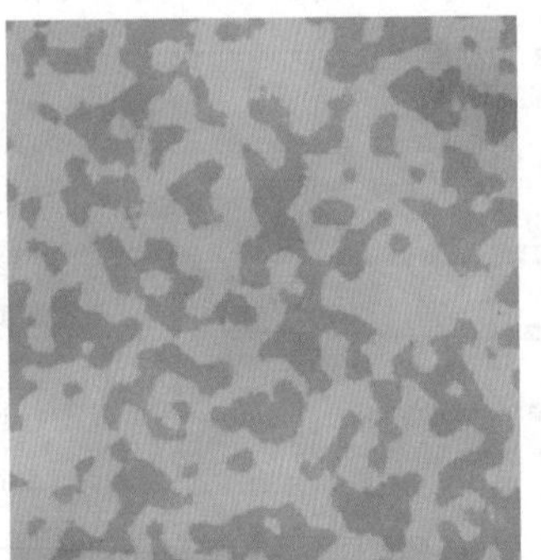

A. 海绵滤镜　B. 光照滤镜　C. 动感模糊　D. 锐化滤镜

④ 下图中由左到右的效果使用了(　　)滤镜。

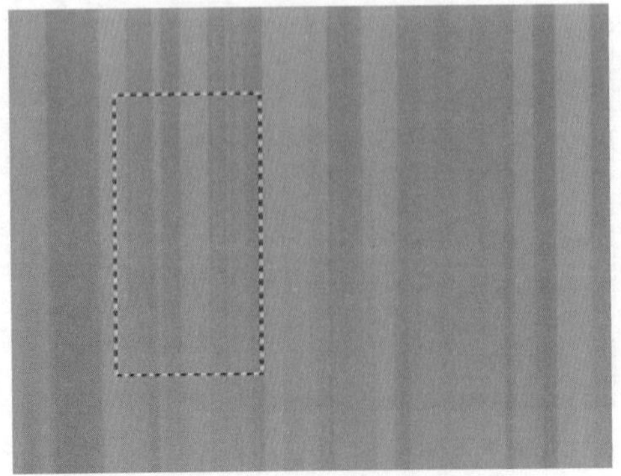

A. 旋转扭曲滤镜　B. 光照滤镜　C. 最大值滤镜　D. 锐化滤镜

⑤ 在 Photoshop 中，通过仿制图章工具将一张图像复制到另外的图像上时，两张图像的（　　）必须一样才可以执行此项操作。

A. 像素　　B. 分辨率　　C. 通道数量　　D. 色彩模式

⑥ 在 Photoshop 中，连接弯曲的路径即一条连续的波浪形状，是通过称为平滑点的（　　）来连接的。

A. 方向点　　B. 锚点　　C. 角点　　D. 端点

⑦ 通道在 Photoshop 中用来保存图像的（　　）和选择范围。

A. 像素　　B. 颜色信息　　C. 分辨率　　D. 色彩模式

⑧ 在 Photoshop 中，颜色信息通道的多少是由选择的（　　）决定的。

A. 路径　　B. 像素　　C. 色彩模式　　D. 图层

⑨ 在 Photoshop 中，除了图像默认的颜色信息通道以外，还可以另外建立新的通道，这些通道被称为（　　）。

A. 路径　　B. 专色通道　　C. 色彩模式　　D. Alpha 通道

⑩ 在 Photoshop 中，可以将专色通道和彩色通道合并，也可以将专色通道的信息分配到各颜色（　　）中。

A. 图层　　B. 路径　　C. 选择范围　　D. 通道

项目十五　霓虹灯效果制作

课前学习工作页

（1）打开一个图像，设置大小为 1024×768 像素、分辨率为 72dpi、颜色模式为 RGB，并尝试运用“高斯模糊”滤镜、“色相 / 饱和度”命令制作镜头效果，如图 6-92 所示。

■图 6-92　用“高斯模糊”滤镜、“色相 / 饱和度”命令制作的效果

（2）扫一扫二维码观看相关视频，并完成下面的题目：

扫一扫观看霓虹灯效果制作视频

① 在霓虹灯效果案例中，用到了（　　）、通道计算、七彩渐变填充等命令。

A. 高斯模糊滤镜　B. 光照滤镜　C. 最大值滤镜　D. 锐化滤镜

② 在 Photoshop 中，“通道计算”命令在于（　　）菜单中。

A. 图层　B. 编辑　C. 滤镜　D. 图像

③ 在霓虹灯效果案例中用到了“反相”命令（快捷键为 Ctrl+I），此命令位于反向（　　）菜单中。

A. 图层　B. 调整　C. 编辑　D. 应用图像

④ 在霓虹灯效果案例中，运用了图层样式设置，以下（　　）选项不属于图层样式。

A. 描边　B. 填充　C. 颜色叠加　D. 投影

⑤ 在霓虹灯效果案例中，运用了图层样式设置，以下（　　）选项属于图层样式。

A. 强光　B. 柔光　C. 亮光　D. 光泽

课堂学习任务

运用提供的素材制作霓虹灯效果，并完成恭贺元旦广告设计，效果如图 6-93 所示。

■图 6-93　完成效果

学习目标与重点和难点

学习目标	（1）能运用“高斯模糊”滤镜、“计算”命令创建通道 Alpha 等进行通道处理。 （2）能运用七彩渐变填充、曲线调整图像制作霓虹灯效果。
学习重点和难点	（1）如何综合运用“高斯模糊”滤镜“计算”命令创建通道 Alpha 完成霓虹灯字效果制作（难点）。 （2）填充七彩渐变、曲线调整图像制作霓虹灯效果（重点）。

任务 1　素材准备

在本任务中，需要一张手写体“恭贺”图像和有装饰图案的图像，运用高斯模糊滤镜、通道运算、渐变填充、图层样式设置等进行霓虹灯字的制作，如图 6-94 和图 6-95 所示。

■图 6-94　“恭贺”图像

■图 6-95　装饰图案

任务 2　主体文字制作

本任务主要学习如何应用“高斯模糊”滤镜、“计算”命令来制作霓虹灯字效果的方法。在学习的过程中可结合“做一做”的知识点进行思考，并运用提供的素材按要求边学边做，要求熟练掌握“主题文字制作”的操作。

◆**制作步骤**

（1）打开素材文件，按住 Alt 键的同时单击“恭贺”图层的缩览图，将该图层载入选区，如图 6-96 和图 6-97 所示。

■图 6-96　打开素材

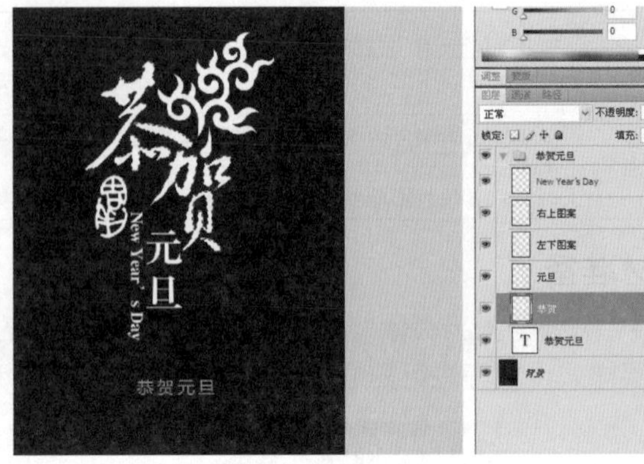

■图 6-97　载入选区

（2）在“通道”面板中，创建 Alpha1 通道，如图 6-98 所示。

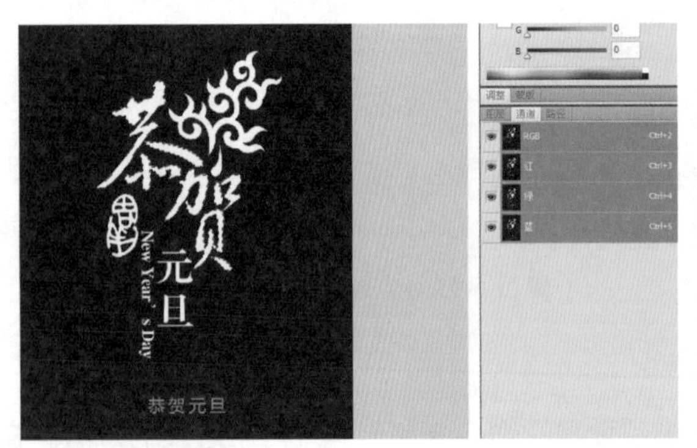

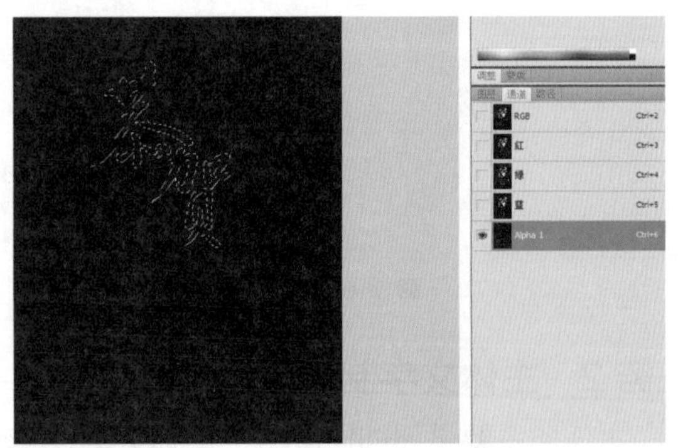

■图 6-98　创建新通道

（3）在通道中填充白色，复制 Alpha1 通道并命名为 Alpha2 通道（直接将 Alpha1 拖移到新建通道图标上进行复制），取消选区，如图 6-99 所示。

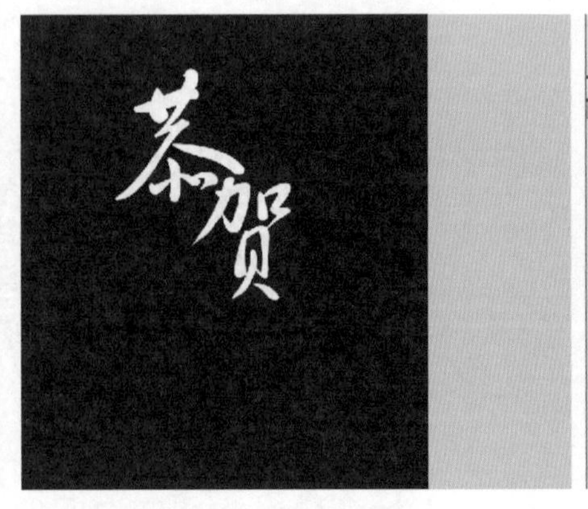

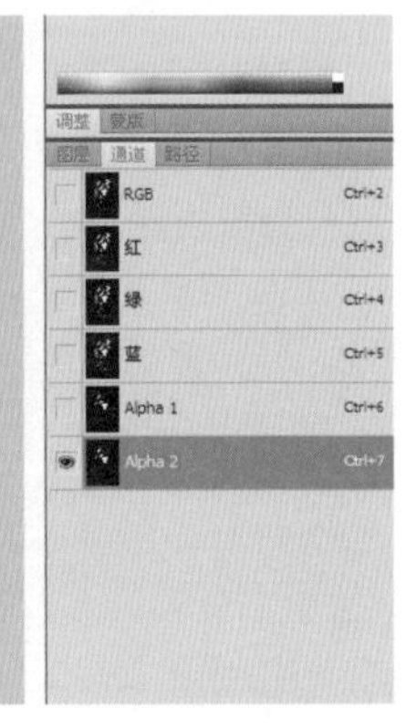

■图 6-99　填充白色并复制通道

（4）在 Alpha2 中进行高斯模糊（单击“滤镜”→“模糊”→“高斯模糊”命令，设置高斯模糊半径为 10，单击“确定”按钮），如图 6-100 和图 6-101 所示。

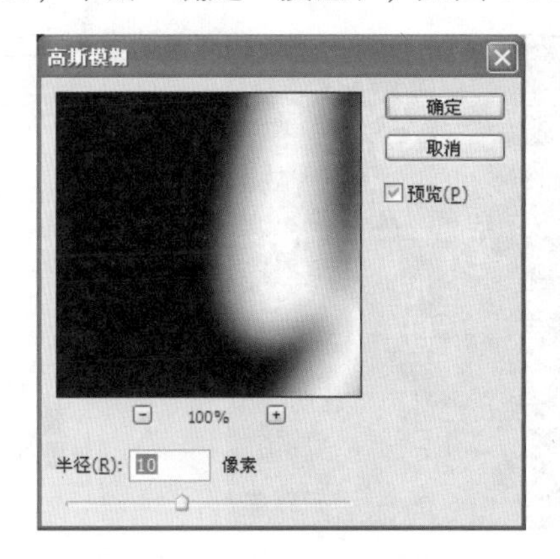

■图 6-100　高斯模糊参数　　■图 6-101　高斯模糊效果

（5）单击“图像”“计算”命令，“计算”对话框设置如图 6-102 所示，效果如图 6-103 所示：

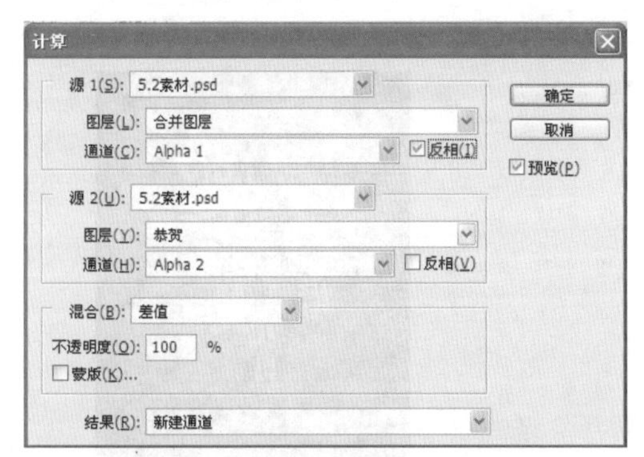

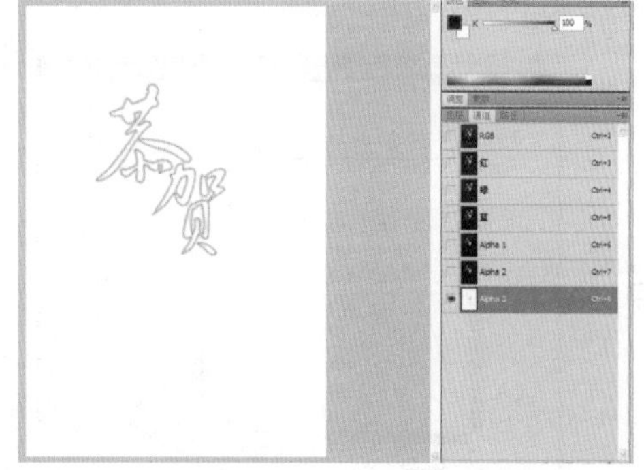

■图 6-102　“计算”对话框　　■图 6-103　计算效果

（6）单击“图像”→“调整”→“反相”命令，全选通道，将有“恭贺”字的通道粘贴到图层中，隐藏“恭贺”文字层，如图 6-104 和图 6-105 所示。

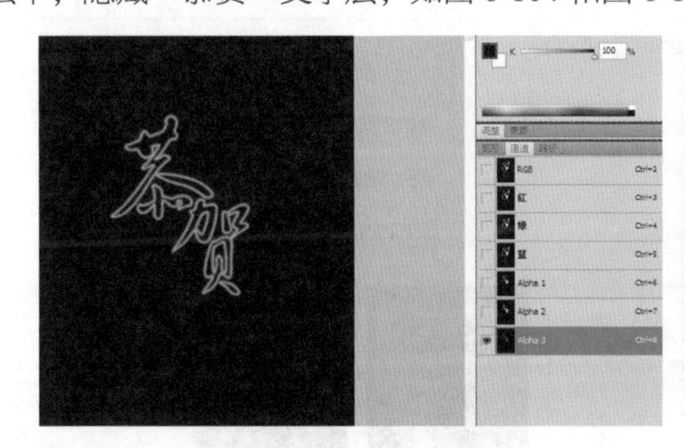

■图 6-104　图像反相效果　　■图 6-105　隐藏“恭贺”文字层

（7）在渐变工具栏中设置七彩渐变、模式为颜色、渐变形式为径向，在“图层 1”中从中心向右下画射线，完成文字上色，如图 6-106 和图 6-107 所示。

■图 6-106　七彩渐变设置

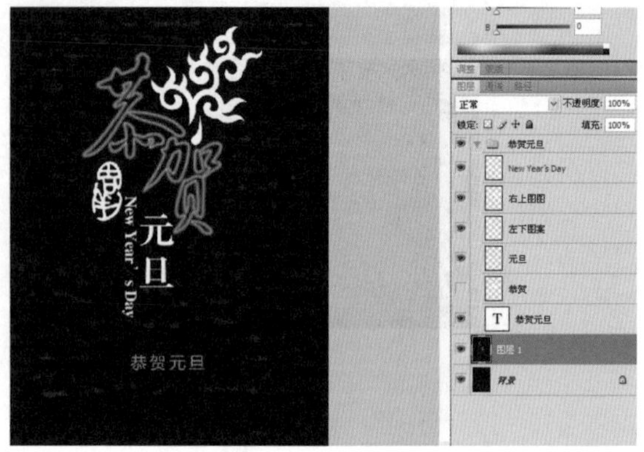

■图 6-107　七彩渐变效果

（8）调整它的亮度，使之更耀眼。单击“图像”→“调整”→“曲线”命令，将其调亮，如图 6-108 和图 6-109 所示。

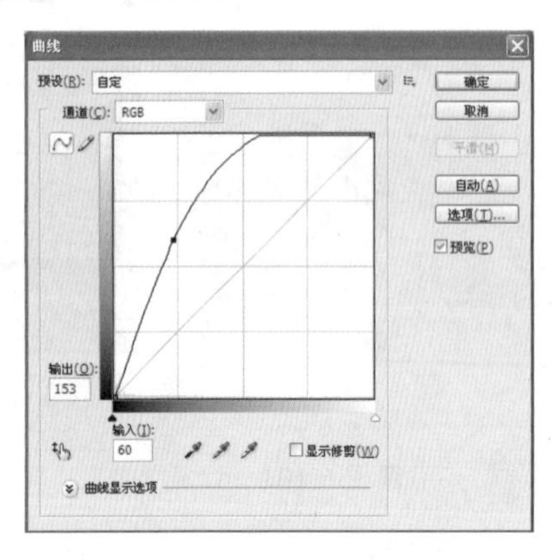

■图 6-108　曲线参数

■图 6-109　曲线调整效果

做一做	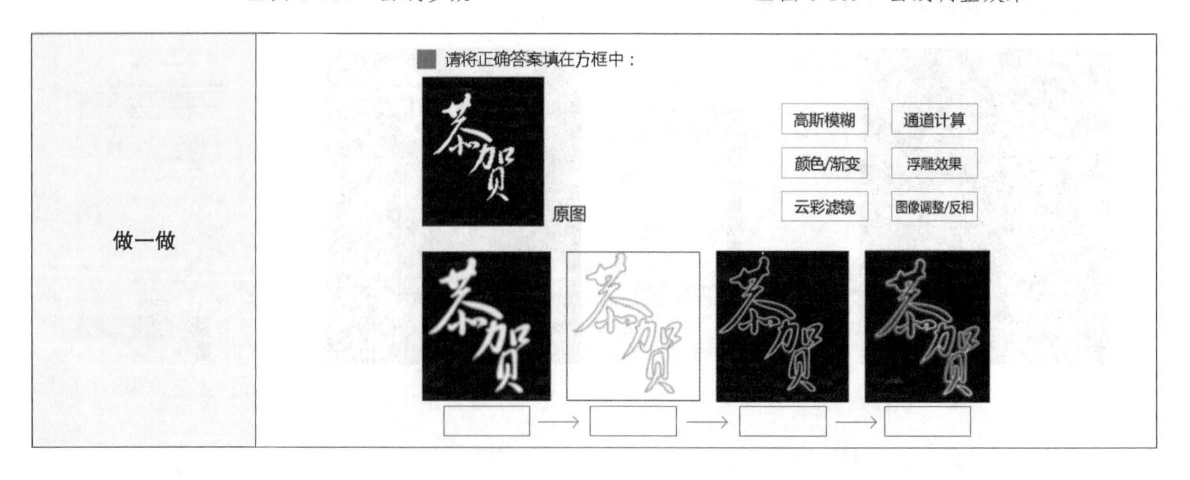

任务 3　图案效果修饰

本任务主要学习如何进行图案修饰、辅助文字处理的方法。在学习的过程中可结合“做一做”的知识点进行思考，并运用提供的素材按要求边学边做，要求熟练掌握“图案效果修饰”的操作。

◆**制作步骤**

（1）在“右上图案”图层中双击调出“图层样式”对话框，添加（投影、内阴影、外发光、内发光、斜面浮雕、颜色叠加）样式效果，如图 6-110 ~ 图 6-117 所示。

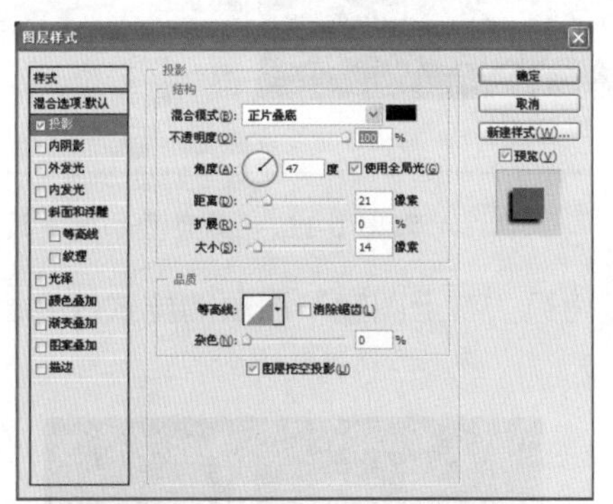

■图 6-110　投影样式设置

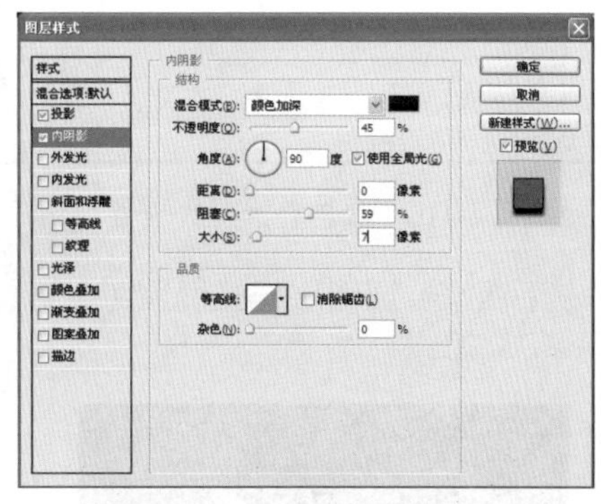

■图 6-111　内阴影样式设置

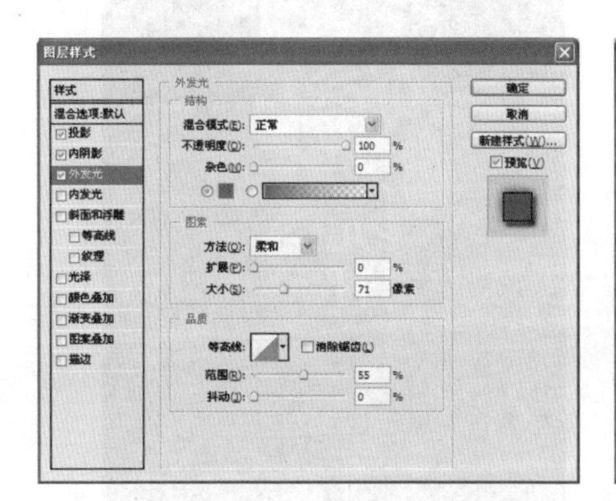

■图 6-112　外发光样式设置

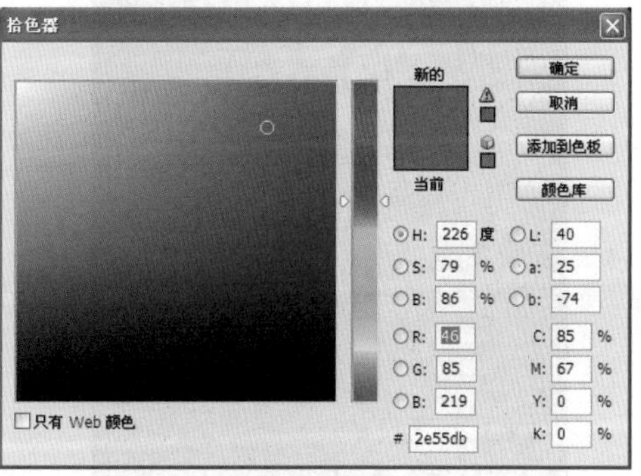

■图 6-113　外发光颜色设置

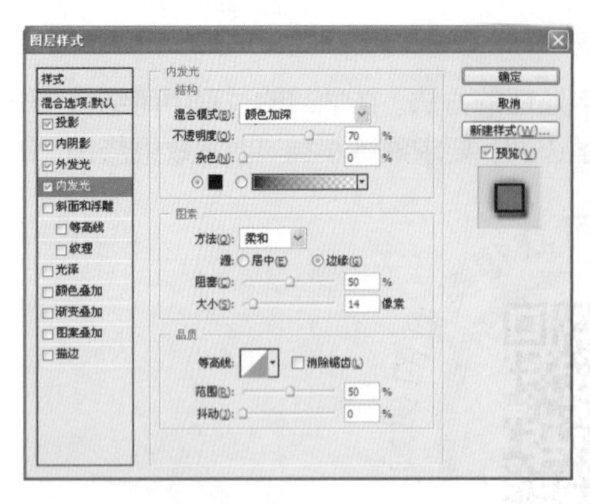

■图 6-114　内发光样式设置

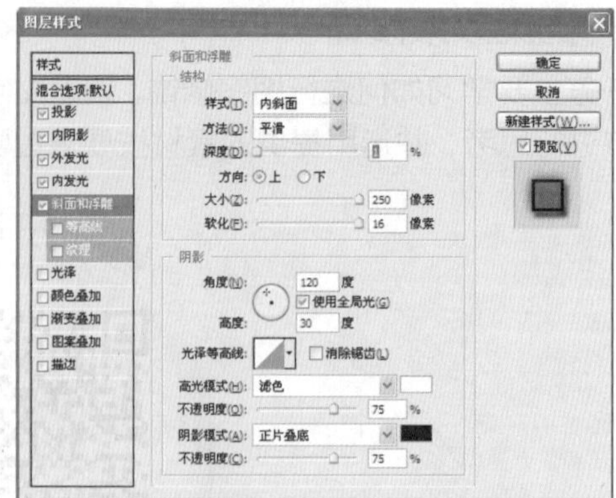

■图 6-115　斜面浮雕样式设置

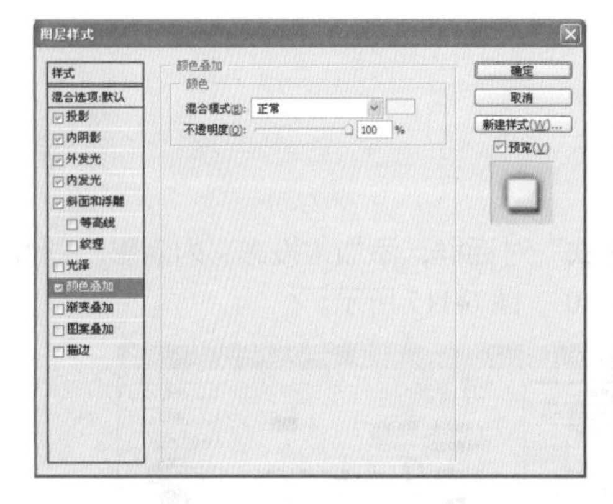

■图 6-116　颜色叠加样式设置

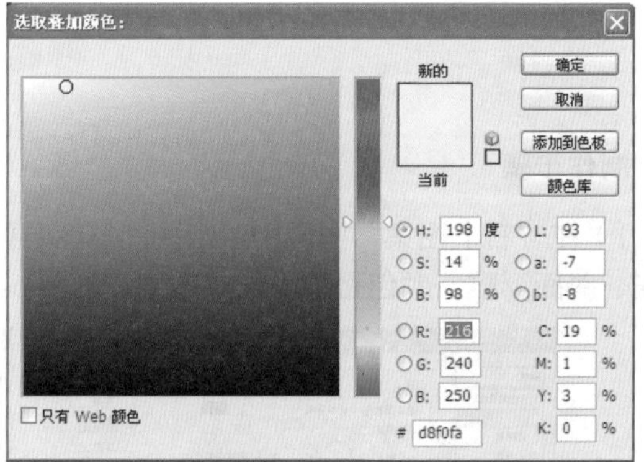

■图 6-117　颜色叠加参数设置

（2）“左下图案”层图层样式设置可以直接拷贝“右上图案”图层的样式效果，如图 6-118 和图 6-119 所示。

■图 6-118　拷贝图层样式前的效果

■图 6-119　拷贝图层样式后的效果

（3）给“元旦”文字层进行图层样式设置（投影、外发光、内阴影、颜色叠加），如图 6-120 ~ 图 6-125 所示。

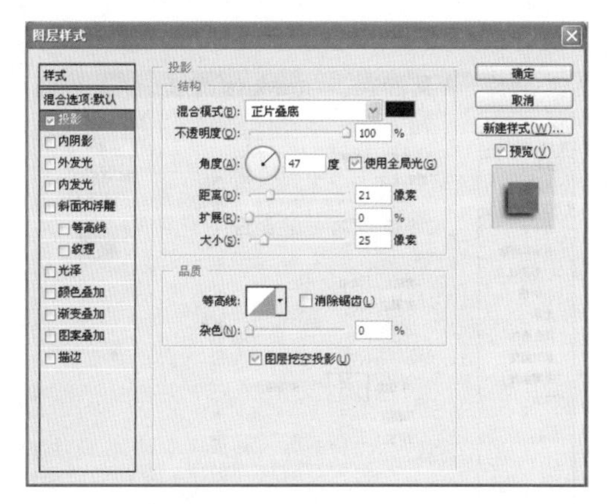

■图 6-120　投影样式设置

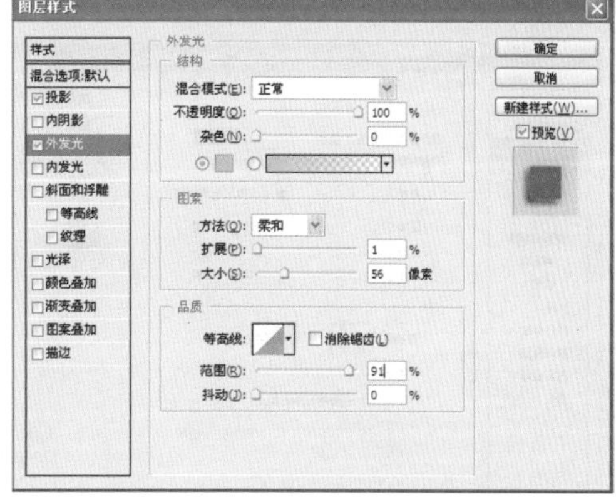

■图 6-121　外发光样式设置

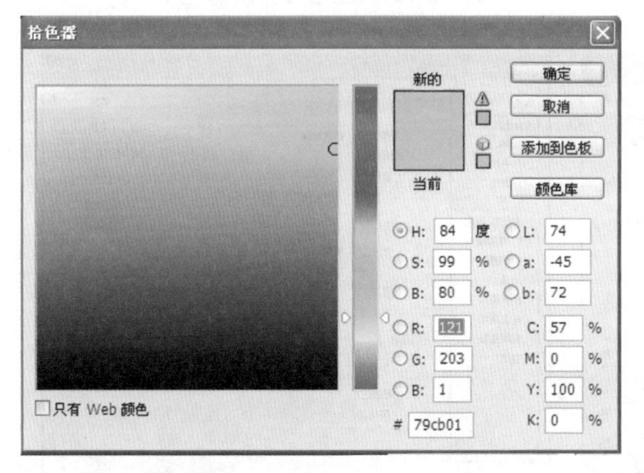

■图 6-122　外发光颜色设置

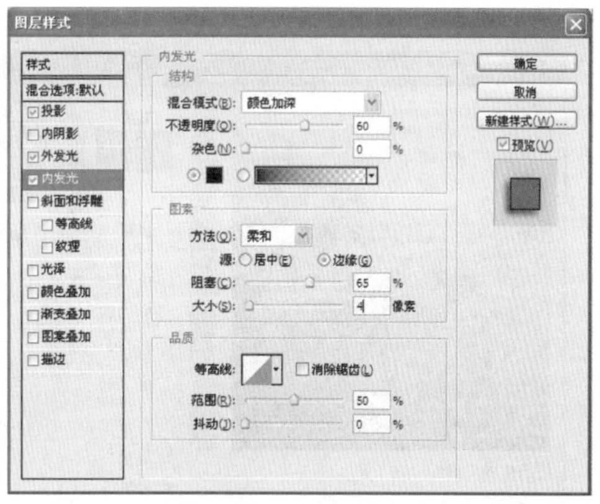

■图 6-123　内发光样式设置

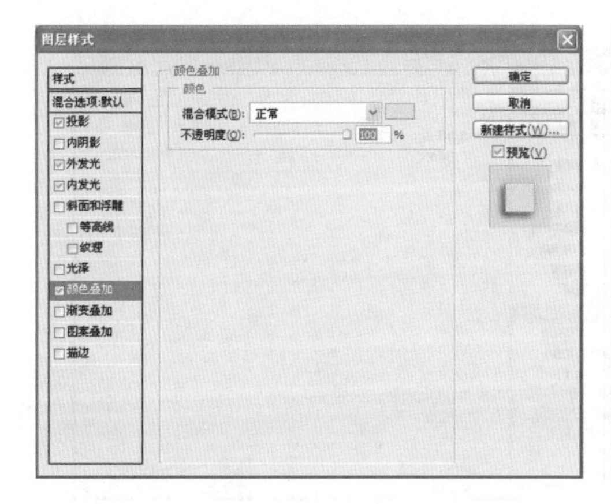

■图 6-124　颜色叠加样式设置

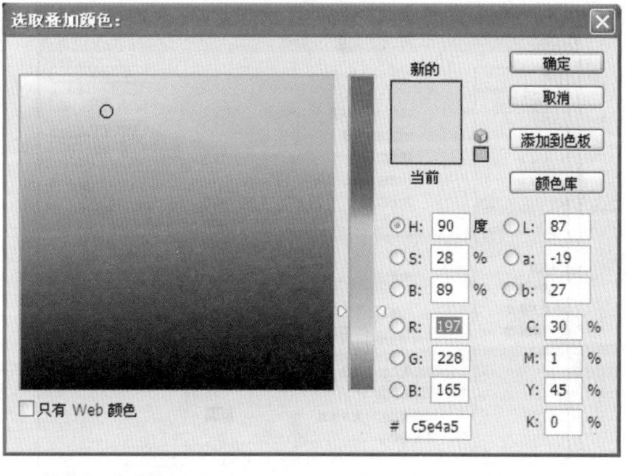

■图 6-125　叠加颜色设置

（4）在英文字图层进行图层样式设置，可分别设置投影、外发光、内发光、斜面浮雕、颜色叠加等效果，各个效果的具体参数设置如图 6-126 ~ 图 6-132 所示。

（5）最终完成效果如图 6-133 所示。

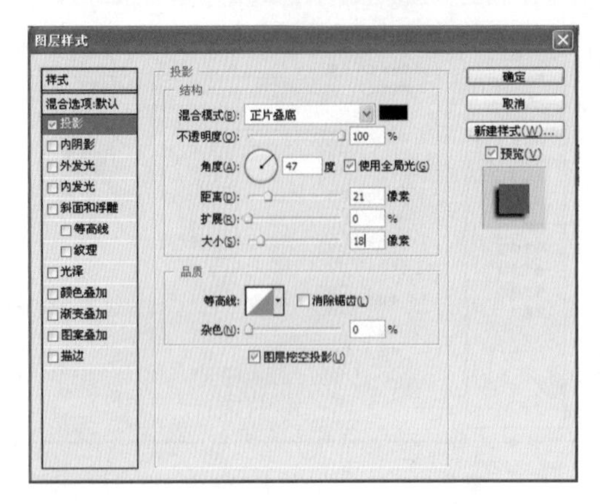

■图 6-126　投影样式设置

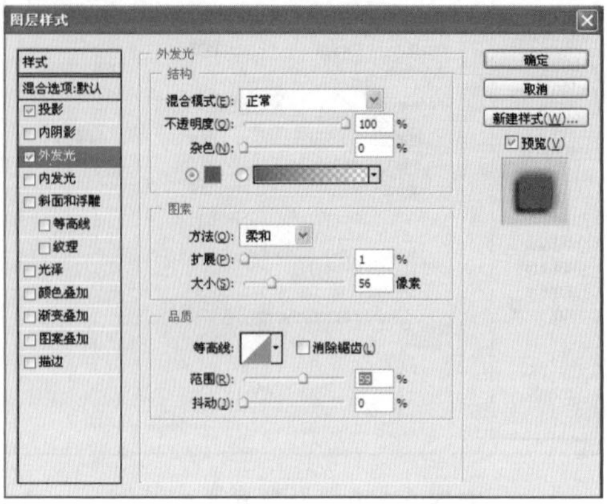

■图 6-127　外发光样式设置

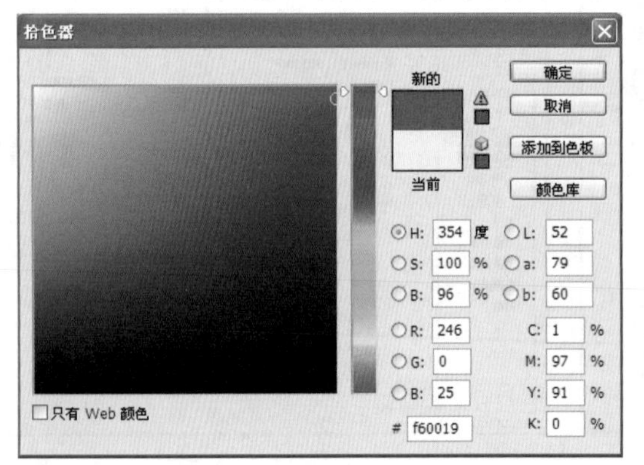

■图 6-128　外发光颜色设置

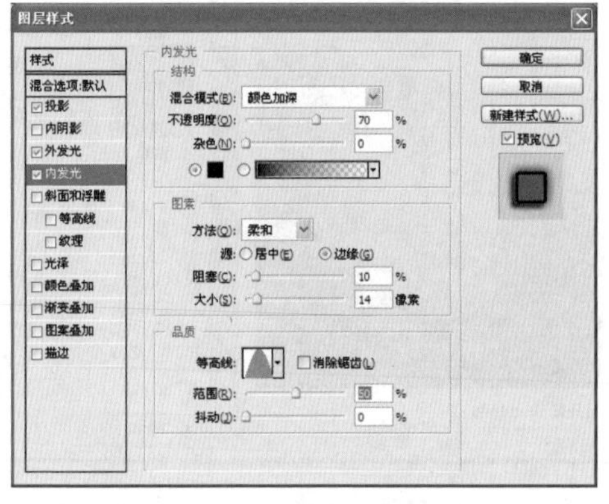

■图 6-129　内发光样式设置

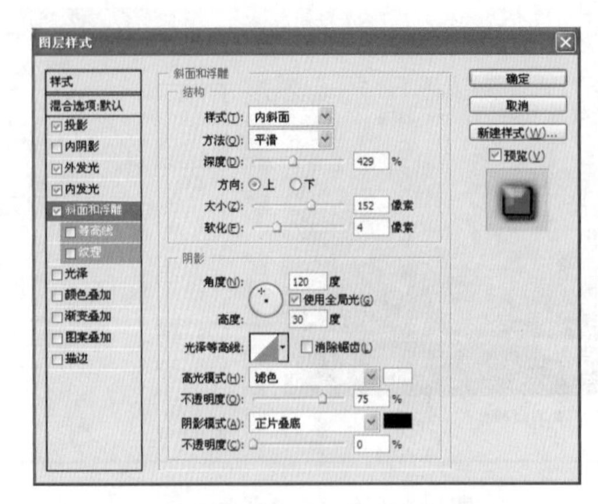

■图 6-130　斜面浮雕样式设置

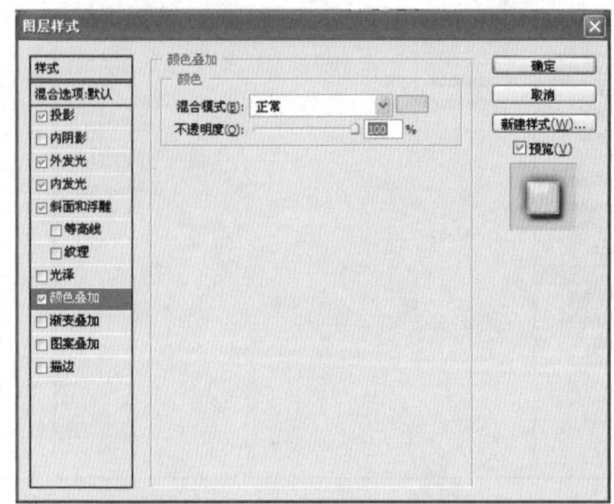

■图 6-131　颜色叠加样式设置

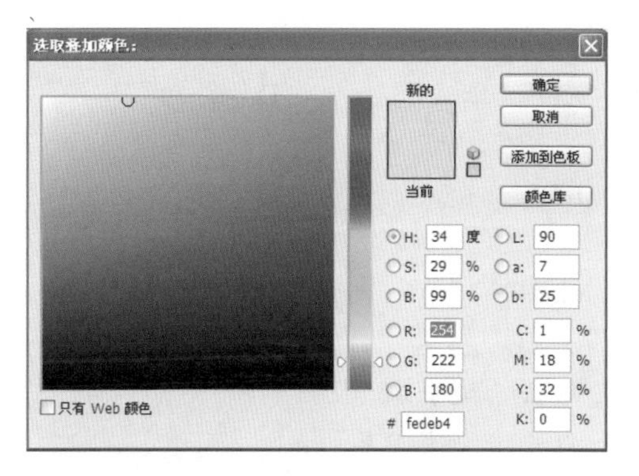

■图 6-132 叠加颜色设置

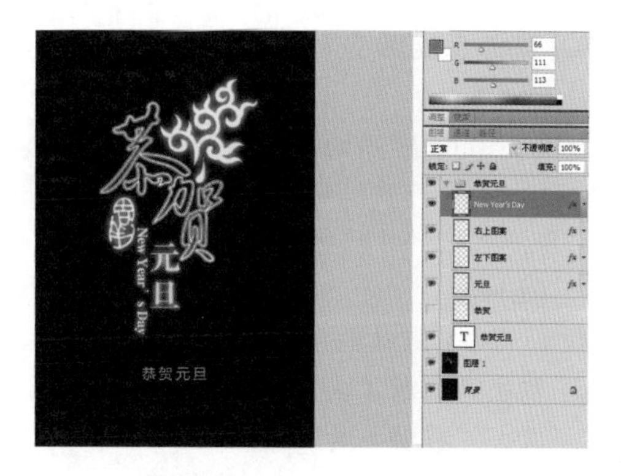

■图 6-133 最终完成效果

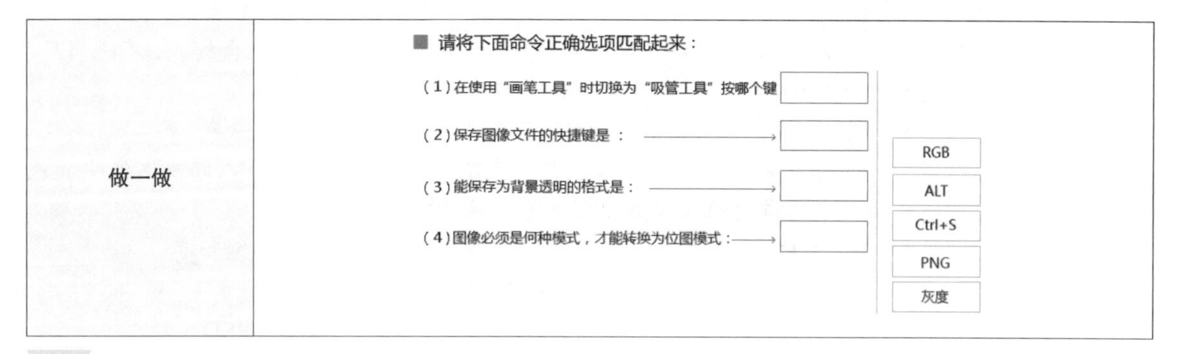

做一做	■ 请将下面命令正确选项匹配起来：
	（1）在使用“画笔工具”时切换为“吸管工具”按哪个键
	（2）保存图像文件的快捷键是：
	（3）能保存为背景透明的格式是：
	（4）图像必须是何种模式，才能转换为位图模式：
	RGB
	ALT
	Ctrl+S
	PNG
	灰度

拓展训练

请使用 Photoshop 软件完成“Style”霓虹灯效果制作，如图 6-134 所示，完成后请按要求提交作品原文件。

■图 6-134 “Style”霓虹灯效果

课后测试

① 制作主体文字的霓虹灯效果步骤如下：

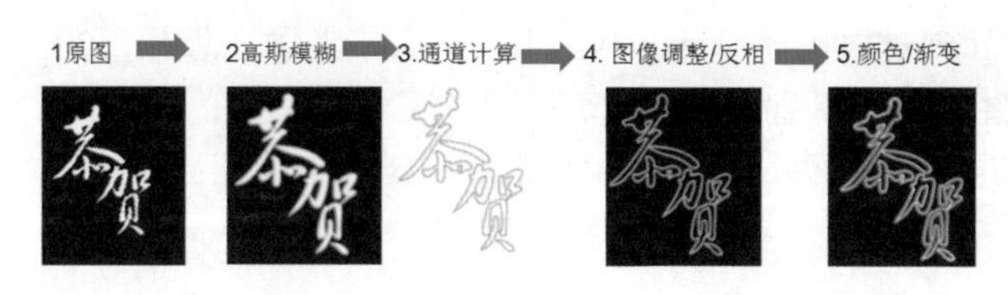

其中第五步使用了（　　）命令来实现。

A. 动感模糊　　B. 自由变换　　C. 颜色 / 渐变□　　D. 斜切

② Photoshop 常用的文件压缩格式是（　　）。

A. psd.　　B. jpg　　C. tif　　D. gif

③ 取消选区的快捷方式是（　　）。

A. Ctrl+A　　B. Ctrl+D　　C. Ctrl+T　　D. Ctrl+S

④（　　）能以 100% 的比例显示图像。

A. 双击“缩放工具”　　B. 双击“徒手工具”

C. 双击“移动工具”　　D. 双击“渐变工具”

⑤ 图层中可有（　　）个背景层。

A. 多个　　B. 3 个　　C. 2 个　　D. 1 个

⑥ 在 Photoshop 中，投影可以在图层的下面产生阴影，投影可以分别设定混合模式、不透明度、（　　）、模糊、密度以及距离等。

A. 蒙版　　B. 路径　　C. 角度　　D. 专色

⑦ 在 Photoshop 中，对彩色图像的个别通道执行“色阶”和“曲线”命令以修改图像中的色彩平衡时，（　　）命令对在通道内的像素值分布可进行最精确的控制。

A. 色相　　B. 曲线　　C. 替换颜色　　D. 饱和度

⑧ 在 Photoshop 中，下列（　　）格式只支持 256 种颜色。

A. JPEG　　B. GIF　　C. TIFF　　D. PSD

⑨ 在 Photoshop 中，如果一张照片的扫描结果不够清晰，可用（　　）滤镜弥补。

A. 中间值　　B. USM 锐化　　C. 风格化　　D. 去斑

⑩ 在 Photoshop 中，构成位图图像的最基本单位是（　　）。

A. 颜色　　B. 像素　　C. 图层　　D. 通道

参考文献

[1] 中国高等院校计算机基础教育改革课题研究组. 中国高等院校计算机基础教育课程体系 2014[M]. 北京：清华大学出版社，2014.

[2] 张青，杨族桥，何中林. Visual Basic 程序设计基础 [M]. 天津：南开大学出版社，2012.

[3] 龚沛曾，杨志强，陆慰民，等. Visual Basic 程序设计教程 [M]. 北京：高等教育出版社，2013.

[4] 邱李华，曹青，郭志强. Visual Basic 程序设计教程 [M]. 3 版. 北京：机械工业出版社，2012.

[5] 谭浩强. C 程序设计 [M]. 4 版. 北京：清华大学出版社，2010.

[6] 叶乃文，喻国宝. 面向对象程序设计 [M]. 北京：清华大学出版社，2006.

[7] 唐波 . 计算机图形图像处理基础 [M]. 北京：电子工业出版社，2011.

[8] 刘浩 . 图形图像中的离散数据处理技术 [M]. 北京：科学出版社，2015.